电子信息类综合创新实践系列教材

DSP原理及应用

——TMS320VC5509A基础教程

张玉玺　王　俊　康　骊　编著

张有光　审校

電子工業出版社

Publishing House of Electronics Industry

北京 • BEIJING

内 容 简 介

本书以TI公司的DSP芯片为例，系统地介绍了DSP的原理和应用方法。首先介绍了DSP的发展过程，引入TI公司的C5000系列TMS320VC5509A芯片，对其硬件设计方法进行了详细介绍；然后介绍了TI公司的CCS集成开发环境及其使用方法，并以TMS320VC5509A为例介绍了如何在CCS环境中进行DSP的软件开发调试方法；最后用一个完整的实例讲解如何进行DSP系统的开发调试。

本书语言浅显易懂，实例丰富，并在网站http://eelab.buaa.edu.cn/的"创新园地"栏目中给出了开源电路图与源程序。本书可作为高等院校电子信息工程类、通信工程类及计算机、自动控制类相关专业学生的教材，也可作为DSP芯片开发技术人员的初级培训教材。

图书在版编目（CIP）数据

DSP原理及应用：TMS320VC5509A基础教程/张玉玺，王俊，康骊编著. —北京：电子工业出版社，2017.9
ISBN 978-7-121-32595-3

Ⅰ. ①D… Ⅱ. ①张… ②王… ③康… Ⅲ. ①数字信号处理－高等学校－教材 Ⅳ. ①TN911.72

中国版本图书馆CIP数据核字（2017）第212777号

策划编辑：竺南直
责任编辑：桑 昀
印　　刷：三河市良远印务有限公司
装　　订：三河市良远印务有限公司
出版发行：电子工业出版社
　　　　　北京市海淀区万寿路173信箱　邮编 100036
开　　本：787×1 092　1/16　印张：13.5　字数：346千字
版　　次：2017年9月第1版
印　　次：2018年1月第2次印刷
定　　价：35.00元

凡所购买电子工业出版社图书有缺损问题，请向购买书店调换。若书店售缺，请与本社发行部联系，联系及邮购电话：（010）88254888，88258888。

质量投诉请发邮件至zlts@phei.com.cn，盗版侵权举报请发邮件至dbqq@phei.com.cn。

本书咨询联系方式：davidzhu@phei.com.cn。

丛书序言

当前世界范围内新一轮科技革命和产业变革加速进行，综合国力竞争越加激烈。而高等教育发展水平是一个国家发展水平和发展潜力的重要标志。习近平总书记指出，“我们对高等教育的需要比以往任何时候都更加迫切，对科学知识和卓越人才的渴求比以往任何时候都更加强烈”。

世界高等工程教育面临新机遇、新挑战，我国高等工程教育改革发展已经站在新的历史起点。国家正在实施“创新驱动发展”“中国制造2025”“互联网+”“网络强国”“一带一路”等重大战略，为响应国家战略需求，支撑服务以新技术、新业态、新产业、新模式为特点的新经济蓬勃发展。面对这一机遇与挑战，高等院校电子信息工程专业需要以“新工科”建设思想为指导，在教学理念与模式、知识结构、培养质量与体系等方面深化改革，注重学科交叉和产教融合深度实践，推进教材内容与结构的完善和更新，从而培养具有创新能力、工程实践能力和多元知识结构的新型工科人才。

我国大多数工科类高等院校都设置有电子信息专业，这是一个涉及数学、物理电学、电路分析、电工基础、电子技术、信号与系统、计算机控制原理、通信原理等多门课程的专业体系。其内容涵盖了社会的诸多层面，为国家发展提供了无可替代的强大助力。电子信息专业不仅要求学生具有扎实的理论与宽广的知识面，更要求学生具备一定的工程实践能力。作为一门应用型学科，其着眼于培养学生科技创新、应用创新的能力，使学生成为推进国家科技发展的高素质技术人才。

北京航空航天大学于1958年10月29日成立了新中国第一个航空无线电系，经过几十年的建设，已拥有信息与通信工程、电子科学与技术、光学工程、交通工程等一级学科，并于2002年成立电子信息工程学院。学院依托国家/省部级重点实验室、国家集成电路人才培养基地和北京市电工电子实验教学示范中心，于2012年获批空天电子信息国家级实验教学示范中心。示范中心坚持“强化基础、重视实践、突出特色、面向创新”的空天信融合人才培养总体思路，以“战略牵引、科教相融、产学互动、虚实结合、能实不虚”的设计理念，建设虚实结合实验平台，于2014年获批空天电子信息国家级虚拟仿真实验教学中心。

中心建立了信息基础支撑类实验课程群、卫星通信导航类实验课程群、信息获取处理类实验课程群、通用航空类实验课程群、无线网络安全类实验课程群、电磁环境效应类实验课程群等6大类实验课程群，可以满足电子信息工程、通信工程、电子科学技术、信息对抗技术、交通运输、光电通信等专业开展跨专业跨学科的实验教学需求。

中心同时作为大学生电子创新基地，承办全国/北京市/校级电子类学科竞赛，承担全校电子信息类学科竞赛赛前训练，包括全国大学生电子设计竞赛、全国挑战杯竞赛、北京市大学生电子设计竞赛、嵌入式专题邀请赛、全国大学生电子设计竞赛信息安全专题邀请赛、全国电子专业人才技能竞赛、全国信息安全竞赛、北航“冯如杯”学生科技竞赛、北航电子创新竞赛等，并在各项比赛中取得了优异的成绩。

结合“新工科”建设和工程教育专业认证的要求，中心整合理论课程实验、开设综合实验、完善科技创新实验，形成了课程实验、综合实验、创新实验的三层次实验教学体系，着重培养学生工程实践、科技创新及解决复杂工程问题能力。并开设了综合创新实验实践课程，包括《电子设计基础训练》《单片机基础训练》《综合创新-模拟通信》《综合创新-数字通信》《综合创新-综合设计》，贯穿本科一年级到三年级。本着从简单到复杂、从基础到综合、从经典到创新，通过模拟现代复杂工程问题的研发步骤，培养学生使用现代工具认识、解决复杂工程问题的能力与创新意识。

在综合创新实践课程体系基础上，编写了本系列教材（丛书），从电子设计的基础知识，到电路系统的仿真与设计；从简单的电路模块设计，到实际工程电路系统的设计；从电子电路系统设计，到跨学科系统设计。在电子设计基础训练中，主要讲述基本的元器件识别、仪器使用以及在电路调试中常见问题的分析与解决方法；在单片机基础训练中，主要讲述 51 单片机和 Arduino 单片机的基本原理与结构，并以实际的单片机系统为例进行单片机系统设计讲解；在模拟通信和数字通信中，以从通信、导航、雷达系统中提取出的无线收发机为原型，从单元模块到整体讲述模拟/数字无线通信系统的设计与调试方法、FPGA/DSP 系统设计与实现方法等；在综合设计中，结合北航优势特色专业，以工程项目为设计目标，培养跨学科知识运用和系统设计能力。

为了让读者能够更直观地理解知识内容、更快地进行实践，本丛书采用了教学案例以及实际的工程实例，其目的并不只是形成系列的实验指导书，让学生按照步骤实现指定实验内容，而是本着“授人以渔”的理念，通过启发式的讲解，引导学生发现问题、分析问题、解决问题，培养学生重构知识及快速学习新事物的能力。该丛书的正式出版和推广，将有利于形成“新工科”背景下的综合创新实验体系，能够促进电子信息类学生工程实践能力及解决复杂工程问题能力的培养。

丛书的编写创作主要由电子信息领域内具有丰富教学经验的教授、从事一线实验教学的教师及博士硕士研究生担纲，他们既要完成繁重的科研和教学任务，又要专心认真撰写书稿，工作十分辛苦，在此，向丛书作者和审稿专家表示深深的敬意！

希望本丛书中电子系统的设计调试方法及电路系统的调试经验等，能对高等院校、大专院校电子信息类专业的本科生、研究生以及从事电子设计以及对电子设计有兴趣的工程师、研发人员等有所帮助，从而促进我国电子信息技术的发展，为国家信息化建设和国民经济建设做出贡献。

本丛书的出版，得到了北京航空航天大学电子信息工程学院、空天电子信息国家级实验教学示范中心、空天电子信息国家级虚拟仿真实验教学中心等参与单位的大力支持，得到了电子工业出版社领导和竺南直博士的积极推动，得到了参与丛书撰写、编辑和出版工作全体同志的热情帮助，在此一并表示衷心的感谢！

北京市教学名师

工业和信息化部研究型教学创新团队负责人

前　言

数字信号处理器件在近几十年发展十分迅速，种类越来越多，运算速度越来越快，功能和性能都不断增强，广泛应用于语音处理、图形图像、航空航天、仪器仪表、医疗和家用电器等产品中，成为电子产品中的核心器件。

现在 DSP 芯片的集成开发环境比较完善，支持 C 语言开发，优化编译效率逐步提高，程序可移植性好，DSP 的原理与开发应用也成为电子信息类学生及技术人员的必备硬件技能。为了能够让更多的 DSP 初学者快速入门，了解 DSP 芯片的基本原理和常用 DSP 芯片的应用，熟悉 DSP 芯片开发工具及使用方法，尽快掌握 DSP 的软硬件设计和应用系统开发方法，具备从事 DSP 芯片软硬件设计和 DSP 系统开发的能力，我们编写了这本教材。

本书以 TI 的 DSP 芯片设计调试为主线，按照 DSP 常识介绍、开发环境、内部寄存器、外设、开发实例的顺序展开，如图 1 所示。

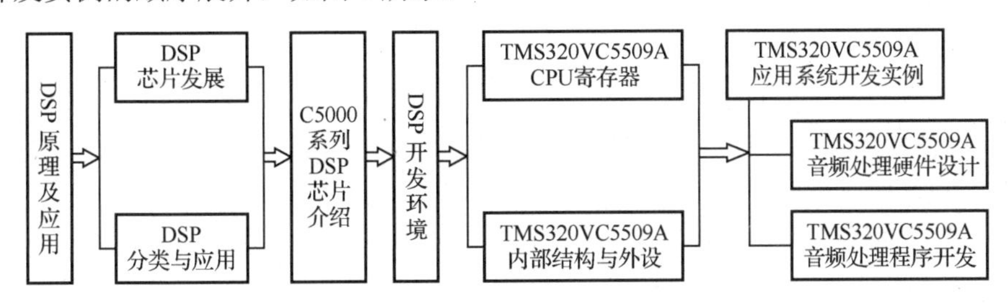

图 1　本书内容组织结构图

第 1 章主要以 TI 公司的 DSP 芯片为例介绍了 DSP 的发展过程、DSP 的分类与应用，引入 C5000 系列 DSP，对其常用的 C54x 和 C55x 系列芯片的结构、性能等进行了比较分析。

第 2 章介绍了 TI 公司 DSP 的集成开发环境 CCS，包括 CCS 的安装、建立工程以及如何调试工程等。

第 3 章详细介绍了 TMS320VC5509A 芯片的 CPU 寄存器。

第 4 章详细介绍了 TMS320VC5509A 芯片结构和片内外设，并给出以芯片支持库（CSL）编写的外设调试例程。

第 5 章介绍了 DSP 系统设计的一般流程，并以一个音频处理 DSP 系统为例，从原理图设计、PCB 设计以及 Boot 引导等方面详细介绍了 TMS320VC5509A 芯片的硬件电路设计过程。

第 6 章以第 5 章的硬件电路为基础，介绍了音频滤波数字处理系统和 DTFM 识别与生成系统的程序开发过程，并在附录 C 中给出了源程序代码。

为了方便读者查询，附录 A 和附录 B 分别列出了 TMS320VC5509A 芯片引脚定义及 TMS320C55x 指令集。

本书由张玉玺、王俊、康骊编著，其中张玉玺编著了第 1、2、3 章及附录 A、B、C；王俊编著了第 4、5 章；康骊根据学生实验课的内容整理了第 6 章素材；最后由张玉玺对本书进行统稿。本书在编写过程中，北京航空航天大学电子信息工程学院的硕士生樊文贵、尹晗、陈力、张振、马抒恒等结合学位论文和项目调试经验，参与了 DSP 例程的编写与书稿的编辑工作。

本教材配有开源电路图及源程序，可登录北京航空航天大学空天电子信息实验教学中心网站（http://eelab.buaa.edu.cn/）免费下载。

书中如有疏漏不当之处，恳请广大读者批评指正。

编著者

目　　录

第 1 章　概　　论

1.1　DSP（数字信号处理器）

DSP 的含义主要有两种，第一，作为数字信号处理（Digital Signal Processing）学科，其是面向电子信息学生开放的，以数字运算方法实现信号变换、滤波、检测、估值、调制解调以及快速算法等处理的专业基础课；第二，作为数字信号处理器（Digital Signal Processor），其是针对数字信号或数字系统，由大规模或超大规模集成电路芯片组成的用来完成数字信号处理任务（检测、滤波、参数估计等）的处理器。

DSP（数字信号处理器）是专门为了数字信号处理应用而设计的高速芯片，解决了原来处理器结构复杂、单片微机速度达不到实时系统要求的问题。DSP 不同于早期微处理器的冯·诺依曼结构，其内部采用了程序存储器和数据存储器分开的哈佛（Harvard）结构，如图 1.1 所示。这种结构允许 DSP 同时取指令（来自程序存储器）和取操作数（来自数据存储器），而且还允许在程序存储器和数据存储器之间传送数据。DSP 芯片工作于流水线模式，而且程序执行中的各种阶段是重叠执行的，即在执行本条指令的同时，还依次完成了后面三条指令的取操作数、译码和取指令的任务，将指令周期降到最小值。从某种意义上讲，DSP 芯片通过使用更多的资源换取了高速数据处理的实时性要求。

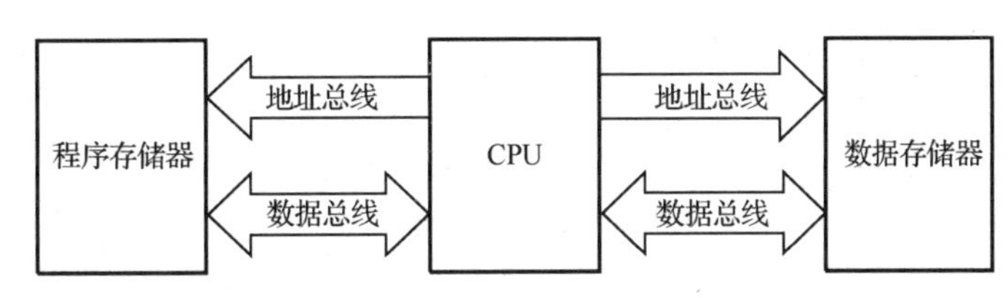

图 1.1　DSP 的哈佛结构

基于 DSP 的信号处理系统，由于 DSP 芯片具有可编程性，而且编程主要为 C 语言环境，开发相对容易。这种系统的信号处理速度快、处理能力强、具有很好的实时性能。随着 DSP 信号处理能力的不断提高，DSP 已成为数字信号处理系统中最为重要的信号处理器件之一。

1.2　DSP 芯片发展

世界上第一个 DSP 芯片是 1978 年 AMI 公司发布的 S2811。1979 年美国 Intel 公司发布的商用可编程器件 2920 是 DSP 芯片的一个重要里程碑。这两种芯片内部都没有现代 DSP 芯片必须有的单周期乘法器。1980 年日本 NEC 公司的 μD7720 是第一个具有乘法器的商用 DSP 芯片。1982 年日本 Hitachi 公司推出了第一款浮点 DSP 芯片。

在 DSP 设计上最为成功的 DSP 芯片制造商——美国德州仪器（TI）公司，1982 年推出了第一款数字信号处理器TMS32010，加上后续推出的TMS32011以及TMS320C10等处理器，形成了DSP第一代系列产品；此后，TI公司又陆续推出了第二代、第三代等DSP系列产品，并形成了TMS320系列DSP。由于TMS320系列DSP芯片具有价格低廉、简单易用、功能强大等特点，所以逐渐成为目前最有影响、最为成功的DSP系列处理器。自DSP芯片出现开始，它的发展大致经历了5个阶段，形成了目前DSP系列的五代产品。

1．第一代DSP

1982年，TI公司推出的TMS320C10是第一代DSP代表，它是16位定点DSP，首次采用哈佛结构，它完成乘累加运算的时间为390ns，处理速度较慢。

2．第二代DSP

1985年，TI公司推出的TMS320C20芯片是早期的第二代DSP，它具备单指令循环的硬件支持，一次乘加运算时间为200ns。随后TI公司又推出了TMS320C25/C26/C28，并在TMS320C25的基础上开发了TMS320C50芯片，它采用了高级哈佛结构，增加了外围电路及更多的片上存储器，运算速度达到35ns，是较高性能的第二代处理器。

3．第三代DSP

1995年，出现了第三代定点DSP产品，如TI公司的TMS320C5402，TMS320C5416，TMS320C5420等。这些产品改进了内部结构，增加了并行处理单元，扩展了内部存储器容量，提高了处理速度，指令周期大约为20ns。同期出现了功能更强的浮点DSP，如TI公司的TMS320C3x系列DSP，增加了32位浮点处理器。

4．第四代DSP

1997年初，TI公司推出的并行处理TMS320C6000系列处理器是性能更高的第四代处理器，其包含16位定点系列TMS320C62xx处理器、32位定点系列TMS320C64xx处理器以及浮点系列TMS320C67xx处理器，其中定点C64xx系列处理器的处理速度可以达到9600MIPS（Million Instructions Per Second，每秒钟执行的百万指令数），浮点C67xx系列可达1GFLOPS（Giga Floating-point Operations Per Second，每秒钟执行的10亿次的浮点运算数）。

采用并行多处理芯片组成DSP阵列，可获得更高的处理性能。但需要DSP提供足够高速方便的互联接口。TI公司将RapidIO技术引入TMS320C6000系列处理器，期望在并行多片DSP市场上争取更高的市场份额。

5．第五代DSP

真正意义上DSP性能的飞跃是多核高性能DSP芯片的出现，即2008年TI的TMS320C6474多核处理器面世，随后TI还推出了性能更高的TMS320C66xx系列多核处理器。多核DSP的出现解决了并行多DSP阵列芯片之间数据交换、系统功耗等问题，是未来高性能DSP的发展方向。

图1.2以TI公司为例概述了DSP的发展和演变过程。

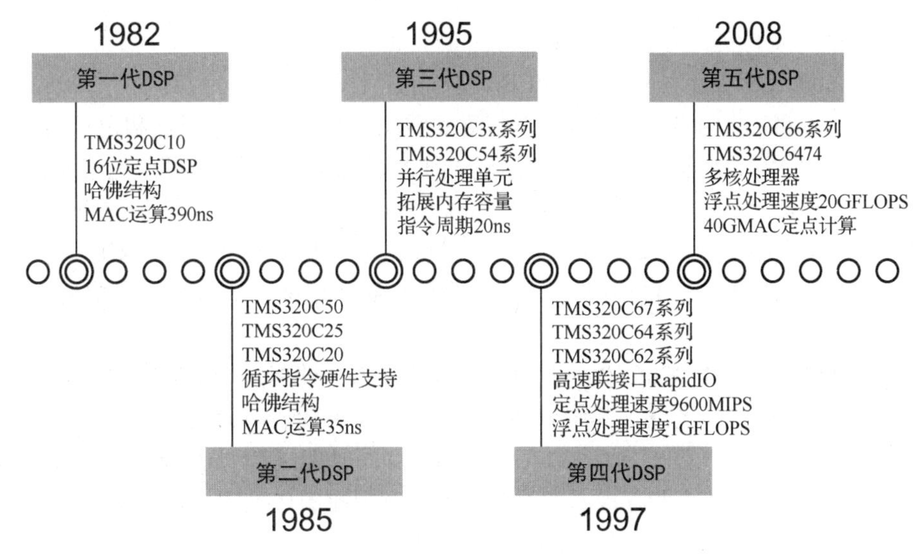

图 1.2 DSP 的发展和演变过程

1.3 DSP 分类与应用

不同应用场合对 DSP 的要求不尽相同，因此出现了 DSP 发展的多样化。依据处理数据类型，DSP 可分为定点处理器和浮点处理器；依据处理性能要求不同，DSP 可分为低端处理器和高端处理器；依据应用场合不同，DSP 可分为控制类处理器、计算类处理器、多功能协同类处理器，等等。

各大 DSP 生产厂商的系列产品占据 DSP 应用的各个方面。以 TI 公司为例，自 1982 年以来为了适应不同领域的应用已经形成了 TMS320C2000 系列、TMS320C3000 系列、TMS320C5000 系列以及 TMS320C6000 系列产品。

TMS320C2000 系列是面向电机控制、存储等数控系统的定点 DSP 芯片，其具体包含 C20x，C24x 以及 C28x 三个系列。其中 C20x 与 C24x 为 16 位定点 DSP，运算速度为 20MIPS。C20x 主要用在电话、数字相机和售货机当中，C24x 主要用在数字电机控制、空调、电力控制系统当中。C28x 作为第一颗针对控制进行优化的 DSP，主要应用在工业设计方面。除了定点 DSP，该系列还包括拥有 32 位浮点处理器的浮点 DSP，其中应用最为广泛的是 TMS320F2407 及其后续产品 TMS320F2812。

TMS320C3000 系列是面向计算的浮点处理 DSP 芯片，配套有 32 位浮点处理器，包含 C30x、C31x、C32x 以及 C33x 四个系列。浮点处理速度可达 50MFLOPS，定点处理速度可达 25MIPS。其中 TMS320VC33 型号在通信、手机、MODEM 以及 DVD 等方面得到了广泛应用。

TMS320C5000 系列是面向网络应用的低功耗定点 DSP 芯片，主要包含 C54x 以及 C55x 两个系列。其处理速度从 80MIPS 到 400MIPS 不等，在芯片内部增加了并行处理单元以及专门的功耗控制单元。C54x 系列为 16 位定点 DSP，处理速度从 80MIPS 到 200MIPS，其中的 TMS320C5402 等应用广泛。C55x 系列与 C54x 系列相比处理速度更快，功耗更低，每个 MIPS 只需消耗 0.05mW，并且提供了 C54x 系列没有的 EMIF 外部存储器接口，主要应用在语音编解码、调制解调、图像处理和语音合成等方面。

TMS320C6000 系列是面向计算的 VLIM 结构的高性能 DSP 芯片，其中的 TMS320C6201、TMS320C6701、TMS320C64xx 等应用广泛。C6000 系列 DSP 分为浮点和定点两类，C62xx 系列为 32 位定点 DSP，处理速度为 1200MIPS 到 2000MIPS，主要应用在无线基站、ADSL、网络系统与交换机等方面。C64xx 系列与 C62xx 系列相比处理性能更高，可以达到 9600MIPS，主要应用于 XDSL、成像处理以及高性能数据处理等方面。C67xx 系列为 32 位浮点 DSP，处理速度为 1GFLOPS，主要用于基站数字波束形成、医学图像处理以及语音识别等方面。

值得一提的是，在 TMS320C6000 系列中还包含了当今处理性能最高的多核处理器 C66xx 系列，代表了 DSP 性能的飞跃。其中以 TMS320C6678 为代表，该处理器包含 8 个核，8 核最高处理速度可达 160GFLOPS 或者 320GMACS，并同时集成有 RapidIO、PCIe、HyperLink 以及 SGMII 等接口。由于其拥有极高的运算，所以在视频图像处理以及雷达数据处理等数据量大、实时性强的方面有着广泛的应用前景。

此外，TI 公司为了进入 3G 以及 4G 市场还专门开发了融合 DSP 和 ARM 架构的 OMAP 系列，以适应无线终端多媒体处理的要求。OMAP 系列的发展已经从 OMAP1 发展到 OMAP5，各代产品在智能手机、多媒体平台以及其他移动终端产品上得到了广泛的应用。

除了上述系列的 DSP 处理器外，TI 公司还推出过 TMS320C4000 系列及 TMS320C8000 系列处理器，但是由于市场原因并没有得到广泛的应用，所以上述两个系列的处理器也逐渐淡出市场。

在 TI 公司众多系列中，TMS320C5000 系列是目前中端市场上最通用、最流行的 DSP 处理器。相比于 C2000 系列及 C3000 系列，C5000 系列的处理速度有了显著提高，并且接口丰富便于扩展；相比于 C6000 系列及多核处理器，C5000 系列价格便宜且有着 C6000 系列难以比拟的低功耗优势。C5000 系列以其高性价比、实用节能的特点依然活跃在当今的 DSP 市场之中。

1.4　TMS320C5000 系列 DSP 概述

TMS320C5000 系列芯片是 TI 公司推出的高性能、低功耗、低成本的 16 位定点 DSP 处理器，广泛应用于无线通信系统设备和远程通信等实时嵌入系统，迄今为止已经发布了三代产品 TMS320C5x、TMS320C54x 和 TMS320C55x，其中目前主推 TMS320C54x 和 TMS320C55x 两类系列芯片。TMS320C55x 是在 TMS320C54x 的基础上发展而来的，其源代码也与 C54x 的兼容。300MHz 的 C55x 和 120MHz 的 C54x 相比，C55x 达到了 C54x 的 2 倍的周期效率，性能提升了 5 倍，并且功耗只有 C54x 的 1/6，将低功耗提到一个新水平。C55x 在结构上做了很大的拓展，在指令集上有很大的提高。C55x 的内核电压降到了 1.6V，而功耗降到了 0.05mW/MIPS，其独特的节能技术使 C55x 中未使用部分非工作期间内关闭，各部分的开和关可以自行处理以便不同应用的功耗优化。C55x 因其优异的性能和极低的功耗在许多便携式产品中广泛应用，成为通信和个人消费领域具有相当竞争力的主流 DSP 产品。

1.4.1 TMS320C54x 系列 DSP

TMS320C54x 是继早期 TMS320C5x 系列发展起来的低功耗、高性能的 16 位定点 DSP，高度的集成化使其能够适应实时嵌入式应用的需要。C54x 采用改进的哈佛结构（1 组程序存储器总线，3 组数据存储器总线，4 组地址总线），独立的程序和数据总线，提供了高度的并行操作，允许同时访问程序存储器和数据存储器使处理器的性能大大提高。C54x 总体结构是由具有专用硬件逻辑的 CPU，片内存储器，片内外设以及专用的指令集所构成。C54x 系列中成员型号众多，但是不同型号芯片的体系结构基本相同，具有相同的 CPU 内核，差别主要在于存储器和外围电路配置情况有所不同。图 1.3 给出了 C54x 内部结构框图。

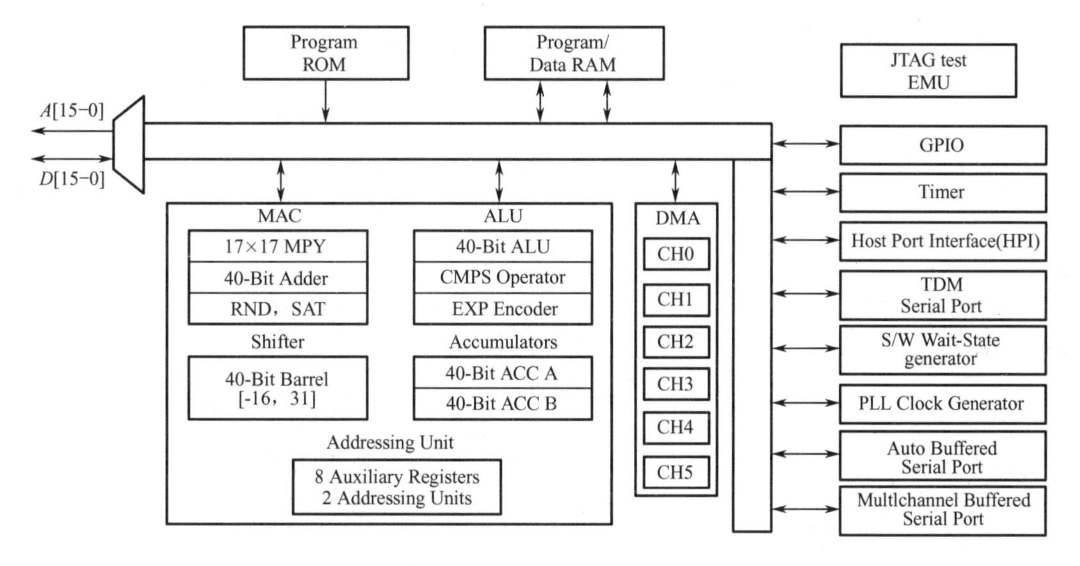

图 1.3　C54x 内部结构框图

按照 C54x 的功能架构和处理流程可以将其内部功能分为 4 大模块：

（1）CPU，包括算术逻辑运算单元（ALU）、17×17 位的并行乘法器、累加器、移位寄存器、各种专门用途的寄存器、双地址生成器及多条内部总线。

（2）存储器系统，包括片内的程序/数据 ROM、片内单寻址 RAM 和双寻址 RAM、外接存储器接口。

（3）片内外设与专用硬件电路，包括片内的定时器、各种类型的串口、并行接口、片内的锁相环（PLL）时钟发生器及各种控制电路。

（4）指令系统，包括 32 位运算指令、多操作读取指令、并行存储和并行加载的算术指令、单周期重复和块指令重复。

1.4.2 TMS320C55x 系列 DSP

TMS320C55x 是 TMS320C5000 系列的新一代产品，C55x 处理速度明显提高，功耗明显降低。与 C54x 相比，C55x 在结构上复杂得多，C55x 具有 2 个 MAC 单元，4 个 40 位累加器，能够在单周期内作 2 个 17×17 位的乘法运算。C55x 具有 12 条独立总线，即：1 条程序读总线，1 条程序地址总线，3 条数据读总线，2 条数据写总线，5 条数据地址总线，其指令单元每次可从存储器中读取 32 位程序代码（C54x 只能读取 16 位）。C55x 含有指令高速缓冲器（cache），以减少对外部存储器的访问，改善数据吞吐率和省电。C55x 采用 1～6 字节的可变字节宽度指令（C54x 的指令长度为固定的 16 位），以提高代码密度。

C55x 的指令集是 C54x 指令集的超集，以便与扩展了的总线结构和新增加的硬件执行单元相适应。C55x 像 C54x 一样，保持了代码密度高的优势，以便降低系统成本。C55x 的指令长度从 8～48 位可变，由此可控制代码的大小，比 C54x 降低 40%。减小控制代码的大小，也就意味着降低对存储器的要求，从而降低系统的成本。C55x DSP 是一款嵌入式低功耗、高性能处理器，它具有省电、实时性高的优点，同时外部接口丰富，能满足大多数嵌入式应用需要。C55x 的内部结构框图如图 1.4 所示。

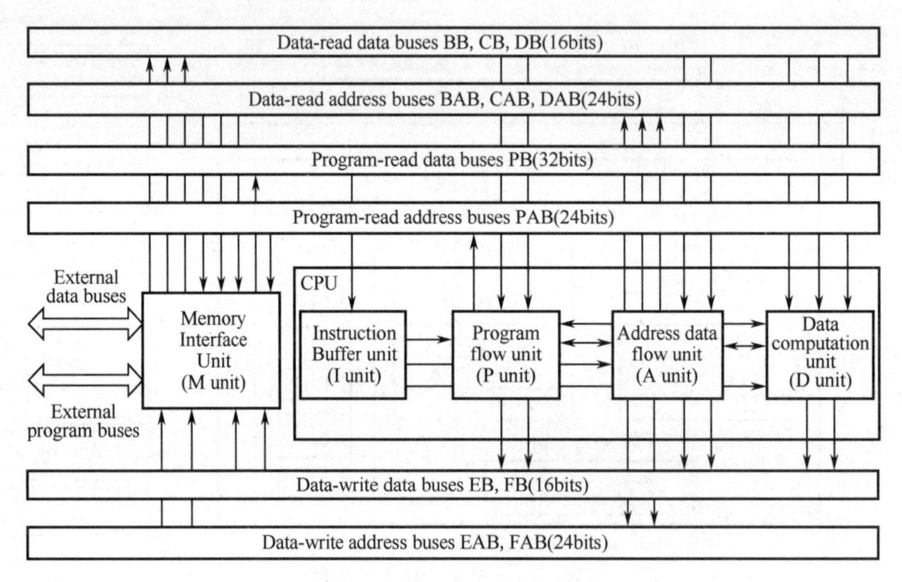

图 1.4　C55x 内部结构框图

按照 C55x 的内部结构框图可将其内部硬件单元划分为 3 个部分：

（1）CPU，C55x 的 CPU 内核由 4 个功能单元组成，即指令缓冲单元（I 单元）、程序流程单元（P 单元）、地址流程单元（A 单元）和数据运算单元（D 单元）。

（2）存储器接口单元，存储器接口单元是一个内部数据流、指令流接口，管理来自所有 CPU、数据空间或 I/O 空间的数据和指令，负责 CPU 和数据空间以及 CPU 和 I/O 空间的数据传输。

（3）内部总线结构，C55x 具有 12 条独立的总线，1 条 32 位的程序数据总线（PB）、5 条 16 位的数据总线（BB、CB、DB、EB、FB），以及 6 条 24 位的程序地址总线和数据地址总线分别与 CPU 相连。这些总线可以通过存储器接口单元与外部程序总线和外部数据总线相连，实现 CPU 对外部存储器的访问。

1.4.3　C54x 与 C55x 的比较

C55x 是在 C54x 基础之上开发得到的，两者之间有很多的关联性，同时 C55x 在结构上做了一定程度的拓展。与 C54x 相比，C55x 增添了 MAC 单元、总线宽度、指令高速缓存器、可变指令长度等，在性能上提升较大。C55x 与 C54x 的具体比较如表 1.1 所示。

表 1.1 C55x 与 C54x 的比较

内　容	C54x	C55x
乘法单元（MAC）	1	2
累加器（ACC）	2	4
数据读总线	2	3
数据写总线	1	2
程序读总线	1（16 位）	1（32 位）
地址总线	4	6
指令字长	16 位	8/16/24/32/40/48
数据字长	16 位	16 位
算术逻辑单元（ALU）	1 个（40 位）	1 个（40 位）、1 个（16 位）
辅助寄存器字长	2 字节（16 位）	3 字节（24 位）
辅助寄存器	8	8
存储空间	统一程序/数据存储空间	独立程序/数据存储空间
临时寄存器	0	4

1.4.4 TMS320C5000 系列 DSP 外设接口

C5000 系列 DSP 处理器提供了多种内部外设，对于所有的 C54x 和 C55x 系列的 DSP，尽管同一系列它们的 CPU 结构是相同的，但是连接 CPU 的片上外设一般并不相同。对于 C54x 系列的 DSP，其片上外设主要包括通用 I/O 引脚、主机接口 HPI、定时器、时钟发生器、软件可编程的等待状态发生器、直接存储器访问（DMA）控制器、标准同步串行口（SP）、时分复用串行口（TDM）、缓冲串行口（BSP）、多通道缓冲串行口（McBSP）；对于 C55x 系列 DSP，还提供了外部存储器接口（EMIF）、指令 cache、电源管理/idle 控制等接口。

1.5 TMS320C5000 系列芯片性能分析

1.5.1 主要性能分析

芯片的性能是选择DSP进行系统设计时需要重点考虑的一个环节，只有选定了DSP芯片，才能进一步设计其外围电路及系统的其他电路，DSP 芯片的选择应该根据实际应用系统的需要来确定。而 DSP 考虑的性能因素主要包括以下几个方面：

（1）DSP 芯片的运算速度，包括指令周期时间（DSP 主频的倒数）、MAC 时间、MIPS（每秒执行百万条指令）、MFLOPS（每秒执行百万次浮点操作）、FFT 执行时间等。

（2）DSP 芯片的运算精度，定点 DSP 芯片的字长通常为 16 位，浮点芯片的字长一般为 32 位，累加器为 40 位。

（3）DSP 芯片的硬件资源，同系列 DSP 芯片（如 C54x 系列），不同型号的芯片内部资源会有所不同，此外片内的 RAM、ROM 数量、总线接口、I/O 接口、外部可拓展的程序和数据空间等也会有所不同。

（4）DSP 芯片的功耗，在实际应用中，在不同的场合对于设备的功耗都有着特殊的要求，因此，功耗是一个需要特别注意的问题。

（5）其他因素，选择 DSP 芯片还应考虑封装形式、价格、生命周期和质量标准、供货情况等。

1.5.2 C54x 系列芯片性能

表 1.2 提供了 C54x 系列 DSP 器件的性能比较。该表显示了每个芯片的片内 RAM 和 ROM、外围设备、指令周期、封装类型、引脚数等重要特性。

表 1.2 C54x 系列 DSP 器件的性能比较

器件型号	DSP /MHz（Max）	ROM /KB	DARAM /KB	SARAM /KB	外设							封装
					UART	SP	BSP	TDM	McBSP	TIMER	HPI	
C541	40	28	5	0	0	2	0	0	0	1	0	100 P TQFP
C542	40	2	10	0	0	0	1	1	0	1	1	144P TQFP
C545	40, 50	48	6	0	0	1	1	0	0	1	1	128P TQFP
C546	40, 50	48	6	0	0	1	1	0	0	1	0	100P TQFP
C548	50, 66, 80	2	16	16	0	0	2	1	0	1	1	144P TQFP /144P BGA
C549	66, 80	16	16	16	0	0	2	1	0	1	1	144P TQFP /144P BGA
C5401	50	8	16	0	0	0	0	0	2	2	1	144P BGA
C5402	80	8	32	0	0	0	0	0	2	2	1	144P LQFP /144P BGA
C5404	120	128	32	0	1	0	0	0	3	2	1	144P LQFP /144P BGA

续表

器件型号	DSP /MHz (Max)	ROM /KB	DARAM /KB	SARAM /KB	外设							封装
					UART	SP	BSP	TDM	McBSP	TIMER	HPI	
C5407	120	256	80	0	1	0	0	0	3	2	1	144P LQFP /144P BGA
C5409	120, 160	32	64	0	0	0	0	0	3	1	1	144P TQFP /144P BGA
C5410	120, 160	32	16	112	0	0	0	0	3	1	1	144P LQFP /176P BGA
C5416	120, 160	32	128	128	0	0	0	0	3	1	1	144P LQFP /144P BGA
C5420	100	0	64	336	0	0	0	0	6	2	1	144P LQFP /144P BGA
C5441	133	0	1280	0	0	0	0	0	12	4	1	176P LQFP /169P BGA

1.5.3 C55x 系列芯片性能

表 1.3 提供了 C55x 系列 DSP 器件的性能比较。该表显示了每个芯片的片内 RAM 和 ROM、外围设备、指令周期、封装类型、引脚数等重要特性。

表 1.3 C55x 系列 DSP 器件的性能比较

器件型号	DSP /MHz (Max)	ROM /KB	DARAM /KB	SARAM /KB	外设							封装
					USB	SPI	I^2C	UART	McBSP	TIMER	HPI	
C5501	300	32	32	16	0	0	1	1	2	4	1	201P BGA
C5502	200, 300	32	64	16	0	0	1	1	3	4	1	201P BGA

续表

器件型号	DSP /MHz（Max）	ROM /KB	DARAM /KB	SARAM /KB	外设							封装
					USB	SPI	I^2C	UART	McBSP	TIMER	HPI	
C5503	108, 144, 200	64	64	0	0	0	1	0	3	2	1	179P BGA
C5504	100, 120, 150	128	64	192	1	1	1	1	0	3	0	196P BGA
C5505	100, 120, 150	128	64	256	1	1	1	1	0	3	0	196P BGA
C5506	108	0	64	64	1	0	1	0	3	2	0	179P BGA
C5507	108, 144, 200	64	64	64	1	0	1	0	3	2	1	179P BGA
C5509	144	64	64	192	1	0	1	0	3	2	1	144P LQFP /179P BGA
C5510	160, 200	32	64	256	0	0	0	0	3	2	1	240P BGA
C5514	100, 120	128	64	192	1	1	1	1	0	3	0	196P BGA
C5515	100, 120	128	64	256	1	1	1	1	0	3	0	196P BGA
C5517	75, 200	128	64	256	1	1	1	1	1	3	1	196P BGA
C5532	50, 100	128	64	256	0	1	1	1	0	3	0	144P BGA
C5533	50, 100	128	64	256	1	1	1	1	0	3	0	144P BGA
C5534	50, 100	128	64	256	1	1	1	1	0	3	0	144P BGA
C5535	50, 100	128	64	256	1	1	1	1	0	3	0	144P BGA
C5545	60, 100	128	64	256	1	1	1	1	0	3	0	118P BGA

1.6 TMS320C5000 系列 DSP 应用

由于其杰出的性能和优良的性能价格比，TI 的 16 位定点 TMS320C5000 系列 DSP 得到了广泛的应用，尤其是在通信领域。主要应用包括：

- IP 电话机和 IP 电话网关；
- 数字式助听器；
- 便携式声音/数据/视频产品；
- 调制解调器；
- 手机和移动电话基站，PDA，GPS；
- 传真/语音服务器；
- 数字无线电；
- SOHO（小型办公室和家庭办公室）的语音和数据系统。

下面举例说明 C54x 和 C55x 在手机中的应用。

20 世纪 90 年代，全世界的移动电话逐步完成了从模拟到数字式的过渡，即人们所说的从第一代（1G）到第二代（2G）的过渡，并在很短的时间内，从 2G 向 2.5G 和 3G 发展。

几乎所有 2G 手机采用的基带体系结构，都是以两个可编程处理器为基础的，一个是 DSP 处理器，另一个是 MCU 处理器。在时分多址（TDMA）模式中，DSP 芯片负责实现数据流的调制/解调、纠错编码、加密/解密、语音数据的压缩/解压缩；在码分多址（CDMA）模式中，DSP 芯片负责实现符号级功能，如前向纠错、加密、语音解压缩，对扩频信号进行调制/解调及后续处理。MCU 负责支持手机的用户界面，并处理通信协议栈中的上层协议，MCU 采用了 32 位 RISC 内核，ARM7TDM 就是此类 MCU 的典型代表，早期的 2G 手机中，这些功能由 C54x 实现，工作频率约 40MHz；在 2.5G 手机中，这些功能由 C55x 实现，工作频率在 100MHz 以上。3G 手机将实时通信功能与用户交互式应用分开，实现多媒体通信。开放式多媒体应用平台（OMAP）包含多个 DSP 和 MCU 芯片，应用环境是动态的，可不断将新的应用软件下载到 DSP 和 MCU 内。

TMS320VC5509A 是 C55x 系列中的新型低功耗高性能定点型 DSP 芯片，它包含 2 个 17×17 乘法器、4 个 40 位 MAC、12 条独立总线，片上存储器为 128KB×16，其中包含 64KB 的 DADAM 和 192KB 的 SARAM，外设有 3 个 McBSP 接口和 6 个 DMA 通道，处理速度可达 288MIPS。本书在后续章节主要以 TMS320C5000 系列的 TMS320VC5509A 为例，介绍 DSP 音频信号处理的电路设计和应用开发。

第2章　CCS集成开发环境

2.1　CCS概述

CCS（Code Composer Studio）是TI公司研发的一款具有环境配置、源文件编辑、程序调试、跟踪和分析等功能的集成开发环境，能够帮助用户在一个软件环境下完成编辑、编译、链接、调试和数据分析等工作。CCS工作于Windows操作系统下，采用图形接口界面，提供环境配置、源文件编辑、程序调试、跟踪和分析等工具。

CCS支持如图2.1所示开发周期的所有阶段。

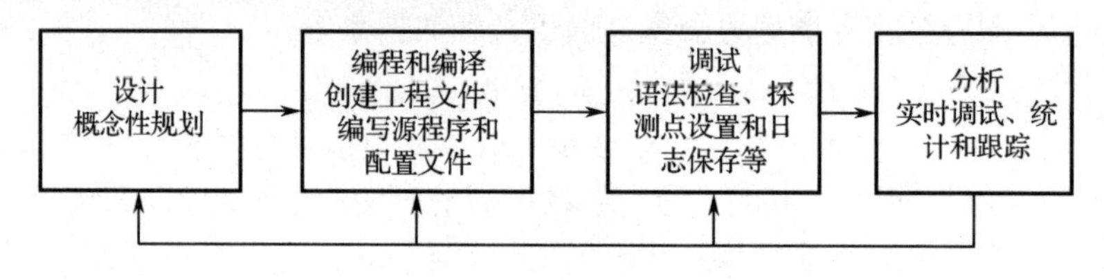

图2.1　CCS支持功能

CCS有两种工作模式：

（1）软件仿真器模式（Simulator），可以独立于DSP芯片，在PC上模拟DSP的指令集和工作机制，主要用于前期算法实现和调试。

（2）硬件仿真器模式（Emulator），可以实时运行在DSP芯片上，与硬件开发板相结合在线编程和调试应用程序。

CCS的功能十分强大，它集成了代码的编辑、编译、链接和调试等诸多功能，而且支持C/C++和汇编的混合编程，其主要功能如下：

（1）具有集成可视化代码编辑界面，用户可通过其界面直接编写C、汇编、.cmd文件等。

（2）含有集成代码生成工具，包括汇编器、优化C编译器和链接器等，并将代码的编辑、编译、链接和调试等诸多功能集成到一个软件环境中。

（3）工程项目管理工具可对用户程序实行项目管理。在生成目标程序和程序库的过程中，建立不同程序的跟踪信息，通过跟踪信息对不同的程序进行分类管理。

（4）基本调试工具具有装入执行代码、查看寄存器、存储器、反汇编和变量窗口等功能，支持C源代码级调试。

（5）断点工具，能在调试程序的过程中，完成硬件断点、软件断点和条件断点的设置。

（6）探测点工具，可用于算法的仿真，数据的实时监视等。

（7）分析工具，包括仿真器和模拟器分析，可用于模拟和监视硬件的功能、评价代码执行的时间。

（8）数据的图形显示工具，可以将运算结果用图形显示，包括显示时域/频域波形、眼图、星座图、图像等，并能进行自动刷新。

（9）提供GEL工具。利用GEL扩展语言，用户可以编写自己的控制面板/菜单，设置GEL

菜单选项，方便直观地修改变量，配置参数等。

（10）支持多 DSP 的调试。

（11）支持 RTDX 的技术，可在不中断目标系统运行的情况下，实现 DSP 与其他应用程序的数据交换。

（12）提供 DSP/BIOS 工具，增强对代码的实时分析能力。

2.2 集成代码生成工具

TMS320C55x 集成代码生成工具用来对 C 语言、汇编语言或混合语言编程的 DSP 源程序进行编译汇编，并链接成为可执行的 DSP 程序，主要包括汇编器、链接器、C/C++编译器和建库工具等。代码生成工具奠定了 CCS 所提供的开发环境的基础。图 2.2 是一个典型的软件开发流程图。

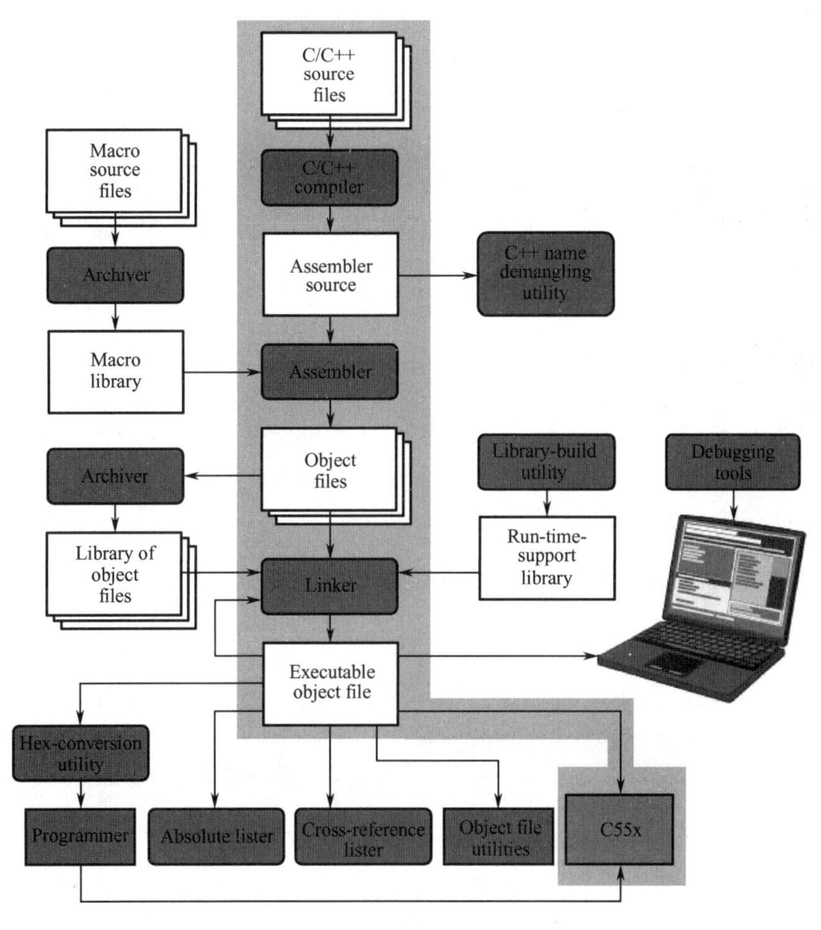

图 2.2 软件开发流程

图 2.2 描述的工具如下：

（1）**C 编译器（C compiler）**：产生汇编语言源代码。

（2）**汇编器（assembler）**：把汇编语言源文件翻译成机器语言目标文件，机器语言格式为公用目标格式（COFF）。

（3）**链接器（linker）**：把多个目标文件组合成单个可执行目标模块。它一边创建可执行模块，一边完成重定位以及决定外部参考。链接器的输入是可重定位的目标文件和目标库文件。

（4）**归档器（archiver）**：允许把一组文件收集到一个归档文件中。归档器也允许通过删除、替换、提取或添加文件来调整库。

（5）**助记符到代数汇编语言转换公用程序（mnimonic-to-algebric assembly translator utility）**：把含有助记符指令的汇编语言源文件转换成含有代数指令的汇编语言源文件。

（6）**建库程序（library-build utility）**：建立满足要求的“运行支持库”。

（7）**运行支持库（run-time-support libraries）**：它包括 C 编译器所支持的 ANSI 标准运行支持函数、编译器公用程序函数、浮点运算函数和 C 编译器支持的 I/O 函数。

（8）**十六进制转换公用程序（hex conversion utility）**：它把 COFF 目标文件转换成 TI-Tagged、ASCII-hex、Intel、Motorola-S 或 Tektronix 等目标格式，可以把转换好的文件下载到 EPROM 编程器中。

（9）**交叉引用列表器（cross-reference lister）**：它用目标文件产生参照列表文件，可显示符号及其定义，以及符号所在的源文件。

（10）**绝对列表器（absolute lister）**：它输入目标文件，输出.abs 文件，通过汇编.abs 文件可产生含有绝对地址的列表文件。如果没有绝对列表器，这些操作将需要冗长乏味的手工操作才能完成。

2.3 CCSv5.1 的安装

CCSv5.1 为 CCS 软件的新版本，其功能更强大、性能更稳定、可用性更高。

（1）运行下载的安装程序 ccs_setup_5.1.1.00031.exe，当运行到如图 2.3 处时，选择“Custom”选项，进入手动选择安装通道。

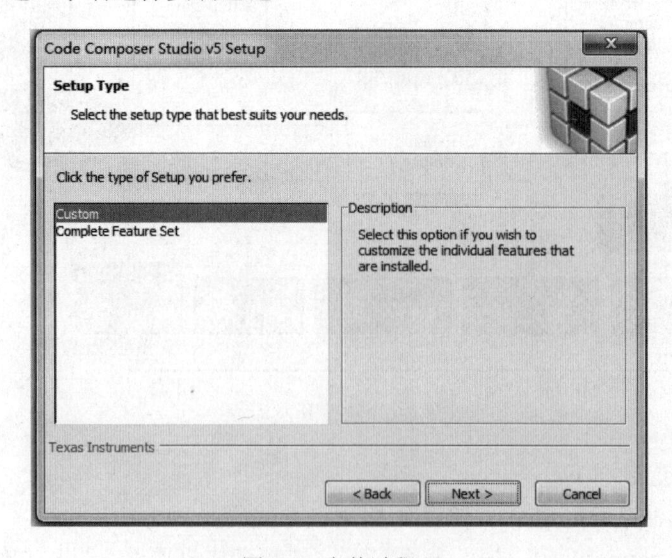

图 2.3　安装过程 1

（2）单击“Next”按钮得到如图 2.4 所示窗口，根据自己的需要选择要安装的内容，CCSv5.1 支持 MSP430 系列 MCU、ARM、C2000、C5000、C6000 单/多核、Davinci 等一系列处理器。如果只对 C5000 系列 DSP 进行编程，则只选择 C5000 Ultra Low Power DSP 一项即可。

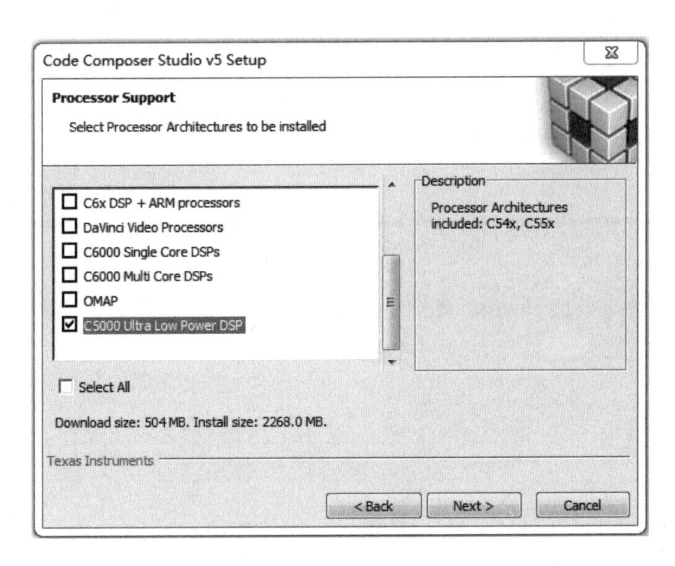

图 2.4　安装过程 2

（3）安装完成后结果如图 2.5 所示，单击“Finish”按钮，将运行 CCS，弹出如图 2.6 所示窗口。打开“我的电脑”，在某一磁盘下创建文件夹路径，单击“Browse”按钮，将工作区间链接到所建文件夹，不勾选“Use this as the default and do not ask again”。

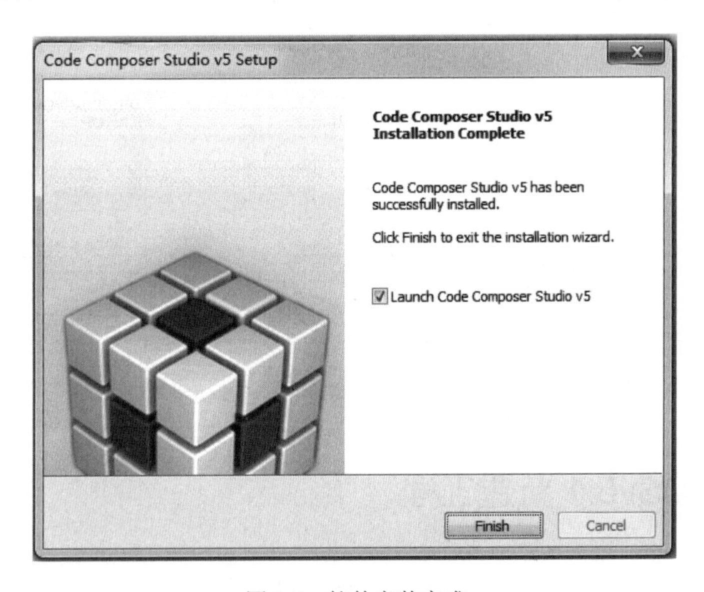

图 2.5　软件安装完成

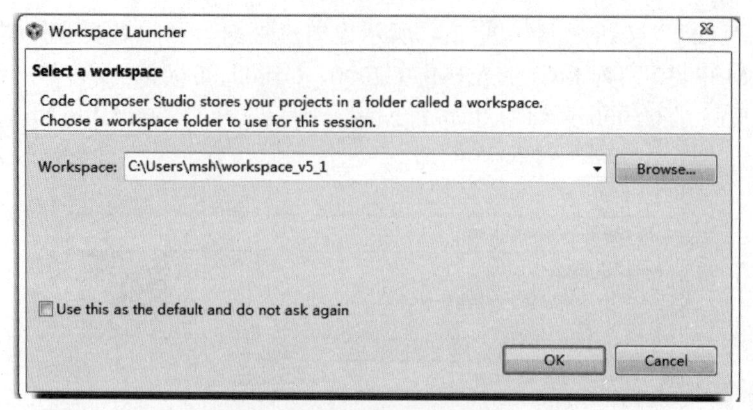

图 2.6　Workspace 选择窗口

单击“OK”按钮，添加 license 文件，完成激活操作，完成后界面如图 2.7 所示。

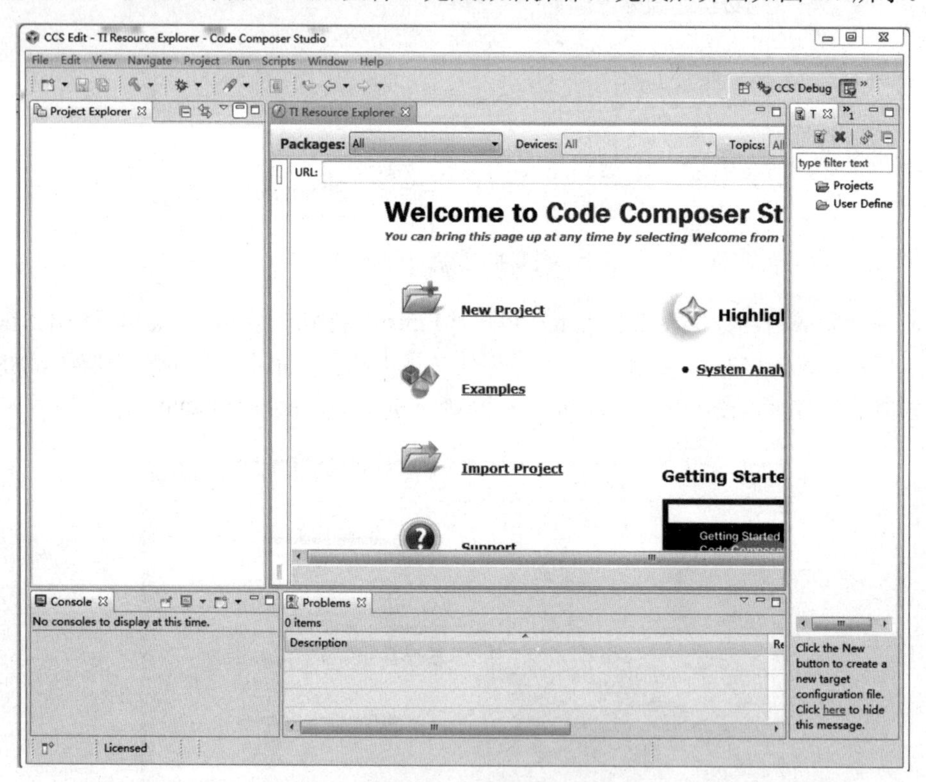

图 2.7　CCSv5 软件开发集成环境界面

2.4　利用 CCSv5.1 新建工程

1. 新建工程

新建工程步骤如下：

（1）打开 CCSv5.1 并确定工作区间，然后选择 File→New→CCS Project，弹出如图 2.8

所示对话框。

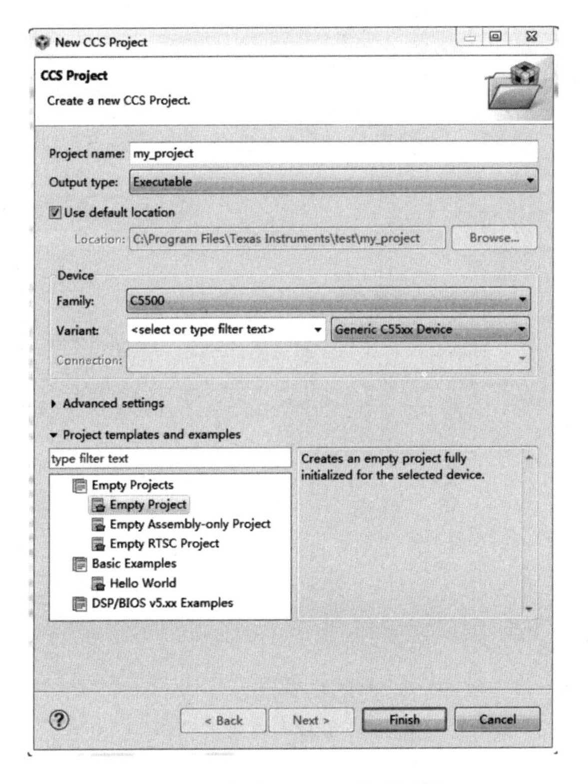

图 2.8　新建 CCS 工程对话框

（2）在 Project name 中输入新建工程的名称，在此输入 my_project。

（3）在 Output type 中有两个选项：Executable 和 Static library，前者为构建一个完整的可执行程序，后者为静态库。在此保留 Executable。

（4）在 Device 部分选择器件的型号，在 Family 中选择 C5500；Variant 选择默认，芯片选择 Generic C55xx Device；Connection 保持默认。

（5）选择空工程，然后单击“Finish”按钮完成新工程的创建。

（6）创建的工程将显示在 Project Explorer 中，如图 2.9 所示。

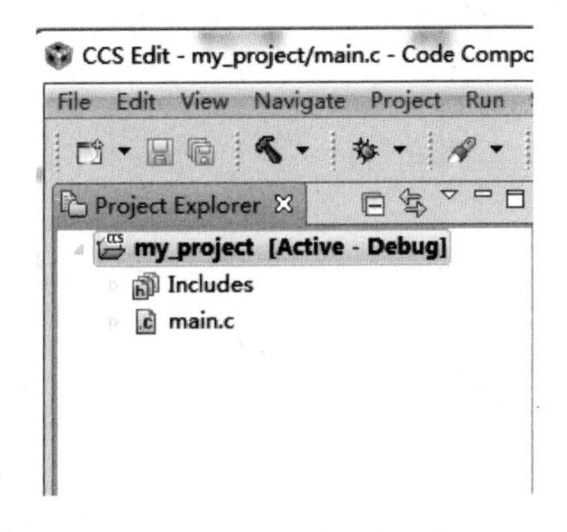

图 2.9　初步创建的新工程

2．新建或导入.h或.c文件

新建或导入已有.h或.c文件步骤如下。

（1）新建.h文件：在工程名上单击右键，选择New→Header File，得到如图2.10所示对话框。

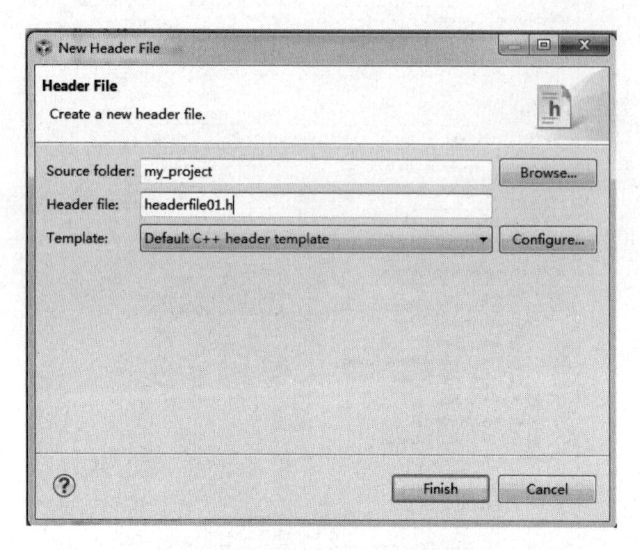

图2.10　新建.h文件对话框

在Header file中输入头文件的名称，注意必须以.h结尾，在此输入myo1.h。

（2）新建.c文件：在工程名上单击右键，选择New→Source File，得到如图2.11所示对话框。

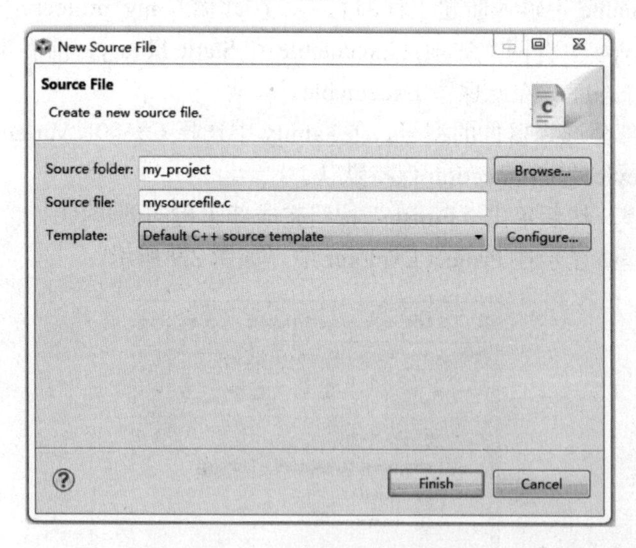

图2.11　新建.c文件对话框

在Source file中输入.c文件的名称，注意必须以.c结尾，在此输入my01.c。

（3）导入已有.h或.c文件：在工程名上单击右键，选择Add Files，得到如图2.12所示对话框。

图 2.12 导入已有文件对话框

找到所需导入的文件位置，单击“打开”按钮，得到如图 2.13 所示对话框。

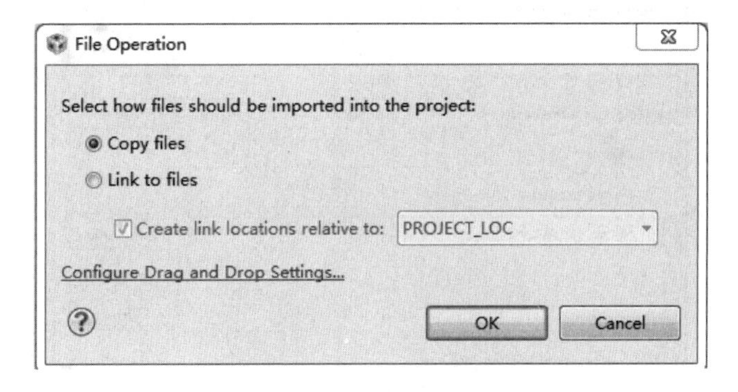

图 2.13 添加或连接现有文件

选择 Copy files，单击“OK”按钮，即可将已有文件导入到工程中。

2.5 利用 CCSv5.1 导入已有工程

利用 CCSv5.1 导入已有工程步骤如下：

（1）打开 CCSv5.1 并确定工作区间，选择 File→Import，展开 Code Composer Studio，选择 Existing CCS/CCE Eclipse Projects。单击“Next”按钮，得到如图 2.14 所示对话框。

（2）单击“Browse”按钮，选择需导入的工程所在目录，如图 2.15 所示。

（3）单击“Finish”按钮，即可完成既有工程的导入。

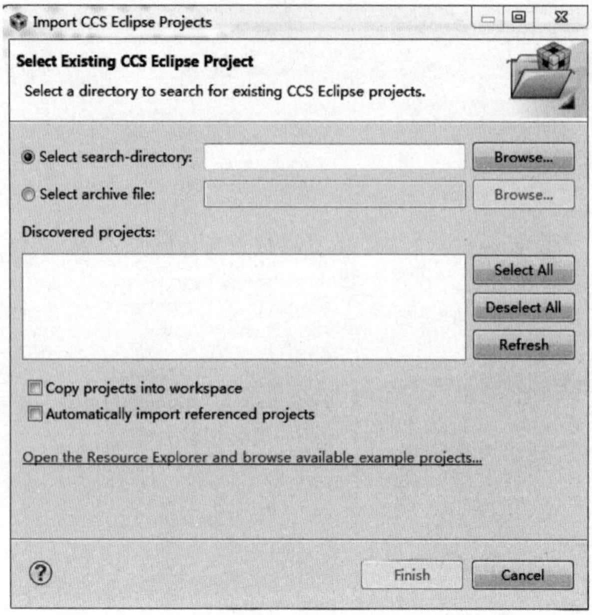

Import CCS Eclipse Projects
Select Existing CCS Eclipse Project
Select a directory to search for existing CCS Eclipse projects.
Select search-directory:
Browse...
Select archive file:
Browse...
Discovered projects:
Select All
Deselect All
Refresh
Copy projects into workspace
Automatically import referenced projects
Open the Resource Explorer and browse available example projects...
Finish
Cancel

图 2.14　选择导入工程目录

Import CCS Eclipse Projects
Select Existing CCS Eclipse Project
Select a directory to search for existing CCS Eclipse projects.
Select search-directory:
C:\Users\msh\workspace_v5_1\my_pro
Browse...
Select archive file:
Browse...
Discovered projects:
my_project
Select All
Deselect All
Refresh
Copy projects into workspace
Automatically import referenced projects
Open the Resource Explorer and browse available example projects...
Finish
Cancel

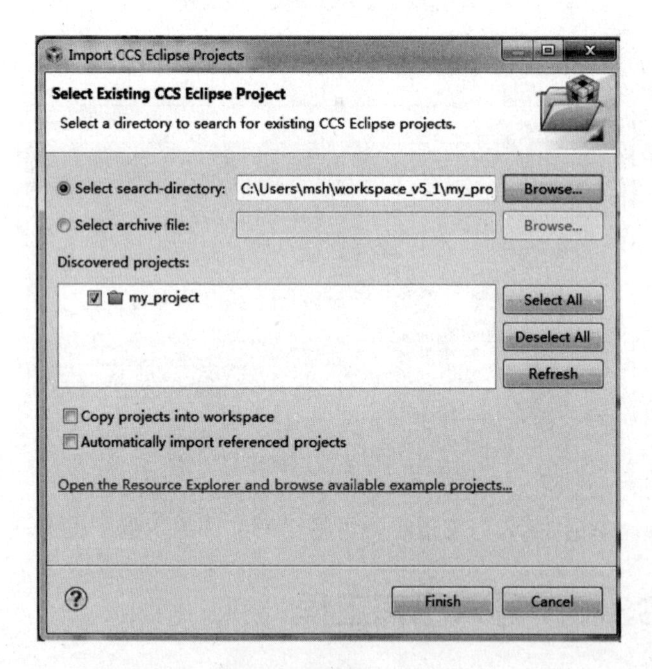

图 2.15　选择导入工程

2.6　利用 CCSv5.1 配置工程选项

1．Include 路径的配置

Include 路径配置的操作方法如下：

（1）右击工程，在下拉菜单中选中“Properties”命令，如图 2.16 所示，弹出工程设置界面，如图 2.17 所示。

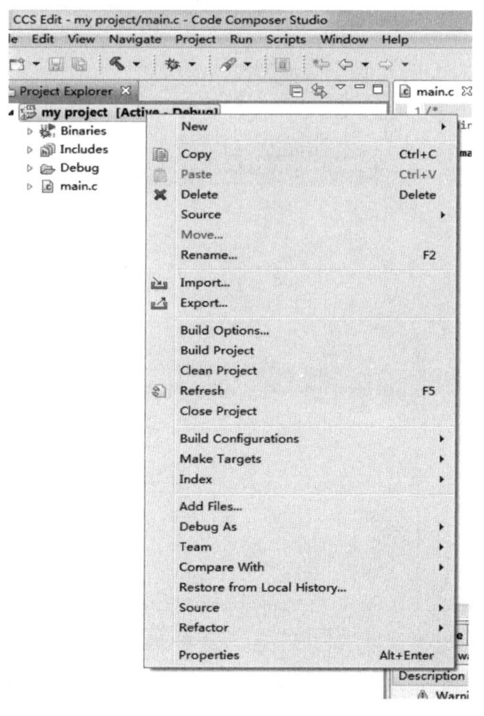

图 2.16 工程设置

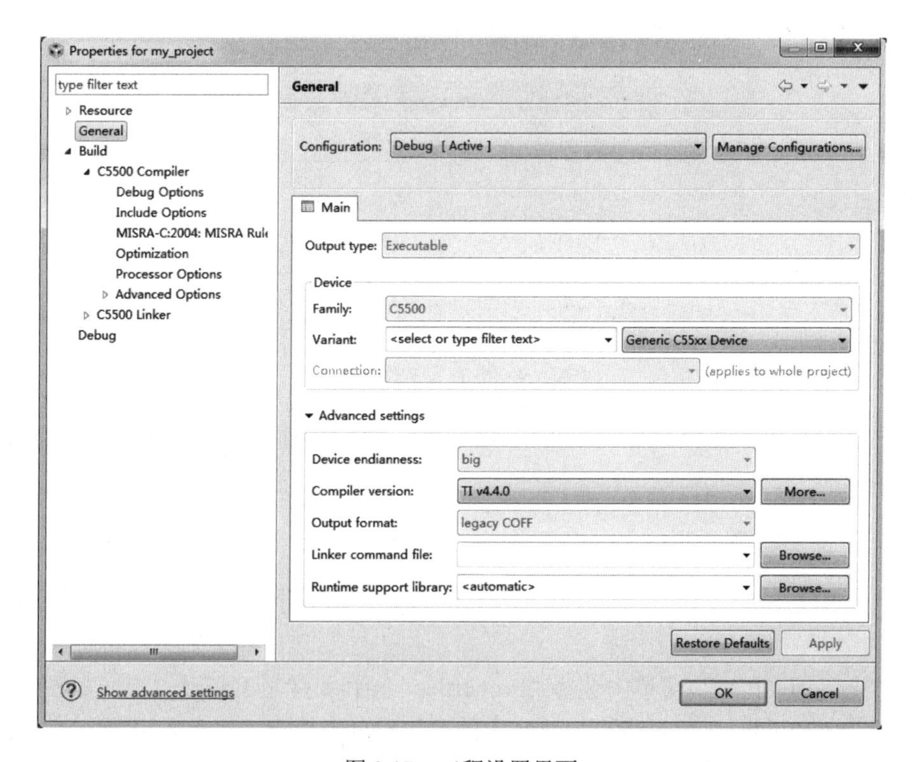

图 2.17 工程设置界面

（2）单击“Build”选项 C5500 Compiler 中的 Include Options，如图 2.18 所示。

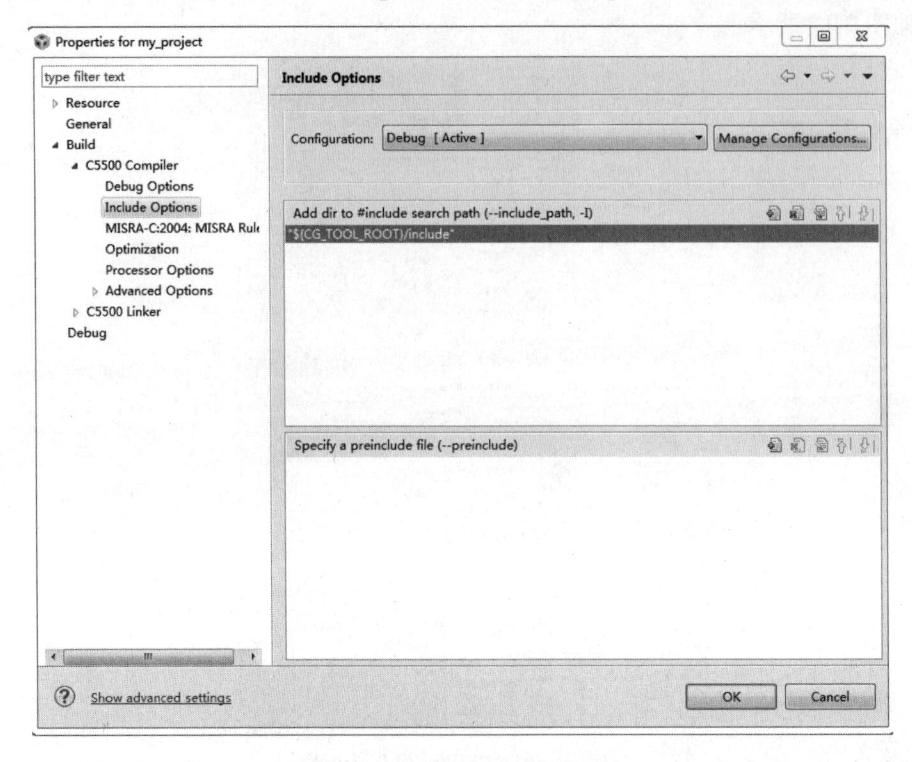

图 2.18　添加编译包含路径

（3）单击添加按钮，添加路径，如图 2.19 所示。

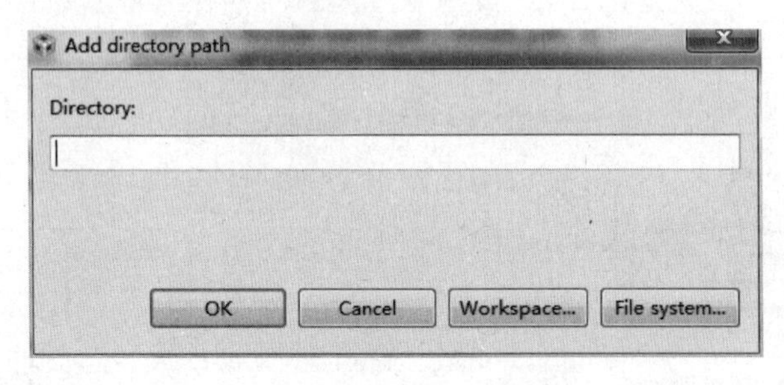

图 2.19　添加头文件路径

（4）在路径栏添加了路径后，单击“OK”按钮确认设置，该路径下的.h 文件便可以直接进行引用。

2. Lib 路径的配置

在进行 DSPLib 和 CSL 等功能的配置时，往往还需要将库包含在工程中，其操作方法如下：

（1）右击工程，在下拉菜单中选择“Properties”按钮，弹出工程设置界面如图 2.17 所示。

（2）单击“Build”选项 C5500 Linker 中的 File Search Path，如图 2.20 所示。

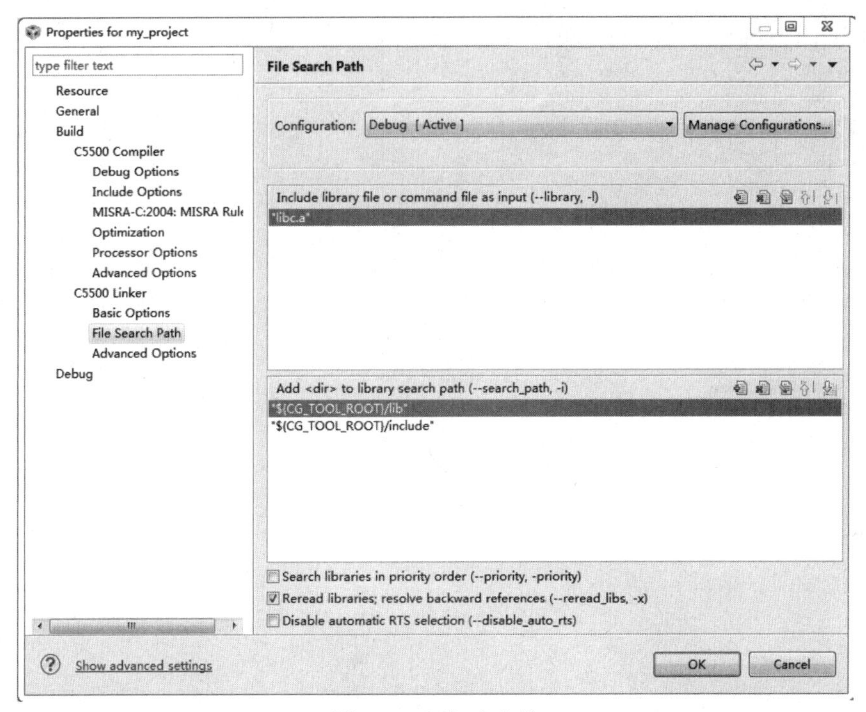

图 2.20　添加库文件

（3）单击添加按钮添加路径，如图 2.21 所示。

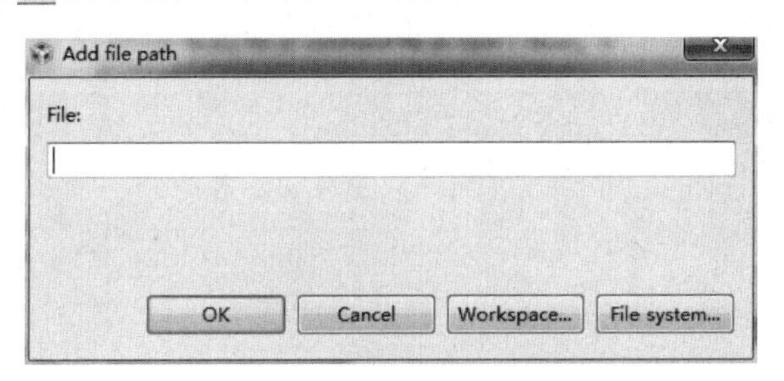

图 2.21　添加库路径

（4）添加库文件路径后，单击“OK”按钮完成添加，添加后可直接使用库中已有的函数。

3．程序优化选项的配置

程序优化选项配置的操作方法如下：

（1）单击“工程”选项卡，在下拉菜单中选择“Properties”按钮，弹出工程设置界面如图 2.17 所示。

（2）单击“Build”选项 C5500 Compiler 中的 Optimization 选项，设置界面如图 2.22 所示。

（3）设置 Optimization level 选项。Optimization level 可以从 0 到 3 实现优化等级的设置，等级越高，优化效果越明显。

（4）如需更加详细的配置，可在 Build 选项 C5500 Compiler 的 Optimization 选项中进行，如图 2.23 所示。

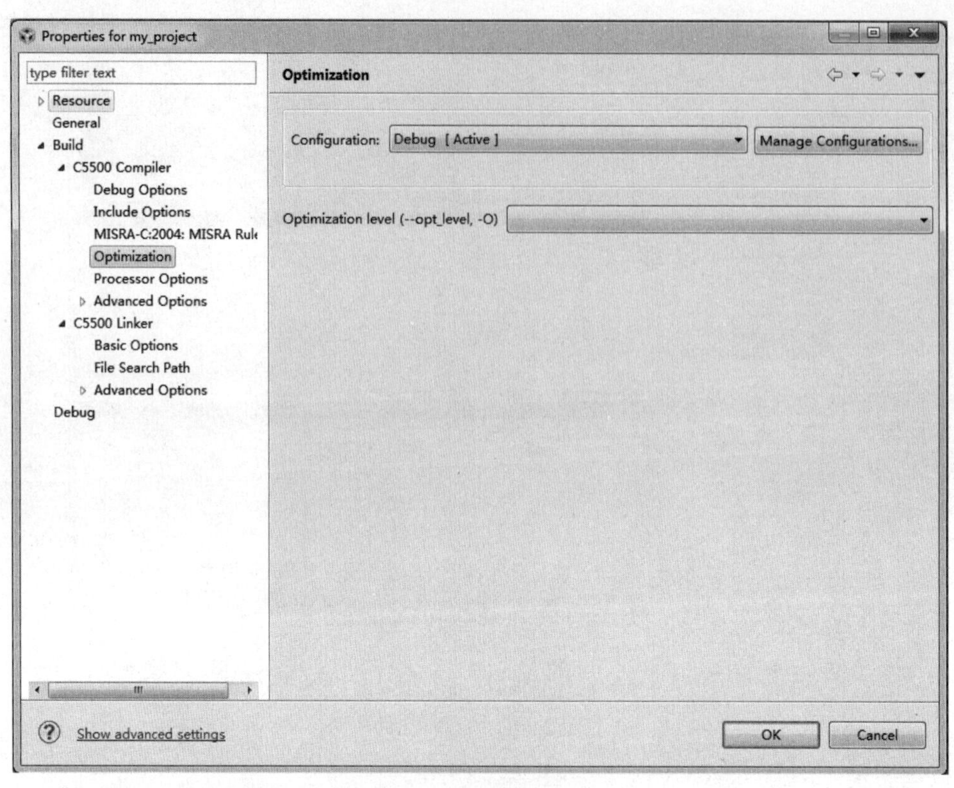

图 2.22　优化设置界面

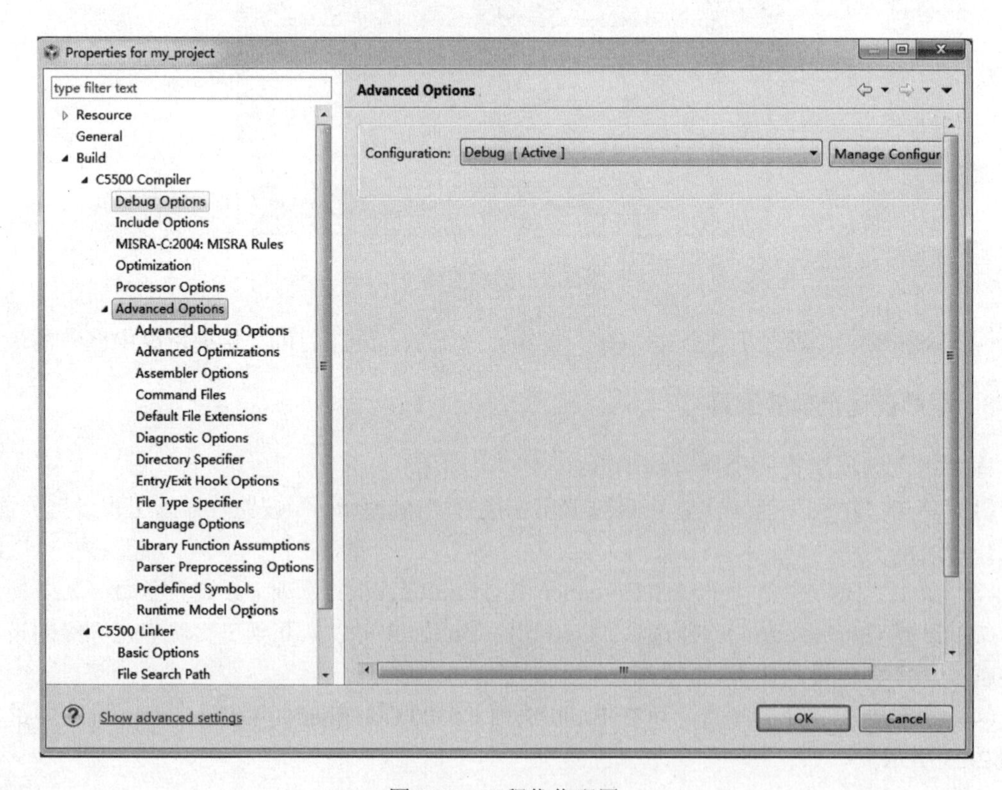

图 2.23　工程优化配置

CCS 工程配置菜单常用配置选项，除上述配置之外，还可以对更多编译及链接选项进行配置，在此不再赘述，读者有兴趣可以深入研究。

2.7　利用 CCSv5.1 调试工程

1．创建目标配置文件

在开始调试之前，有必要确认目标配置文件是否已经创建并配置正确。首先导入工程，如图 2.24 所示，其中 ccxml 目标配置文件已经正确创建，即可以进行编译调试，无需重新创建。若目标配置文件未创建或创建错误，则需进行创建。为了介绍目标配置文件的创建过程，在此对 LAB1 的工程再次创建目标配置文件。

图 2.24　工程浏览器

创建目标配置文件步骤如下：

（1）右键单击项目名称，并选择 New→Target Configuration File。

（2）在 File name 中输入后缀为.ccxml 的配置文件名，由于创建 TMS320VC5509A 开发板的目标配置文件，因此，将配置文件命名为 5509.ccxml。

（3）单击“Finish”按钮，将打开目标配置编辑器，如图 2.25 所示。

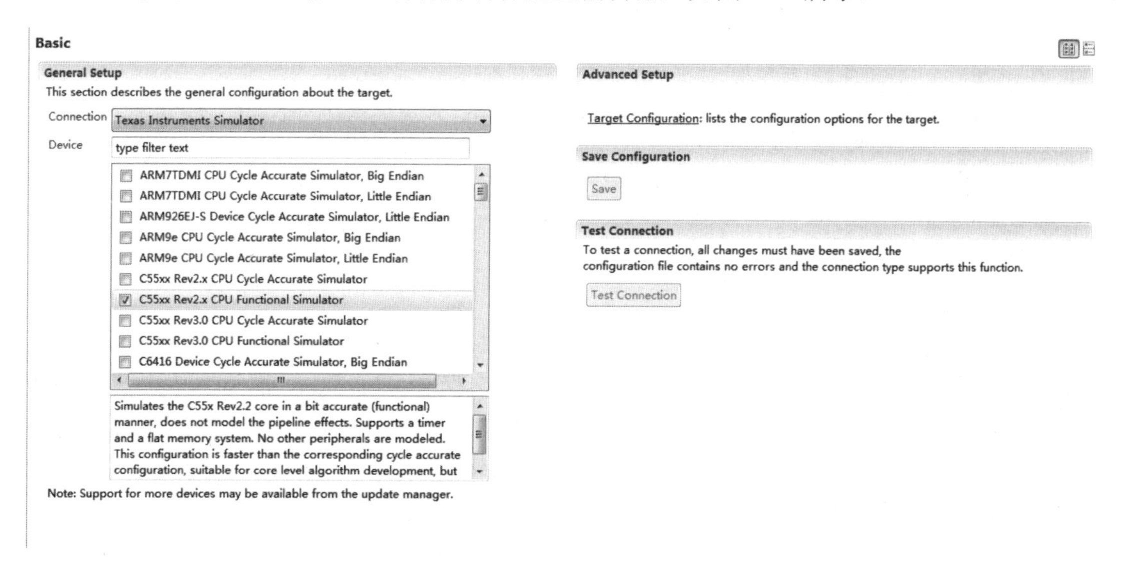

图 2.25　目标配置编辑器

2．启动调试器

（1）将工程进行编译通过：选择 Project→Build Project，编译目标工程。在第一次编译目标工程时，会在 Problems 选项卡中显示错误和警告。修改工程至没有错误，即提示如图 2.26 所示，就可以进行下载调试。

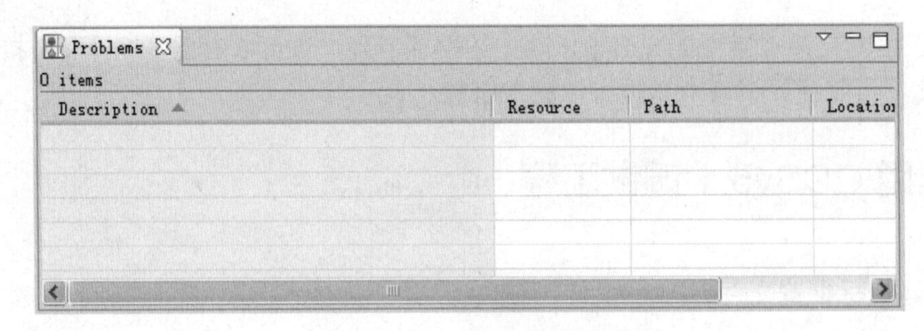

图 2.26　工程调试结果

（2）单击绿色的“Debug”按钮进行下载调试，得到如图 2.27 所示界面。界面分为调试窗口，变量、观察及寄存器窗口，程序窗口以及控制台窗口。

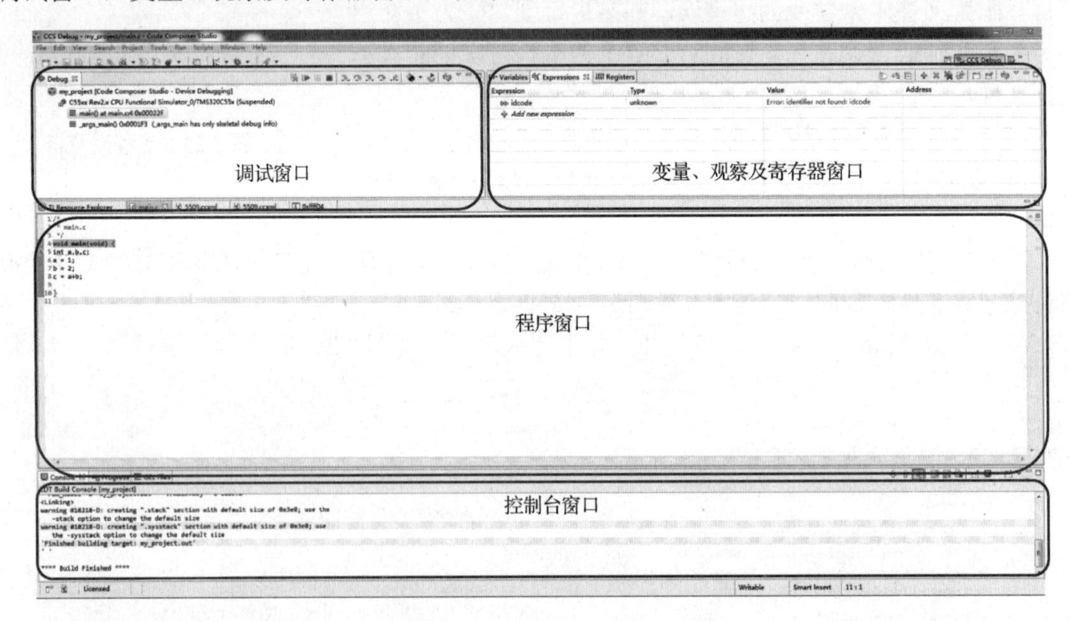

图 2.27　调试窗口界面

（3）单击运行图标运行程序，观察显示的结果。在程序调试的过程中，可通过设置断点来调试程序：选择需要设置断点的位置，右击鼠标选择 Breakpoints→Breakpoint，断点设置成功后将显示图标，可以通过双击该图标来取消该断点。程序运行的过程中可以通过单步调试按钮配合断点单步的调试程序，其中（Step into）为可进入子函数的单步执行，（Step over）则直接越过子函数，将子函数作为一步运行，而则是相对于前两者的汇编语言的单步调试，而（Step return）就是单步执行到子函数内时，用 step return 就可以执行完子函数余下部分，并返回上一层函数。此外还可以单击重新开始图标定位到 main()函数，单击复位按钮复位。可通过中止按钮返回编辑界面。

（4）在程序调试的过程中，可以通过 CCSv5.1 查看变量、寄存器、汇编程序或者 Memory 等的信息，显示出程序运行的结果，以和预期的结果进行比较，从而顺利地调试程序。选择菜单 View→Variables 命令，可以查看变量的值，如图 2.28 所示。

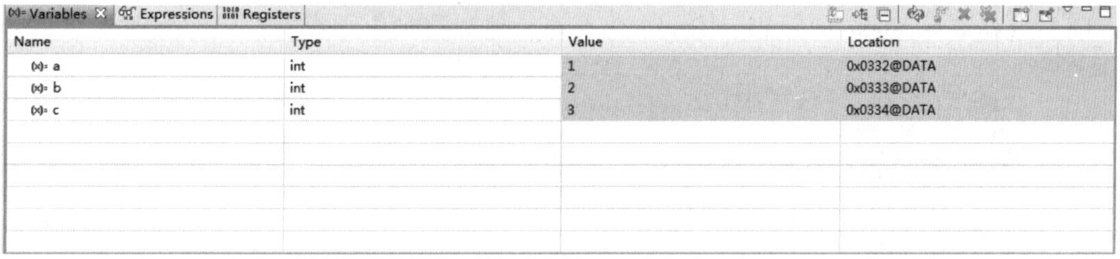

Name	Type	Value	Location
a	int	1	0x0332@DATA
b	int	2	0x0333@DATA
c	int	3	0x0334@DATA

图 2.28　变量查看窗口

（5）选择菜单 View→Registers 命令，可以查看寄存器的值，如图 2.29 所示。

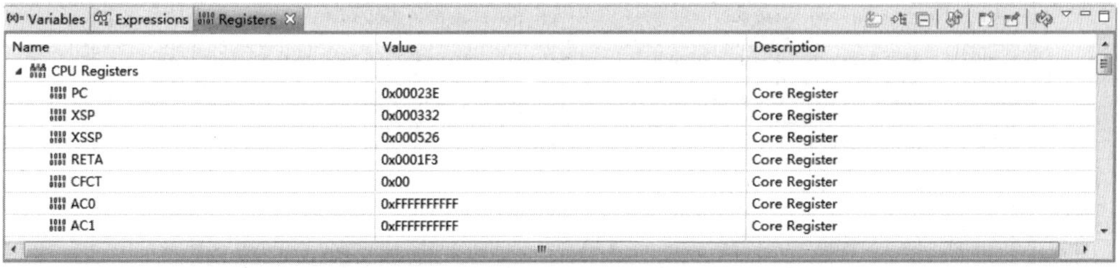

Name	Value	Description
CPU Registers		
PC	0x00023E	Core Register
XSP	0x000332	Core Register
XSSP	0x000526	Core Register
RETA	0x0001F3	Core Register
CFCT	0x00	Core Register
AC0	0xFFFFFFFFFF	Core Register
AC1	0xFFFFFFFFFF	Core Register

图 2.29　寄存器查看窗口

（6）选择菜单 View→Expressions 命令，可以得到观察窗口，如图 2.30 所示。可以通过 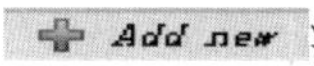 Add new 添加观察变量，或者在所需观察的变量上右击，选择 Add Watch Expression 将其添加到观察窗口。

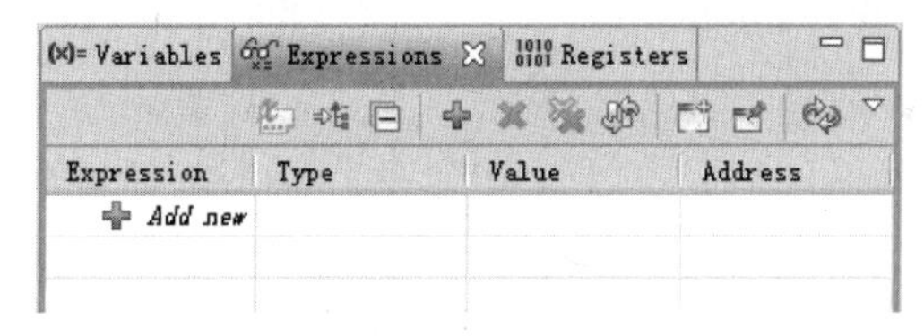

图 2.30　观察窗口

（7）选择菜单 View→Disassembly 命令，可以得到汇编程序观察窗口，如图 2.31 所示。

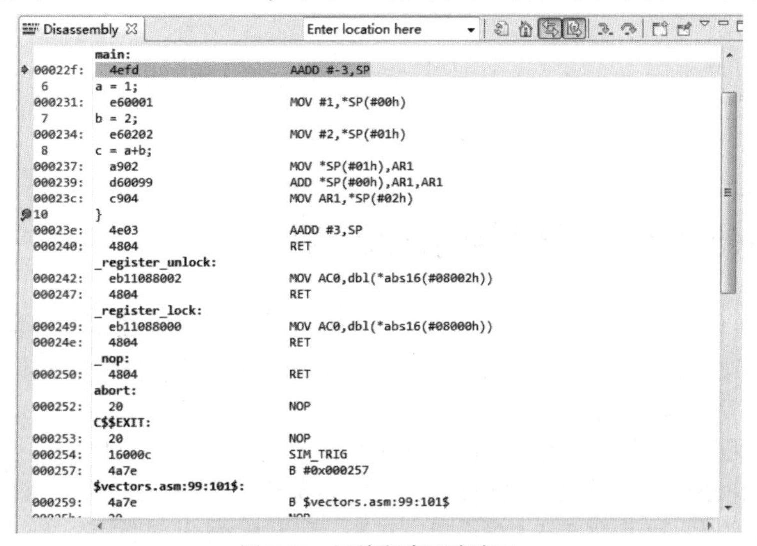

图 2.31　汇编程序观察窗口

（8）选择菜单 View→Memory Browser 命令，可以得到内存查看窗口，如图 2.32 所示。

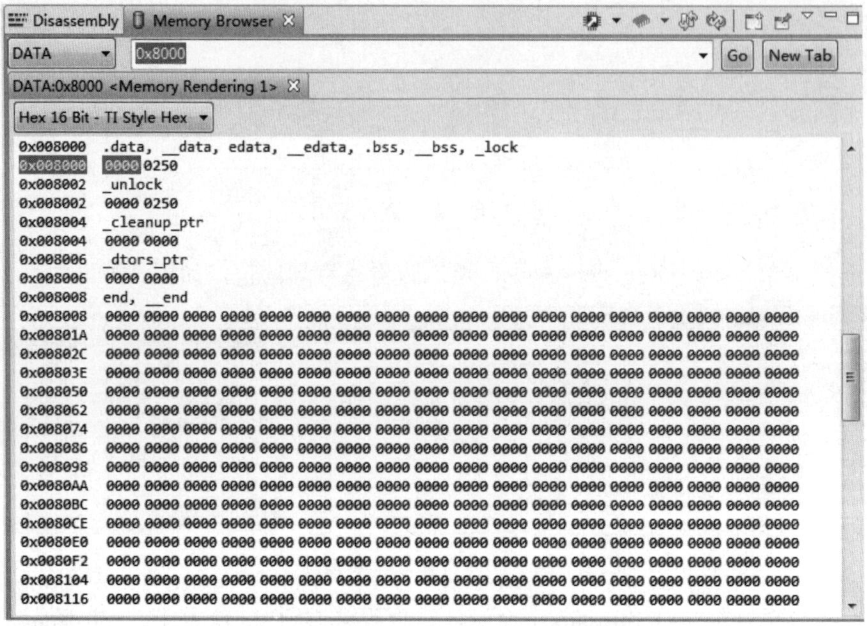

图 2.32　内存查看窗口

（9）选择菜单 View→Break points 命令，可以得到断点查看窗口，如图 2.33 所示。

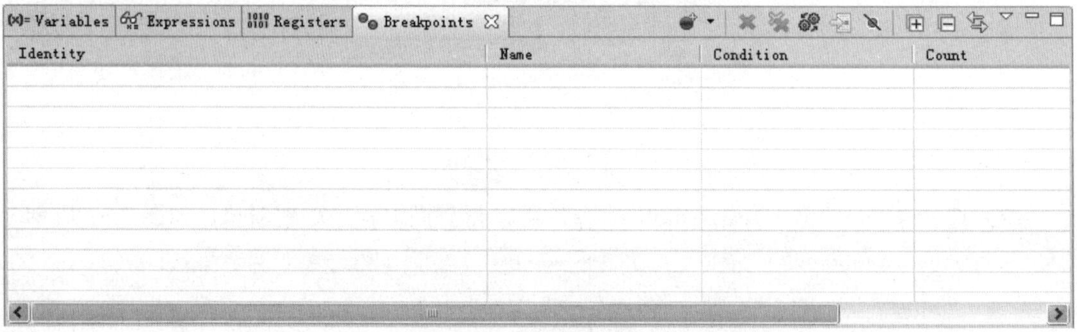

图 2.33　断点查看窗口

2.8　CCSv5.1 资源管理器简介及应用

CCSv5.1 具有强大的功能，并且其内部的资源也非常丰富，利用其内部资源进行 DSP 开发，将会非常方便。下面给出 CCSv5.1 资源管理器的应用。如图 2.34 所示，通过 Help→Welcome to CCS 打开 CCSv5.1 的欢迎界面。

具体 TI 欢迎界面如图 2.35 所示，利用 New Project 链接可以新建 CCS 工程；利用 CCSv5.1 新建工程；利用 Examples 链接可以搜索到示例程序资源；利用 Import Project 链接可以导入已有 CCS 工程文件；利用 CCSv5.1 导入已有工程；利用 Support 链接可以在线获得技术支持；

利用 Web Resources 链接可以进入 CCSv5.1 网络教程，学习 CCSv5.1 有关知识。

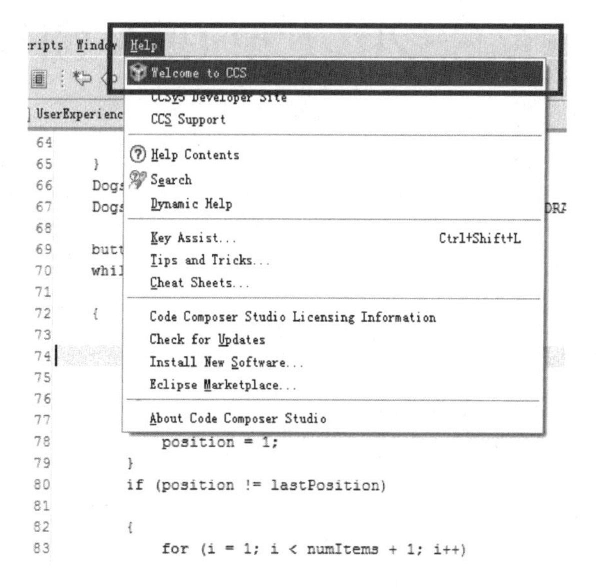

图 2.34　欢迎界面打开途径

图 2.35　TI 欢迎界面

第 3 章　TMS320VC5509A CPU 寄存器

3.1　寄存器列表

表 3.1 按照字母顺序列出了 C55x CPU 中的寄存器。

表 3.1　C55x CPU 寄存器一览表

名　称	说　明	大　小
AC0～AC3	累加器 0～3	40 位（每个）
AR0～AR7	辅助寄存器 0～7	16 位（每个）
BK03，BK47，BKC	循环缓冲区大小寄存器	16 位（每个）
BRC0，BRC1	块循环计数器 0 和 1	16 位（每个）
BRS1	BRC1 保存寄存器	16 位
BSA01，BSA23，BSA45，BSA67，BSAC	循环缓冲区起始地址寄存器	16 位（每个）
CDP	系数数据指针（XCDP 的低位部分）	16 位
CDPH	XCDP 的高位部分	7 位
CFCT	控制流关系寄存器	8 位
CSR	计算单循环寄存器	16 位
DBIER0，DBIER1	调试中断使能寄存器 0 和 1	16 位（每个）
DP	数据页寄存器（XDP 的低位）	16 位
DPH	XDP 的高位部分	7 位
IER0，IER1	中断使能寄存器 0 和 1	16 位（每个）
IFR0，IFR1	中断标志寄存器 0 和 1	16 位（每个）
IVPD，IVPH	中断向量指针	16 位（每个）
PC	程序计数器	24 位
PDP	外设数据页寄存器	9 位
REA0，REA1	块循环结束地址寄存器 0 和 1	24 位（每个）
RETA	返回地址寄存器	24 位
RPTC	单循环计数器	16 位
RSA0，RSA1	块循环结束地址寄存器 0 和 1	24 位（每个）
SP	数据堆栈指针	16 位
SPH	XSP 和 XSSP 的高位	7 位
SSP	系统堆栈指针	16 位
ST0_55～ST3_55	状态寄存器 0～3	16 位（每个）

续表

名　称	说　明	大　小
T0～T3	临时寄存器	16 位（每个）
TRN0，TRN1	变换寄存器 0 和 1	16 位（每个）
XAR0～XAR7	扩展辅助寄存器 0～7	23 位（每个）
XCDP	扩展系数数据指针	23 位
XDP	扩展数据页寄存器	23 位
XSP	扩展数据堆栈指针	23 位
XSSP	扩展系统堆栈指针	23 位

3.1.1 寄存器的存储器映射

表 3.2 给出了存储器映射寄存器，它们是被映射到 DSP 数据空间地址的 CPU 寄存器。

表 3.2 存储器映射寄存器

地　址	寄 存 器	名　称	位 范 围
00 0000h	IER0	中断使能寄存器 0	15～0
00 0001h	IFR0	中断标志寄存器 0	15～0
00 0002h （适用于 C55x 代码）	ST0_55	状态寄存器 0	15～0
备注： 地址 00 0002h 只适用于访问 ST0_55 的本地 TMS320C55x 代码，若要用 TMS320C54x 代码访问 ST0，则需将其写入地址 00 0006h 来访问 ST0_55。			
00 0003h （适用于 C55x 代码）	ST1_55	状态寄存器 1	15～0
备注： 地址 00 0003h 只适用于访问 ST1_55 的本地 TMS320C55x 代码，若要用 TMS320C54x 代码访问 ST1，则需将其写入地址 00 0007h 来访问 ST1_55。			
00 0004h （适用于 C55x 代码）	ST3_55	状态寄存器 3	15～0
备注： 地址 00 0004h 只适用于访问 ST3_55 的本地 TMS320C55x 代码，若要用 TMS320C54x 代码访问处理器模式状态寄存器（PMST），则需将其写入地址 00 001Dh 来访问 ST3_55。			
00 0005h	—	保留（不使用）	—
00 0006h （适用于 C54x 代码）	ST0（ST0_55）	状态寄存器 0	15～0
备注： 地址 00 0006h 是 ST0_55 的保护地址，将它写入 TMS320C54x 代码来访问 ST0。本地 TMS320C55x 代码访问 ST0_55 时需使用地址 00 0002h。			
00 0007h （适用于 C54x 代码）	ST1（ST1_55）	状态寄存器 1	15～0
备注： 地址 00 0007h 是 ST1_55 的保护地址，将它写入 TMS320C54x 代码来访问 ST1。本地 TMS320C55x 代码访问 ST1_55 时需使用地址 00 0003h。			

续表

<table>
<tr><th>地　址</th><th>寄 存 器</th><th>名　称</th><th>位 范 围</th></tr>
<tr><td>00 0008h</td><td>AC0L</td><td rowspan="3">累加器 0</td><td>15～0</td></tr>
<tr><td>00 0009h</td><td>AC0H</td><td>31～16</td></tr>
<tr><td>00 000Ah</td><td>AC0G</td><td>39～32</td></tr>
<tr><td>00 000Bh</td><td>AC1L</td><td rowspan="3">累加器 1</td><td>15～0</td></tr>
<tr><td>00 000Ch</td><td>AC1H</td><td>31～16</td></tr>
<tr><td>00 000Dh</td><td>AC1G</td><td>39～32</td></tr>
<tr><td>00 000Eh</td><td>T3</td><td>临时寄存器 3</td><td>15～0</td></tr>
<tr><td>00 000Fh</td><td>TRN0</td><td>变换寄存器 0</td><td>15～0</td></tr>
<tr><td>00 0010h</td><td>AR0</td><td>辅助寄存器 0</td><td>15～0</td></tr>
<tr><td>00 0011h</td><td>AR1</td><td>辅助寄存器 1</td><td>15～0</td></tr>
<tr><td>00 0012h</td><td>AR2</td><td>辅助寄存器 2</td><td>15～0</td></tr>
<tr><td>00 0013h</td><td>AR3</td><td>辅助寄存器 3</td><td>15～0</td></tr>
<tr><td>00 0014h</td><td>AR4</td><td>辅助寄存器 4</td><td>15～0</td></tr>
<tr><td>00 0015h</td><td>AR5</td><td>辅助寄存器 5</td><td>15～0</td></tr>
<tr><td>00 0016h</td><td>AR6</td><td>辅助寄存器 6</td><td>15～0</td></tr>
<tr><td>00 0017h</td><td>AR7</td><td>辅助寄存器 7</td><td>15～0</td></tr>
<tr><td>00 0018h</td><td>SP</td><td>数据堆栈指针</td><td>15～0</td></tr>
<tr><td>00 0019h</td><td>BK03</td><td>AR0～AR3 的循环缓冲区大小寄存器</td><td>15～0</td></tr>
<tr><td colspan="4">备注：在 TMS320C54x 兼容模式下（C54CM=1），BK03 用于所有的辅助寄存器。C54CM 是状态寄存器 1（ST1_55）里的一个位。</td></tr>
<tr><td>00 001Ah</td><td>BRC0</td><td>块循环计数器 0</td><td>15～0</td></tr>
<tr><td>00 001Bh</td><td>RSA0L</td><td>块循环起始地址寄存器 0 的低位</td><td>15～0</td></tr>
<tr><td>00 001Ch</td><td>REA0L</td><td>块循环结束地址寄存器 0 的低位</td><td>15～0</td></tr>
<tr><td>00 001Dh
（适用于 C54x 代码）</td><td>PMST（ST3_55）</td><td>状态寄存器 3</td><td>15～0</td></tr>
<tr><td colspan="4">备注：地址 00 001Dh 是 ST3_55 的保护地址，将 TMS320C54x 代码写入该地址来访问处理器模式状态寄存器（PMST）。本地 TMS320C54x 代码要访问 ST3_55 地址需使用地址 00 0004h。</td></tr>
<tr><td>00 001Eh</td><td>XPC</td><td>与 C54x 代码相兼容的程序计数器扩展寄存器</td><td>7～0</td></tr>
<tr><td>00 001Fh</td><td>—</td><td>保留（不使用）</td><td>—</td></tr>
<tr><td>00 0020h</td><td>T0</td><td>临时寄存器 0</td><td>15～0</td></tr>
<tr><td>00 0021h</td><td>T1</td><td>临时寄存器 1</td><td>15～0</td></tr>
<tr><td>00 0022h</td><td>T2</td><td>临时寄存器 2</td><td>15～0</td></tr>
<tr><td>00 0023h</td><td>T3</td><td>临时寄存器 3</td><td>15～0</td></tr>
<tr><td>00 0024h</td><td>AC2L</td><td rowspan="2">累加器 2</td><td>15～0</td></tr>
<tr><td>00 0025h</td><td>AC2H</td><td>31～16</td></tr>
</table>

续表

地　址	寄 存 器	名　称	位 范 围
00 0026h	AC2G	累加器 2	39～32
00 0027h	CDP	系统数据指针	15～0
00 0028h	AC3L	累加器 3	15～0
00 0029h	AC3H		31～16
00 002Ah	AC3G		39～32
00 002Bh	DPH	扩展数据页寄存器的高位	6～0
00 002Ch	—	保留（不使用）	—
00 002Dh	—	保留（不使用）	—
00 002Eh	DP	数据页寄存器	15～0
00 002Fh	PDP	外设数据页寄存器	8～0
00 0030h	BK47	AR4～AR7 的循环缓冲区大小寄存器	15～0
00 0031h	BKC	CDP 的循环缓冲区大小寄存器	15～0
00 0032h	BSA01	AR0 和 AR1 的循环缓冲区起始地址寄存器	15～0
00 0033h	BSA23	AR2 和 AR3 的循环缓冲区起始地址寄存器	15～0
00 0034h	BSA45	AR4 和 AR5 的循环缓冲区起始地址寄存器	15～0
00 0035h	BSA67	AR0 和 AR1 的循环缓冲区起始地址寄存器	15～0
00 0036h	BSAC	CDP 的循环缓冲区起始地址寄存器	15～0
00 0037h	—	BIOS 保留。一个用来保存 BIOS 操作所需的数据表指针起始地址的 16 位寄存器	—
00 0038h	TRN1	变换寄存器 1	15～0
00 0039h	BRC1	块循环计数器 1	15～0
00 003Ah	BRS1	BRC1 保存寄存器	15～0
00 003Bh	CSR	计算单循环寄存器	15～0
00 003Ch	RSA0H	块循环起始地址寄存器 0	23～16
00 003Dh	RSA0L		15～0
00 003Eh	REA0H	块循环结束地址寄存器 0	23～16
00 003Fh	REA0L		15～0
00 0040h	RSA1H	块循环起始地址寄存器 1	23～16
00 0041h	RSA1L		15～0
00 0042h	REA1H	块循环结束地址寄存器 1	23～16
00 0043h	REA1L		15～0

续表

地　址	寄存器	名　称	位范围
00 0044h	RPTC	单循环计数器	15～0
00 0045h	IER1	中断使能寄存器 1	10～0
00 0046h	IFR1	中断标志寄存器 1	10～0
00 0047h	DBIER0	调试中断使能寄存器 0	15～0
00 0048h	DBIER1	调试中断使能寄存器 1	10～0
00 0049h	IVPD	向量 0～15 和 24～31 的中断向量指针	15～0
00 004Ah	IVPH	向量 16～23 的中断向量指针	15～0
00 004Bh	ST2_55	状态寄存器 2	15～0
00 004Ch	SSP	系统堆栈指针	15～0
00 004Dh	SP	数据堆栈指针	15～0
00 004Eh	SPH	扩展堆栈指针的高位	6～0
00 004Fh	CDPH	扩展系数数据指针的高位	6～0
00 0050h～00 005Fh	—	保留（不适用）	—

注意：

（1）ST0_55，ST1_55 和 ST3_55 均可在两个地址中访问。在一个地址中，所有的 TMS320C55x 位都是可用的；在另外一个地址（被保护地址）中，某些位是无法被修改的。被保护的地址用来支持写入 ST0，ST1 和 PMST（ST3_55 对应的 C54xTM）的 TMS320C54xTM 码。

（2）T3，RSA0L，REA0L 和 SP 均可在两个地址中互相访问。对于使用 DP 直接寻址模式映射到内存的寄存器访问，汇编器将会替代两个地址中的高位地址：T3 = 23h（而非 0Eh），RSA0L= 3Dh（而非 1Bh），REA0L = 3Fh（而非 1Ch），SP = 4Dh（而非 18h）。

（3）加载 BRC1 的任何 C55x 指令都将把相同的值加载到 BRS1。

3.1.2 累加器（AC0～AC3）

CPU 包含 4 个 40 位的累加器：AC0，AC1，AC2 和 AC3。这些寄存器的基本功能是协助 D 单元的算术逻辑单元（ALU）、乘法和累加单元（MACs）与移位器进行数据计算。这 4 个累加器基本上是等价的，当然某些情况下除外。例如，当一些指令被限制在确定的累加对分组中时：

```
SWAP   AC0，AC2；有效指令
SWAP   AC1，AC3；有效指令
```

但是，SWAP　AC0，AC1；无效指令

每个累加器都被分割为一个低字（ACxL），一个高字（ACxH），以及八个保护位（ACxG）。可以运用访问存储器映射寄存器的寻址模式来单独访问这些部分。

在 TMS320C54x 兼容模式下（C54CM=1），累加器 AC0 和 AC1 分别对应 TMS320C54x 累加器 A 和 B。

3.1.3 变换寄存器（TRN0，TRN1）

TRN0 和 TRN1 这两个变换寄存器被用在比较和选择极值指令中：

(1)用于执行校正 TRNO 和 TRN1 的两个 16 位极值选择的语句依靠对两个累加器的高位字的比较和低位字的比较。TRN0 的校正依靠两个累加器的高位字的比较，TRN1 的校正则依靠对两个累加器的低位字进行比较。

(2) 用于执行校正选定的变换寄存器（TRN0 或 TRN1）的单一 40 位极值选择的语法依靠对两个累加器全部 40 位进行比较。

TRN0 和 TRN1 可以保存实现维特比算法新指标的变换决定。

3.1.4 临时寄存器（T0～T3）

CPU 包含 4 个 16 位通用临时寄存器：T0、T1、T2 和 T3。下面是临时寄存器可以实现的一些功能：

- 存放乘法、乘加以及乘减的运算里的被乘数；
- 存放 D 单元里加法、减法和装载指令的移位数；
- 通过交换辅助寄存器（AR0～AR7）和临时寄存器的内容来追踪多个指针值；
- 为 D 单元里 ALU 的双 16 位操作存放维特比蝶形变换尺度。

注意： 如果 C54CM=1（TMS320C54x 兼容模式打开），T2 受制于状态寄存器 ST1_55 的 ASM 位，并且不能用作通用寄存器。

3.1.5 数据和 I/O 空间寻址寄存器

表 3.3 列出了数据和 I/O 空间寻址的寄存器。

表 3.3 数据和 I/O 空间寻址寄存器

寄　存　器	功　　能
XAR0～XAR7 或 AR0～AR7	指向数据空间中的一个数据值用于间接寻址模式访问
XCDP 和 CDP	指向数据空间中的一个数据值用于间接寻址模式访问
BSA01，BSA23，BSA45，BSA67，BSAC	指定一个循环缓冲区的首地址加到一个指针上
BK03，BK47，BKC	指定一个循环缓冲区的大小
XDP 和 DP	指定 DP 直接寻址模式访问的首地址
PDP	确定 I/O 空间的访问的外设数据页
XSP 和 SP	指向数据堆栈上的一个值
XSSP 和 SSP	指向系统堆栈上的一个值

1. 辅助寄存器（XAR0～XAR7 或 AR0～AR7）

CPU 包括了 8 个扩展的辅助寄存器 XAR0～XAR7(见表 3.4)。每个高位部分(比如 AR0H)用来指定访问数据空间所需的 7 位主数据页；每个低位部分（比如 AR0）可用作：

- 7 位主数据页的 16 位偏移量（形成 23 位的地址）；
- 一个位地址（用于访问单独的位或位对指令中）；

- 一个通用寄存器或计数器；
- 用于选择与循环缓冲区首地址相关位的一个指标。

表 3.4　扩展辅助寄存器及其组成部分

寄 存 器	名　称	可 访 问 性
XARn	扩展辅助寄存器 n	只可通过专用指令访问，不映射到内存
ARn	辅助寄存器 n	可通过专用指令访问，也可作为存储器映射寄存器
ARnH	扩展辅助寄存器 n 的高位	只能通过访问 XARn 来访问

XAR0～XAR7 或 AR0～AR7 用在 AR 间接寻址模式和双 AR 间接寻址模式中。在 A 单元的 ALU 中，在 AR0～AR7 上可以执行基本的算术、逻辑和移位运算。这些操作可以和在数据地址产生单元（DAGEN）的辅助寄存器上执行的地址修改操作同时进行。

2. 系数数据指针（XCDP 和 CDP）

CPU 在内存中映射了一个系数数据指针（CDP）和一个相关扩展寄存器（CDPH），如图 3.1 所示。

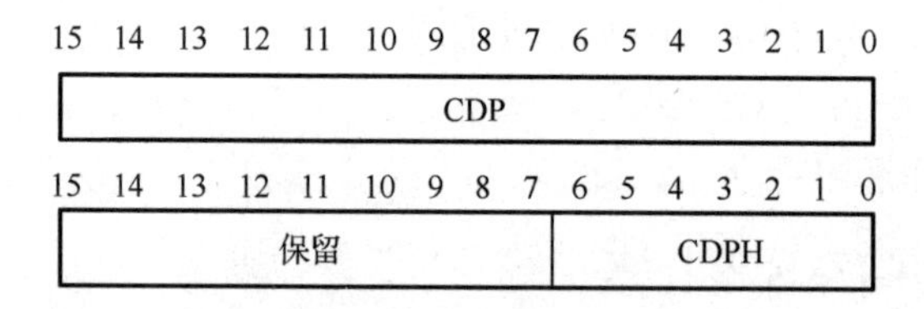

图 3.1　CDP 和 CDPH

CPU 通过连接 CDP 和 CDPH 形成一个扩展的 CDP，称作 XCDP（见表 3.5）。其高位部分（CDPH）用来规定访问数据空间的 7 位主数据页；低位部分（CDP）可用作：

- 7 位主数据页的 16 位偏移量（形成 23 位地址）；
- 一个位地址（用在访问单独的位和位对指令中）；
- 一个通用寄存器或计数器；
- 用于选择与循环缓冲区首地址相关位的一个指标。

表 3.5　扩展系数数据指针和它的组成

寄存器	名称	可访问性
XCDP	扩展系数数据指针	只能通过专用指令访问，不映射到内存
CDP	系数数据指针	可通过专用指令访问，也可作为存储器映射寄存器
CDPH	扩展系数数据指针的高位部分	可作为存储器映射寄存器被访问。可通过访问 XCDP 来访问 CDPH，它没有专用访问指令

XCDP 或者 CDP 用在 CDP 的间接寻址模式和系数间接寻址模式中。CDP 可用在任一访问某个数据空间值的指令中。不过，在双乘加（MAC）的指令中 CDP 将更方便使用，因为它给 D 单元双 MAC 操作者提供了又一个独立的运算元。

3．循环缓冲区首地址寄存器（BSA01，BSA23，BSA45，BSA67，BSAC）

CPU 包含了 5 个 16 位的循环缓冲区首地址寄存器，它们可以定义一个带有首地址的循环缓冲区并且不受到任何队列限制所束缚。

每一个缓冲区首地址寄存器都和一个特定的指针或数个指针相关联（见表 3.6）。只有当指针被配置在 ST_255 状态寄存器中进行循环寻址时，一个缓冲区首地址才被加到指针值上。

表 3.6　循环缓冲区首地址寄存器和相关联的指针

寄　存　器	指　　针	提供主数据页的寄存器
BSA01	AR0 或 AR1	AR0:AR0H；AR1:AR1H
BSA23	AR2 或 AR3	AR2:AR2H；AR3:AR3H
BSA45	AR4 或 AR5	AR4:AR4H；AR5:AR5H
BSA67	AR6 或 AR7	AR6:AR6H；AR7:AR7H
BSAC	CDP	CDPH

举一个运用缓冲区首地址的例子，考虑如下指令：

```
MOV *AR6, T2 ; Load T2 with a value from the circular
             ; buffer of words referenced by XAR6.
```

在这个例子中，将 AR6 配置在循环寻址中，地址以如下形式产生：

```
AR6H:(BSA67 + AR6)= XAR6 + BSA67
```

主数据页值（AR6H）由 AR6 的总和以及与它关联的缓冲区首地址（BSA67）连接得到。当以兼容模式（C54CM=1）运行 TMS320C54x 码时，要确保缓冲区首地址寄存器包含 0。

4．循环缓冲区大小寄存器（BK03，BK47，BKC）

3 个 16 位循环缓冲区大小寄存器指定了循环缓冲区的大小（最大为 65535）。每一个缓冲区大小寄存器与一个或几个特定的指针相关联（见表 3.7）。

表 3.7　环缓冲区大小寄存器和相关联的指针

寄　存　器	指　　针
BK03	AR0，AR1，AR2 或 AR3
BK47	AR4，AR5，AR6 或 AR7
BKC	CDP

5．数据页寄存器（XDP 和 DP）

CPU 在内存中映射了一个数据页寄存器 DP 和一个相关的扩展寄存器 DPH，如图 3.2 所示。

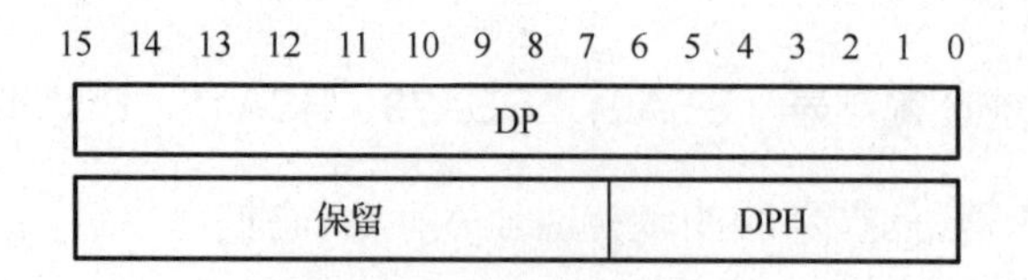

图 3.2 DP 和 DPH

CPU 连接这两个寄存器形成一个扩展数据页寄存器 XDP，如图 3.3 和表 3.8 所示。高位部分（DPH）用来指定访问数据空间的 7 位主数据页，低位部分（DP）指定了 16 位的偏移（本地数据页），用来和主数据页相连接构成 23 位的地址。

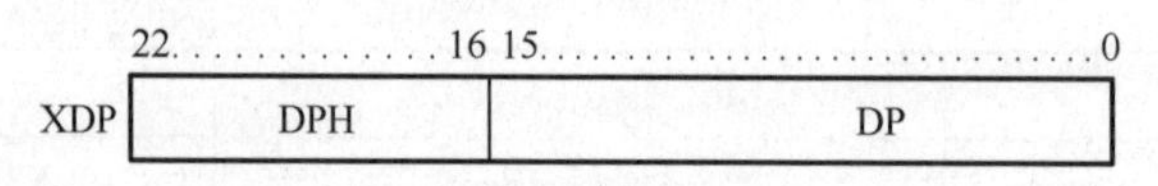

图 3.3 扩展数据页寄存器和它的组成

表 3.8 扩展数据页寄存器和它的组成

寄 存 器	名 称	可 访 问 性
XDP	扩展数据页寄存器	只能通过专用指令访问，它不映射到内存
DP	数据页寄存器	可通过专用指令访问，也可作为存储器映射寄存器
DPH	扩展数据页寄存器的高位部分	可通过专用指令访问，也可作为存储器映射寄存器

在 DP 直接寻址模式中，XDP 指定了一个 23 位的地址，在 K16 绝对寻址模式中，DPH 和一个 16 位的即时值相连接构成 23 位的地址。

6．外设数据页寄存器（PDP）

对于 PDP 直接寻址模式，9 位的外设数据页寄存器（PDP）从 64K 字的 I/O 空间中挑选出一个 128 字的页。

如图 3.4 所示，PDP 是一个存在于 16 位寄存器位置之中的 9 位域。其中的 9～15 位均被 CPU 忽略。

这个寄存器可以通过特定指令访问并可作为一个存储器映射寄存器使用。

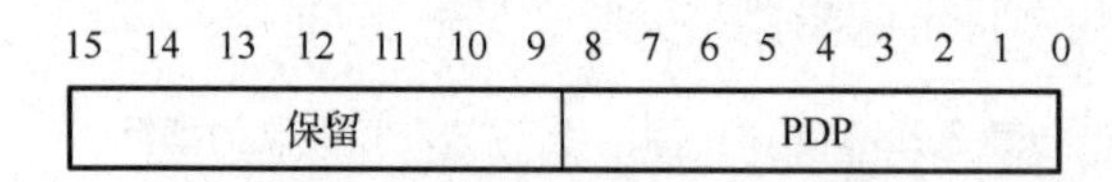

图 3.4 外设数据页寄存器

7．堆栈指针（XSP/SP，XSSP/SSP）

CPU 将一个数据堆栈指针（SP）、一个系统堆栈指针（SSP）和一个相关的扩展寄存器（SPH）包含在其存储器映射中，如图 3.5 所示。

当访问数据堆栈时，CPU 把 SP 和 SPH 连接到一起形成一个扩展的 SP 称作 XSP。XSP 包含了最后放进数据堆栈值的地址。SPH 保存 7 位的内存主数据页，SP 指向这一页特定的字。

类似地，当访问系统堆栈时，CPU 把 SPH 和 SSP 连接在一起形成 XSSP。XSSP 包含最后放进系统堆栈值的地址，如图 3.6 所示。

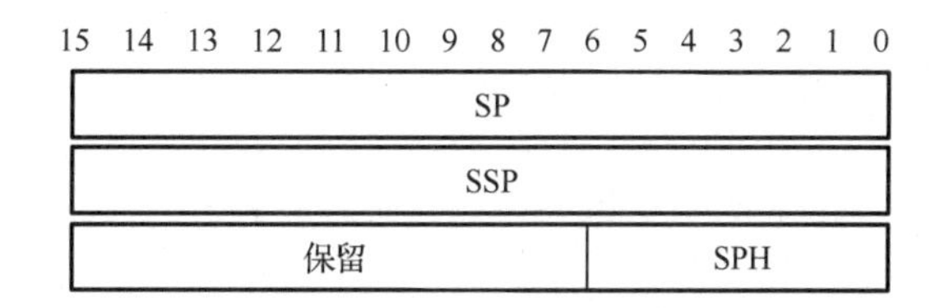

图 3.5　SP、SSP 和 SPH

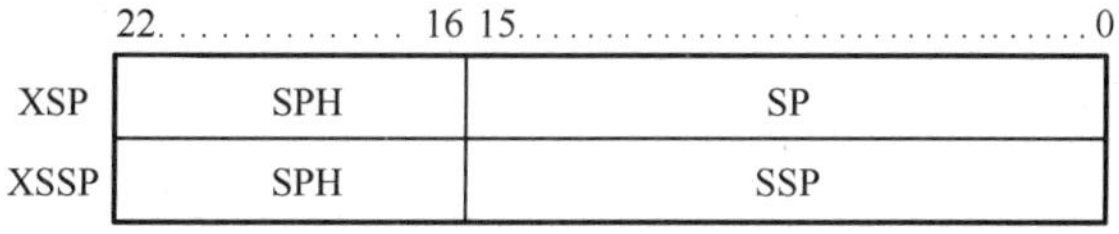

	22............16	15..................................0
XSP	SPH	SP
XSSP	SPH	SSP

图 3.6　XSP 和 XSSP

表 3.9 列出了堆栈指针寄存器及其访问属性。

表 3.9　堆栈指针寄存器

寄　存　器	名　　称	可 访 问 性
XSP	扩展数据堆栈指针	只能通过专用指令访问，它不映射到内存
SP	数据堆栈指针	可通过专用指令访问，也可作为存储器映射寄存器
XSSP	扩展系统堆栈指针	只能通过专用指令访问，它不映射到内存
SSP	系统堆栈指针	可通过专用指令访问，也可作为存储器映射寄存器
SPH	XSP 和 XSSP 的高位部分	可作为存储器映射寄存器被访问，也可通过访问 XSP 或 XSSP 来访问它，它没有专门指令 **注意：**写 XSP 和 XSSP 都会影响 SPH

XSP 用在 SP 直接访问模式中。表 3.10 列出了如何使用和修改 SP 和 SSP 的指令。

表 3.10　使用和修改 SP 和 SSP 的指令

指 令 类 型	指 令 描 述
软件中断、软件自陷、软件复位、无条件调用、有条件调用	这些指令将数据压入数据堆栈和系统堆栈中。SP 和 SSP 在每对数据值压入前减小
入栈	这条指令只把数据压入数据堆栈。每次数据压入前，SP 减小
无条件返回、有条件返回、中断返回	这些指令将数据从数据堆栈和系统堆栈中推出。SP 和 SSP 在每对数据值推出后增加
出栈	这条指令只将数据堆栈里的数据推出。SP 在每次数据推出后增加

堆栈指针增加或减小由 SP 和 SSP 决定。在不改变扩展寄存器（SPH）的值时，无法从主数据页中进行堆栈寻址。

注意：尽管当增加超过 FFFFh 或者减小超过 0000h 时可以使指针值绕回，但在实际情况下要避免这样做。

3.1.6 程序流寄存器（PC，RETA，CFCT）

表 3.11 列出了 CPU 用来维持适当程序流的三个寄存器。

表 3.11 程序流寄存器

寄存器	说　明
PC	程序计数器。这个 24 位的寄存器存放 I 单元里解码的 1～6 字节代码的地址。当 CPU 执行中断或调用时，当前 PC 值（返回地址）被存储，新的地址装入 PC。当 CPU 从中断服务程序或子程序调用返回时，PC 重新存储返回地址
RETA	返回地址寄存器。当所选择的堆栈结构运用快速返回处理时，在子程序执行的同时 RETA 暂存返回地址。RETA 和 CFCY 一起保证了多层子程序的高效执行。可以通过专用 32 位装入和存储指令对一对 RETA 和 CFCT 进行读/写
CFCT	程序流关系寄存器。CPU 记录了激活的循环（循环的前后关系）。当所选择的堆栈结构运用快速返回处理时，在子程序执行的同时 CFCT 充当 8 位循环关系暂存器。CFCT 和 RETA 一起保证了多层子程序的高效执行。可以通过专用 32 位装入和存储指令对一对 RETA 和 CFCT 进行读/写

备注：利用 DSP 硬件复位，RETA 和 CFCT 将清零，并且不受入/出栈指令和软件复位影响。

CPU 由内部位按照一定规则来存放循环的前后关系，即子程序里循环的状态（激活或未激活）。当 CPU 跟随一次中断或调用，循环关系就储存在 CFCT。当 CPU 从一次中断或者被调用的子程序中返回时，循环关系从 CFCT 中恢复，在 8 位 CFCT 中，循环关系位以表 3.12 所示的形式出现。

表 3.12 CFCT 中循环关系位的形式

<table>
<tr><th>位　数</th><th colspan="3">说　明</th></tr>
<tr><td>7</td><td colspan="3">该位表示一个单循环是否激活：0——未激活，1——激活</td></tr>
<tr><td>6</td><td colspan="3">该位表示一个条件单循环是否激活：0——未激活，1——激活</td></tr>
<tr><td>5～4</td><td colspan="3">保留</td></tr>
<tr><td rowspan="9">3～0</td><td colspan="3">这个 4 位码表示两层可能的块重复循环的状态，外层（0 层）循环和内层（1 层）循环。根据选择的块重复指令的种类，一个被激活的循环可以是本地的（其所有代码在指令缓冲队列里被重复执行），也可以是外部的（其代码在缓冲队列和 CPU 直接被重复取回和转移）</td></tr>
<tr><td>块重复代码</td><td>0 层循环</td><td>1 层循环</td></tr>
<tr><td>0</td><td>未激活</td><td>未激活</td></tr>
<tr><td>2</td><td>激活，外部</td><td>未激活</td></tr>
<tr><td>3</td><td>激活，本地</td><td>未激活</td></tr>
<tr><td>7</td><td>激活，外部</td><td>激活，外部</td></tr>
<tr><td>8</td><td>激活，外部</td><td>激活，本地</td></tr>
<tr><td>9</td><td>激活，本地</td><td>激活，本地</td></tr>
<tr><td>其他：保留</td><td>—</td><td>—</td></tr>
</table>

3.1.7 中断管理寄存器

表 3.13 列出了中断管理寄存器。

表 3.13 中断管理寄存器

寄 存 器	功 能
IVPD	指向中断向量 0～15 和 24～31
IVPH	指向中断向量 16～23
IFR0、IFR1	指示被请求可屏蔽中断
IER0、IER1	使能或制止可屏蔽中断
DBIER0、DBIER1	调试中配置选择可屏蔽中断为时间严格要求中断

1. 中断向量指针（IVPD，IVPH）

两个 16 位中断向量指针 IVPD 和 IVPH（如图 3.7 所示）指向程序空间中最大 32 个中断向量。IVPD 为中断向量 0～15 和 24～31 指向 256 字节程序页。IVPH 为中断向量 16～23 指向 256 字节的程序页。

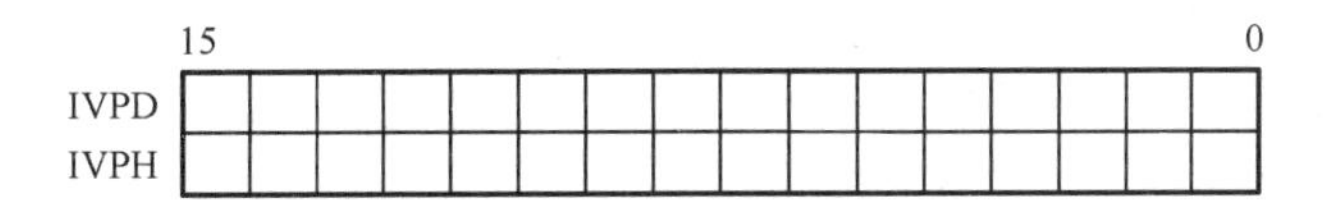

图 3.7 中断向量指针

若 IVPD 和 IVPH 值相同，所有的中断向量都在同一 256 字节程序页中。DSP 硬件复位时 IVPD 和 IVPH 都装入到 FFFFh 地址中。它们都不受软件复位的影响。

在修改 IVP 之前要确保：

- 可屏蔽中断全局禁止（INTM=1），这样可以在 IVP 被修改后指向到新向量前阻止可屏蔽中断发生；
- 每个硬件不可屏蔽中断对于旧 IVPD 值和新 IVPD 值都有一个中断向量和中断服务程序，这样在修改 IVPD 的过程中，当硬件不可避免中断发生时可阻止非法指令码的取回。

表 3.14 列出了针对不同中断向量地址的构成。CPU 将一个 16 位的中断向量指针和一个 5 位向量编号相连（比如 IV1 是 00001，IV16 是 10000），然后向左移 3 位。

表 3.14 中断向量地址

向 量	中 断	向 量 地 址		
		位 23～8	位 7～3	位 2～0
IV0	复位	IVPD	00000	000
IV1	不可屏蔽硬件中断 $\overline{\text{NMI}}$	IVPD	00001	000
IV2～IV15	可屏蔽中断	IVPD	00010～01111	000
IV16～IV23	可屏蔽中断	IVPH	10000～10111	000
IV24	总线错误中断（可屏蔽）BERRINT	IVPD	11000	000

续表

向　量	中　断	向量地址		
		位 23～8	位 7～3	位 2～0
IV25	数据记录中断（可屏蔽）DLOGINT	IVPD	11001	000
IV26	实时操作系统中断（可屏蔽）RTOSINT	IVPD	11010	000
IV27～IV31	通用软件中断 INT27～INT31	IVPD	11011～11111	000

2. 中断标志寄存器（IFR0，IFR1）

IFR1 和 IFR0 是两个 16 位的中断标志寄存器（如表 3.15 和表 3.16 所示）。它们包含所有可屏蔽中断的标志位。当一次可屏蔽中断请求抵达 CPU 时，IFR 中相应的标志位置 1。这意味着中断挂起等待 CPU 响应。图 3.8 描述了 IFR1 和 IFR0 的一般呈现方式。读 IFR 可以鉴定挂起的中断，写入 IFR 可以清空挂起的中断。写 1 到相应的 IFR 位可以清零中断请求。例如：

```
; Clear flags IF14 and IF2:
MOV #0100000000000100b, mmap(@IFR0)
```

表 3.15　中断标志寄存器 IFR1

位	名　称	描　述	可访问性	HW 复位	读位解释
10	RTOSINTF	实时操作系统中断的标志位	读/写	0	0：RTOSINT 非未决； 1：RTOSINT 未决
9	DLOGINTF	数据记录中断的标志位	读/写	0	0：DLOGINT 非未决； 1：DLOGINT 未决
8	BERINTFR	总线错误中断的标志位	读/写	0	0：BERRINT 非未决； 1：BERRINT 未决
0～7	IF16～IF23	中断标志位	读/写	0	0：与对应中断向量关联的中断非未决； 1：与对应中断向量关联的中断未决

表 3.16　中断标志寄存器 IFR0

位	名称	描述	可访问性	HW 复位	读位解释
2～15	IF2～IF15	中断标志位	读/写	0	0：与对应中断向量关联的中断非未决； 1：与对应中断向量关联的中断未决

将 IFR 当前内容写回到 IFR 中，所有挂起的中断均可清零。硬件中断请求的响应也可将相应的 IFR 位清零，而器件复位会使所有 IFR 位清零。

3. 中断使能寄存器（IER0，IER1）

将 IER1 或 IER0（如表 3.17 和表 3.18 所示）使能位置 1 可产生可屏蔽中断，使能位置 0 可禁止可屏蔽中断。DSP 硬件复位会使所有 IER 位清零，禁止所有可屏蔽中断。图 3.9 描述了基本的 C55x 中断使能寄存器。IER 不受软件复位指令影响。在全局使能（INTM=0）可屏蔽中断前要初始化 IER 寄存器。

IFR1

15	14	13	12	11	10	9	8
保留					RTOSINTF	DLOGINTF	BERRINTF
					R/W1C-0	R/W1C-0	R/W1C-0

7	6	5	4	3	2	1	0
IF23	IF22	IF21	IF20	IF19	IF18	IF17	IF16
R/W1C-0	R/W1C-0	R/W1C-0	R/W1C-0	R/W1C-0	R/W1C-0	R/W1C-0	R/W1C-0

IFR0

15	14	13	12	11	10	9	8
IF15	IF14	IF13	IF12	IF11	IF10	IF9	IF8
R/W1C-0	R/W1C-0	R/W1C-0	R/W1C-0	R/W1C-0	R/W1C-0	R/W1C-0	R/W1C-0

7	6	5	4	3	2	1	0
IF7	IF6	IF5	IF4	IF3	IF2	保留	
R/W1C-0	R/W1C-0	R/W1C-0	R/W1C-0	R/W1C-0	R/W1C-0	R-0	

图 3.8 中断标志寄存器 IFR0、IFR1

表 3.17 中断使能寄存器 IER1

位	名 称	描 述	可访问性	HW 复位	读 位 解 释
10	RTOSINTE	实时操作系统中断的使能位	读/写	0	0：禁止 RTOSINT； 1：使能 RTOSINT
9	DLOGINTE	数据记录中断的使能位	读/写	0	0：禁止 DLOGINT； 1：使能 DLOGINT
8	BERRINTE	总线错误中断的使能位	读/写	0	0：禁止与对应中断向量关联的中断； 1：使能与对应中断向量关联的中断
0～7	IE16～IE23	中断使能位	读/写	0	0：禁止与对应中断向量关联的中断； 1：使能与对应中断向量关联的中断

表 3.18 中断使能寄存器 IER0

位	名称	描 述	可访问性	HW 复位	读 位 解 释
2～15	IE2～IE15	中断标志位	读/写	0	0：禁止与对应中断向量关联的中断； 1：使能与对应中断向量关联的中断

IFR1

15	14	13	12	11	10	9	8
保留					RTOSINTF	DLOGINTF	BERRINTF
					R/W-0	R/W-0	R/W-0

7	6	5	4	3	2	1	0
IF23	IF22	IF21	IF20	IF19	IF18	IF17	IF16
R/W-0	R/W-0	R/W-0	R/W-0	R/W-0	R/W-0	R/W-0	R/W-0

IFR0

15	14	13	12	11	10	9	8
IF15	IF14	IF13	IF12	IF11	IF10	IF9	IF8
R/W-0	R/W-0	R/W-0	R/W-0	R/W-0	R/W-0	R/W-0	R/W-0

7	6	5	4	3	2	1	0
IF7	IF6	IF5	IF4	IF3	IF2	保留	
R/W-0	R/W-0	R/W-0	R/W-0	R/W-0	R/W-0	R-0	

图 3.9 中断标志寄存器 IER0、IER1

4．调试中断使能寄存器（DBIER0，DBIER1）

DBIER1、DBIER0 这两个 16 位调试中断使能寄存器（如表 3.19 和表 3.20 所示）只有当 CPU 在调试器实时仿真模式中停机时才被使用。若在实时模式中 CPU 处于运行中，则将执行标准中断处理过程而忽略 DBIER。

表 3.19　调试中断使能寄存器 DBIER1

位	名　称	描　述	可访问性	HW 复位	读位解释
10	RTOSINTD	实时操作系统中断的调试使能位	读/写	0	0：禁止 RTOSINT； 1：使能 RTOSINT
9	DLOGINTD	数据记录中断的调试使能位	读/写	0	0：禁止 DLOGINT； 1：使能 DLOGINT
8	BERRINTD	总线错误中断的调试使能位	读/写	0	0：禁止 BERRINT； 1：使能 BERRINT
0～7	DBIE16～DBIE23	调试中断使能位	读/写	0	0：禁止与对应中断向量关联的中断； 1：使能与对应中断向量关联的中断

表 3.20　调试中断使能寄存器 DBIER0

位	名　称	描　述	可访问性	HW 复位	读位解释
2～15	DBIE2～DBIE15	调试中断使能位	读/写	0	0：禁止与对应中断向量关联的中断； 1：使能与对应中断向量关联的中断

DBIER 使能的可屏蔽中断被定义为时间关键中断。当 CPU 在实时模式中停止工作时，唯一服务的中断就是时间关键中断，它们也可在 IER 中被启用。

读 DBIER 来鉴定时间关键中断，写 DBIER 来启动和禁止时间关键中断。设置相应位来启动中断，将相应位清零来禁止中断。图 3.10 和图 3.11 分别描述了 DBIER1 和 DBIER0。

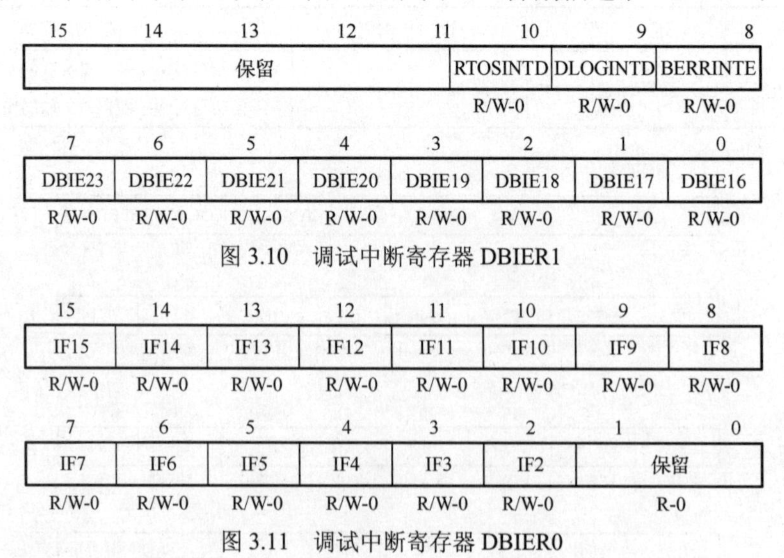

图 3.10　调试中断寄存器 DBIER1

图 3.11　调试中断寄存器 DBIER0

注意：① DBIER 不受软件复位指令影响，在使用实时仿真模式之前要初始化 DBIER；② 所有的 DBIER 位都被 DSP 硬件复位清零来禁止一切时间关键中断。

3.1.8　循环控制寄存器

循环控制寄存器包括单循环寄存器和块循环寄存器。单循环寄存器用于重复单个指令，块循环寄存器用于重复一块或多块指令。

1．单循环寄存器（RPTC，CSR）

16 位的单循环指令寄存器 RPTC 和 CSR 用来重复单循环指令（或者并行执行的两条单循环指令）。在第一次执行前重复数 *N* 被转入单循环计数器（RPTC）中；当第一次执行完成后，指令又被执行 *N* 次。因此，总执行次数为 *N*+1。

在一些无条件单循环指令语句里，可以使用计算单循环寄存器（CSR）来确定重复数 *N*。在第一次指令执行或指令对重复前 CSR 里的值会复制到 RPTC 中。RPTC 和 CSR 有 16 位，可以对一条指令进行多达 65536 次连续执行（第一次执行加 65535 次循环）。

2．块循环寄存器（BRC0，BRC1，BRS1，RSA0，RSA1，REA0，REA1）

块循环指令可以实现重复指令块的循环。可以将一个块循环嵌套在另一个中，生成一个内（1 层）循环和一个外（0 层）循环。表 3.21 列出了与 0 层和 1 层相关的 C55x 寄存器，这些寄存器将受 C54x 兼容模式位的影响。

表 3.21　块循环寄存器

0 层循环寄存器		1 层循环寄存器（C54CM=1 时不使用）	
寄存器	说　明	寄存器	说　明
BRC0	块循环计数器 0。该 16 位寄存器记录了指令块初始循环执行后的重复次数	BRC1	块循环计数器 1。该 16 位寄存器记录了指令块初始循环执行后的重复次数
RSA0	块循环初始地址寄存器 0。该 24 位寄存器记录了指令块中首条指令的地址	RSA1	块循环初始地址寄存器 1。该 24 位寄存器记录了指令块中首条指令的地址
REA0	块循环结束地址寄存器 0。该 24 位寄存器记录了指令块中最后一条指令的地址	REA1	块循环结束地址寄存器 1。该 24 位寄存器记录了指令块中最后一条指令的地址
		BRS1	BRC1 保存寄存器。任何时候只要 BRC1 被装入，BRS1 就被装入相同值。在 1 层循环执行时 BRS1 内容不会修改。每当 1 层循环被触发时，BRS1 使 BRC1 重新初始化，使得 BRC1 可在 0 层循环外初始化，减少了每次重复的时间

（1）若 C54CM=0，为 C55x 原始模式

当循环被激活并有中断或响应执行时，CPU 会把激活的循环记录下来。这会调用子程序中位于 0 层的资源。当 CPU 对块循环指令进行译码时，它首先决定是否有循环已经被执行。若 CPU 发现激活的 0 层循环，它将使用 1 层循环寄存器，否则使用 0 层寄存器。

（2）若 C54CM=1，为 C55x 兼容模式

块循环只能激活 0 层的循环寄存器。1 层的循环寄存器不被使用。通过上下关系的保存/恢复和块循环激活标志（BRAF）可以在 C54x DSP 上执行嵌套块循环操作。块循环指令对

BRAF 置位，并且当 BRC0 包含 0 时，在块循环操作的最后 BRAF 会被清零。

当块循环在 C54x 兼容模式下开始时，BRAF 位会自动设置以表明有循环正在进行。若程序要求从 C54CM=1 模式到 C54CM=0 模式切换，在切换前或切换时 BRAF 位必须清零。有三种选择：

- 等待直到循环结束（BRAF 自动清零）后，清零 C54CM；
- 将 BRAF 清零后清零 C54CM；
- 利用修改状态寄存器 ST1_55 的指令同时清零 BRAF 和 C54CM。

注意：要确保 0 循环的最后三条指令不被写入 BRC0。同样，也要确保 1 循环的最后三条指令不被写入 BRC1。

3.1.9 状态寄存器（ST0_55~ST3_55）

4 个 16 位的状态寄存器（如图 3.12 所示）含有控制位和标志位。控制位影响 C55x DSP 的运行，标志位则反映 DSP 当前状态或指示运行结果。图 3.12 中的阴影位表示向状态寄存器保护地址的写操作无效，在进行读操作时这个位总是 0；R/W 表示可进行读/写访问；-0 和-1 表示 DSP 复位后的值。

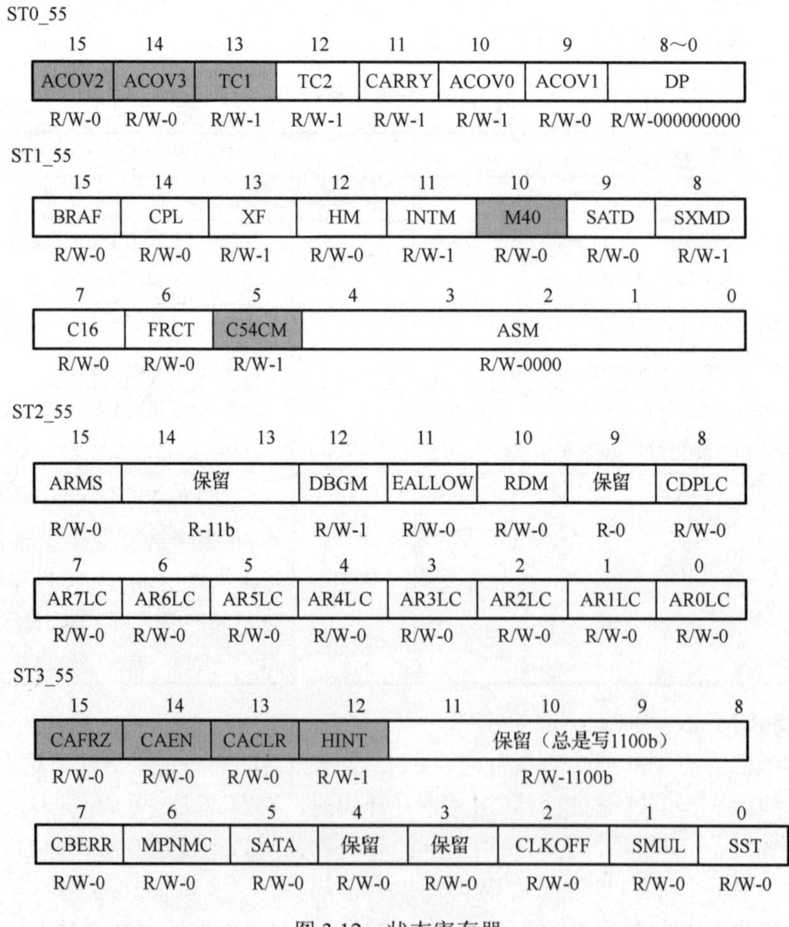

图 3.12 状态寄存器

ST0_55，ST1_55 和 ST3_55 均可在两个地址中访问。在一个地址中，所有的 TMS320C55x 位都是可用的。在另外一个地址（被保护地址）中，图 3.12 中突出显示的阴影位是无法被修改的。

注意：① 任何时候都要把 1100b（Ch）写入 ST3_55 的 11～8 位；② 某些没有指令 Cache 的 C55x 器件不使用 CAFRZ、CAEN 和 CACLR 位。

3.2 存储器和 I/O 空间

C55x DSP 为存储空间的访问提供了统一的数据/程序空间和 I/O 空间。数据空间地址用来访问通用型存储器和存储器映射 CPU 寄存器，程序空间地址用于 CPU 从存储器中读取指令，I/O 空间用于和外设之间进行双向通信。此外，还有一个片上启动加载器用来帮助加载代码和数据到内存中。

3.2.1 存储器概述

所有的 16MB 存储空间都可作为程序寻址空间或数据寻址空间（如图 3.13 所示）。当 CPU 利用程序空间从存储器中读取程序指令时，使用 24 位的地址访问相关字节；当程序访问数据空间时，它使用 23 位的地址访问相关的 16 位字节。在这两种情况下，地址总线都是 24 位值，不过在数据寻址时，地址总线上的最低位要强制为 0。

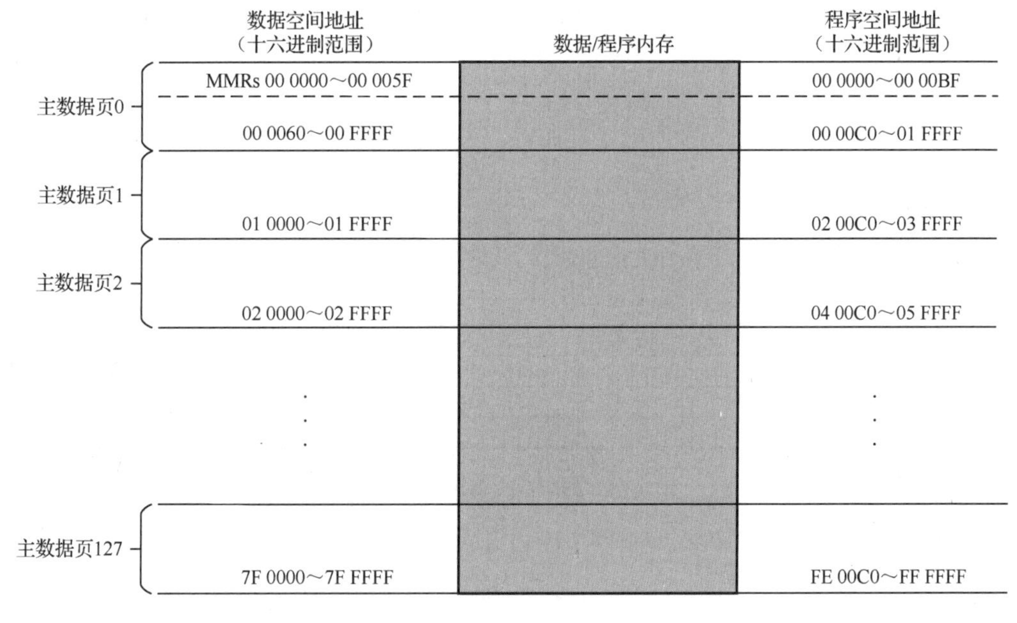

图 3.13 VC5509A 的数据/程序空间组织图

数据空间被分成 128 个主数据页（从 0 到 127），每个主数据页为 64KB。与主数据页相关的指令将主数据页的 7 位和 16 个补偿位相连接。

在主数据页 0 中，其前 96 位地址（00 0000h～00 005Fh）被存储器映射寄存器（MMRs）所保存。在程序空间中也有对应的 192 位地址（00 0000h～00 00BFh）。这些地址一般不用于存储程序代码。

3.2.2 程序空间

CPU 只有在从程序存储器中读取指令时才访问程序空间。CPU 使用字节寻址来读取不同大小的指令。

1．字节地址（24 位）

当 CPU 从程序空间读取指令时，使用 24 位宽的按字节分开的字节寻址，如图 3.14 所示。这是一段 32 位宽的内存空间，每个字节都被分配一个地址。其中，0 字节位于 00 0100h 地址位，字节 2 位于 00 0102h 地址位。

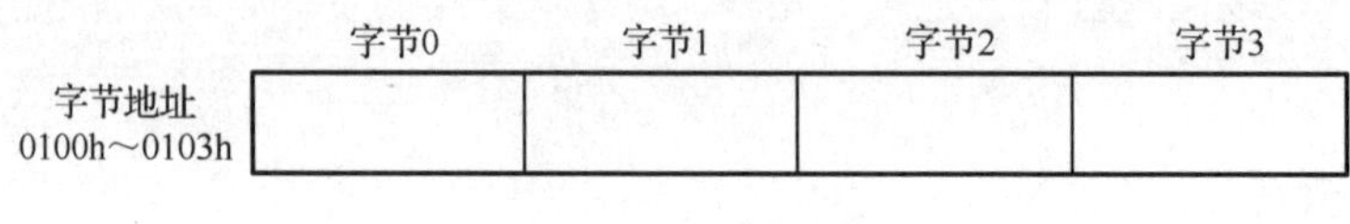

图 3.14　字节地址

2．程序空间的指令组织

C55x DSP 支持 8、16、24、32 和 48 位的指令，图 3.15 显示了在程序空间中指令是如何组织的。5 种不同大小的指令在存储在 32 位宽的内存中，每个指令的高字节地址为它的地址。图中阴影部分没有指令存储。

指令	长度	地址
A	24位	00 0101h
B	16位	00 0104h
C	32位	00 0106h
D	8位	00 010Ah
E	24位	00 010Bh

字节地址	字节0	字节1	字节2	字节3
000100h～000103h		A(23～16)	A(15～8)	A(7～0)
000104h～000107h	B(15～8)	B(7～0)	C(31～24)	C(23～16)
000108h～00010Bh	C(15～8)	C(7～0)	D(7～0)	E(23～16)
00010Ch～00010Fh	E(15～8)	D(7～0)		

图 3.15　程序空间中指令的组织

3．程序空间的队列取指

CPU 每次固定读取 32 位的程序指令，并且以最低的 2 个字节为 00h 的地址为首地址读起。换句话说，十六进制的取指地址的低位总为 0h、4h、8h 和 Ch。

3.2.3 数据空间

当程序从存储器和寄存器中读取或写入其中时需要访问数据空间。CPU 使用字寻址来读或写 8 位、16 位或者 32 位的数值。对于地址是否需要产生为特殊值取决于数据空间字边界内的地址是如何存储的。

1. 字地址（24 位）

当 CPU 访问数据空间时，使用 16 位的字寻址，字地址是 23 位的。如图 3.16 所示，这是一段 32 位宽的内存空间，每个字节都被分配一个地址。其中，字 0 位于 00 0100h 地址位，字 1 位于 00 0101h 地址位。

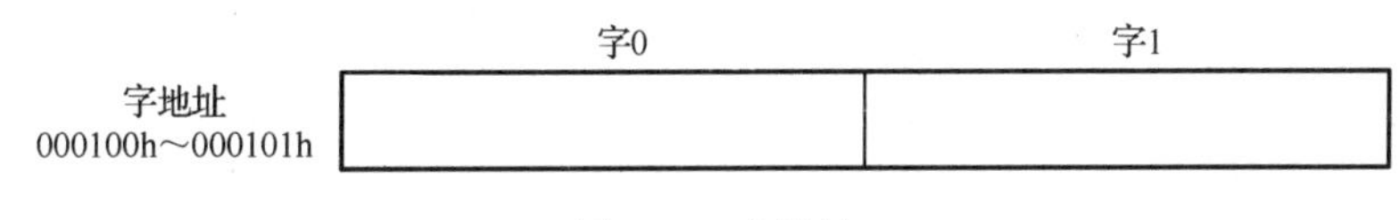

图 3.16 字地址

地址总线为 24 位，当 CPU 读/写数据空间时，23 位的字地址最低位要补一个 0。例如，某条指令在 23 位地址 00 0102h 处读取一个字，数据读取地址总线成为 24 位的值 00 0204h：

字地址：　　　　　　　0000 0000 0000 0001 0000 0010

数据读取地址总线：　　0000 0000 0000 0010 0000 0100

2. 数据类型

C55x 指令集支持以下数据类型：

字节　　8 位

字　　16 位

长字　　32 位

专用指令支持对特殊字的高字节或低字节进行选择。字节加载指令读取字节并将其加载到寄存器。读取的字节在存储之前为 0 扩展（如果使用了 uns()限定操作）或者符号扩展的。字节存储指令将寄存器的低 8 位存储到指定的内存字节。

注意：在数据空间中，CPU 使用 23 位地址来访问字。若要访问字节，CPU 必须对字节所在的字进行操作。

对于 32 位的长字，访问地址为长字的高字（MSW）地址。如果 MSW 是偶地址，则长字的低字（LSW）地址为下一个地址；如果 MSW 是奇地址，则长字的低字（LSW）地址为前一个地址，如图 3.17 所示。

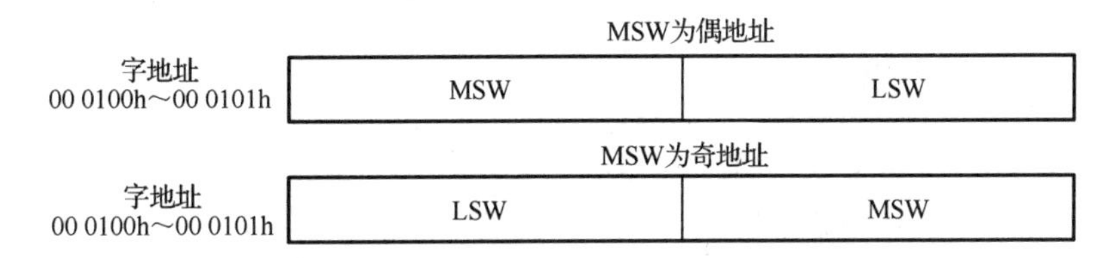

图 3.17 访问地址为长字的高字（MSW）地址

3. 数据空间的数据组织

图 3.18 显示了数据空间中数据组织的情况。7 个不同长度的数据值存储在 32 位宽的内存中。图中阴影部分表示无数据存储。其中有两点要说明：

（1）访问一个长字必须参考它的高字（MSW）。C 要在 00 0102h 访问，D 要在 00 0105h 访问。

（2）字地址也被用于字节地址，00 0107h 既可被 F（高字节）使用，也可被 G（低字节）使用。专用字节指令来表明访问的是低字节还是高字节。

数值	数据类型	地址
A	字节	00 0100h（低字节）
B	字节	00 0101h
C	字节	00 0102h
D	字节	00 0105h
E	字节	00 0106h
F	字节	00 0107h（高字节）
G	字节	00 0107h（低字节）

<table>
<tr><th>字地址</th><th colspan="2">字0</th><th colspan="2">字1</th></tr>
<tr><td>00 0100h～000101h</td><td></td><td>A</td><td colspan="2">B</td></tr>
<tr><td>00 0102h～000103h</td><td colspan="2">C的MSW（位31～16）</td><td colspan="2">C的LSW（位15～0）</td></tr>
<tr><td>00 0104h～000105h</td><td colspan="2">D的LSW（位15～0）</td><td colspan="2">D的MSW（位31～16）</td></tr>
<tr><td>00 0106h～000107h</td><td colspan="2">E</td><td>F</td><td>G</td></tr>
</table>

图 3.18　数据空间内的数据组织示例

3.2.4　I/O 空间

I/O 空间与数据/程序空间是分开的，它只能访问 DSP 外设上的寄存器。I/O 空间内的字地址宽度为 16 位，可访问 64K 个地址（0000h～FFFFh）。

CPU 分别利用数据读总线 DAB 和数据写总线 EAB 来进行读和写的操作，读和写时要在 16 位地址前补 0。比如，一条指令要从 16 位地址 0102h 处读取一个字，则 DAB 传输的 24 位地址应为 00 0102h。

3.3　数据堆栈和系统堆栈

这一节将对每个 C55x DSP 上的两个堆栈——数据堆栈和系统堆栈进行介绍，包括两个堆栈之间的关系、在自动上下文本切换时如何使用等。

3.3.1　数据堆栈和系统堆栈

CPU 提供了两个 16 位的软件堆栈，即数据堆栈和系统堆栈。图 3.19 和表 3.22 描述了存放堆栈指针的寄存器。当访问数据堆栈时，CPU 将 SPH 和 SP 连接成 XSP，XSP 包含最后压入数据堆栈的数值的 23 位地址。SPH 是 7 位的主数据页，SP 指向该页上的一个字。在每一个数值入栈前，CPU 使 SP 值减小；每一个数值出栈后，SP 值增加。SPH 的值在堆栈操作时不改变。

同样的，在访问系统堆栈时，CPU 将 SPH 和 SSP 连接成 XSSP。XSSP 包含最后压入系统堆栈的数值的地址。在每一个数值入栈前，CPU 使 SSP 值减小；每一个数值出栈后，SSP 值增加。SPH 的值在堆栈操作时不改变。

SSP 既可与 SP 相连也可独立于 SP 之外。若选择 32 位堆栈配置，修改 SP 和修改 SSP 的方

	22～16	15～0
XSP	SPH	SP
SSP	SPH	SSP

图 3.19　扩展堆栈指针

表 3.22　堆栈指针寄存器

寄存器	说　明	可 访 问 性
XSP	扩展数据堆栈指针	只能通过专用指令访问，它不是一个存储器映射寄存器
SP	数据堆栈指针	可通过专用指令访问，也是一个存储器映射寄存器
XSSP	扩展系统堆栈指针	只能通过专用指令访问，它不是一个存储器映射寄存器
SSP	系统堆栈指针	可通过专用指令访问，也是一个存储器映射寄存器
SPH	XSP 和 XSSP 的高位部分	可通过专用指令访问，也是一个存储器映射寄存器 注意：写 XSP 和 XSSP 都不会影响 SPH 的值

式相同。若选择双 16 位堆栈配置，则 SSP 不依赖于 SP，SSP 只有在自动环境切换时才被修改。

3.3.2　堆栈配置

TMS320C55x DSP 提供了 3 种可能的堆栈配置，如表 3.23 所示。注意到其中一种配置使用快返回过程，其他的使用慢返回过程。

表 3.23　堆栈配置

堆 栈 配 置	说　明	复位向量值（二进制）
双 16 位快返回堆栈	数据堆栈和系统堆栈是独立的：当访问数据堆栈时，SP 被修改，SSP 不变，用寄存器 RETA 和 CFCT 来实现快返回	XX00 XXXX：（24 位 ISR 地址）
双 16 位慢返回堆栈	数据堆栈和系统堆栈是独立的：当访问数据堆栈时，SP 被修改，SSP 不变，不使用 RETA 和 CFCT	XX01 XXXX：（24 位 ISR 地址）
32 位慢返回堆栈	数据堆栈和系统堆栈作为单一 32 位堆栈：当访问数据堆栈时，SP 和 SSP 增加相同的值，不使用 RETA 和 CFCT。 注意：若通过 SP 的映射位置来修改它，SSP 不会自动改变，这时也必须单独修改 SSP 的值使 2 个指针对齐	XX10 XXXX：（24 位 ISR 地址）
——	保留。不要使 29 位和 28 位同时置 1	XX11 XXXX：（24 位 ISR 地址） （该数值被禁止）

通过给 32 位复位向量的第 29 和 28 位放入合适的数值，来选择三种堆栈配置方式的一种。复位向量的低 24 位必须是复位中断服务子程序（ISR）的起始地址。

3.3.3　快返回与慢返回

快返回与慢返回的区别在于程序计数器（PC）与循环现场寄存器这两个内部寄存器的值是如何被 CPU 保存和恢复的。

PC 装的是 I 单元中 1～6 字节代码的 24 位地址。当 CPU 执行中断或调用时，PC 当前值（返回地址）被保存，然后将中断服务子程序或调用程序的起始地址装入 PC 中。当 CPU 从子程序返回后，返回地址又传回给 PC，继续执行中断的程序序列。

一个 8 位的循环现场（loop context）寄存器中存放了激活的循环记录。当 CPU 执行中断或调用时，当前循环现场被保存，8 位寄存器清零为子程序创建新的现场。当 CPU 从子程序返回后，循环现场又传回给 8 位寄存器。

在慢返回过程中，返回地址与循环现场都保存在存储器的堆栈中。当 CPU 从子程序返回后，这些数值的恢复速度取决于存储器的访问速度。

在快返回过程中，返回地址和循环现场被寄存器保存，使得它们可以快速恢复。这些专门的寄存器是返回地址寄存器（RETA）和控制流现场寄存器（CFCT）。利用专门的 32 位装入和存储指令可以同时对 RETA 或 CFCT 进行读和写的操作。

3.3.4 自动上下文切换

在一次中断服务程序（ISR）或一个调用程序开始前，CPU 将自动保存某些数值。当子程序结束时，CPU 可以利用这些数值重建或恢复中断程序序列的上下文。

无论是响应中断还是响应调用，CPU 都会保存返回地址和循环现场位。被程序计数器（PC）获得的返回地址是 CPU 从子程序返回时被执行指令的地址，循环现场位是激活循环的类型和状态的记录。在响应一次中断时，CPU 会额外保存状态寄存器 0,1,2 和调试状态寄存器（DBSTAT）。

如果所选堆栈配置使用快返回过程，RETA 将作为返回地址的临时存储器，而 CFCT 将作为循环现场位的暂时存储器；如果所选堆栈配置使用慢返回过程，那么返回地址和循环现场位将在堆栈中保存和恢复。

1. 调用快返回上下文切换

在一次程序调用开始前，CPU 将自动：

① 并行保存 CFCT 和 RETA 到系统堆栈和数据堆栈。对于每个堆栈，被写入前 CPU 将使堆栈指针（SSP 或 SP）减 1。

② 保存返回地址到 RETA，保存循环现场标志到 CFCT。

在每个子程序结束时的返回指令将强制 CPU 按照相反顺序恢复数值。首先，CPU 从 RETA 中将返回地址传给 PC，从 CFCT 中恢复其循环现场标志。其次，CPU 从堆栈中并行读取 CFCT 和 RETA 的值。对于每个堆栈，在被读取后 CPU 将使堆栈指针（SSP 或 SP）加 1。

2. 中断快返回上下文切换

在一次中断服务程序（ISR）开始前，CPU 将自动：

① 并行保存寄存器的值到系统堆栈和数据堆栈。对于每个堆栈，被写入前 CPU 将使堆栈指针（SSP 或 SP）减 1。

注意：DBSTAT（调试状态寄存器）将保持仿真过程中使用的调试上下文信息。确保 ISR 所修改的值将不会返回给 DBSTAT。

② 保存返回地址到 RETA，保存循环现场标志到 CFCT。

在 ISR 结束时的中断返回指令将强制 CPU 按照相反顺序恢复数值。首先，CPU 从 RETA 中将返回地址传给 PC，从 CFCT 中恢复其循环现场标志。其次，CPU 从堆栈中并行读取 CFCT 和 RETA 的值。对于每个堆栈，在被读取后 CPU 将使堆栈指针（SSP 或 SP）加 1。

3. 调用慢返回上下文切换

在一次程序调用开始前，CPU 将自动并行保存 CFCT 和 RETA 到系统堆栈和数据堆栈。对于每个堆栈，被写入前 CPU 将使堆栈指针（SSP 或 SP）减 1。

在每个子程序结束时的返回指令将强制 CPU 从堆栈中恢复返回地址和循环场景。对于每个堆栈，在被读取后 CPU 将使堆栈指针（SSP 或 SP）加 1。

4. 中断慢返回上下文切换

在一次中断服务程序（ISR）开始前，CPU 将自动并行保存寄存器的值到系统堆栈和数据堆栈。对于每个堆栈，被写入前 CPU 将使堆栈指针（SSP 或 SP）减 1。

注意：DBSTAT（调试状态寄存器）将保持仿真过程中使用的调试上下文信息。确保 ISR 所修改的值将不会返回给 DBSTAT。

在 ISR 结束时的中断返回指令将强制 CPU 按照相反顺序恢复数值。首先，CPU 从 RETA 中将返回地址传给 PC，从 CFCT 中恢复其循环现场标志。其次，CPU 从堆栈中并行读取 CFCT 和 RETA 的值。对于每个堆栈，在被读取后 CPU 将使堆栈指针（SSP 或 SP）加 1。

3.4 寻址模式

3.4.1 概述

TMS320C55x DSP 支持三种可以灵活地对数据空间、存储映射寄存器、寄存器位和 I/O 空间进行寻址的模式：

① 绝对寻址模式：通过运用全部或部分地址作为指令常数完成寻址；

② 直接寻址模式：用地址偏移量进行寻址；

③ 间接寻址模式：用指针进行寻址。

注意：在同一个循环中，某些指令不能同时进行两个操作，除非运用 DRAM 或两组分离的 SRAM。

每一种寻址模式均提供一种或多种操作数类型。一条支持寻址模式操作数的指令具有某一语法元素，如表 3.24 所示。

表 3.24 指令中用到的语法元素

语 法 元 素	描 述
Smem	当指令语法包含 Smem 时，该指令可以从数据存储器、I/O 空间或存储映射寄存器中访问单一数据命令（16 位）。在你写下这条指令时，Smem 就会被兼容的寻址模式操作数所代替
Lmem	当指令语法包含 Lmem 时，该指令可以从数据存储器或存储映射寄存器中访问长数据命令（32 位）。在你写下这条指令时，Lmem 就会被兼容的寻址模式操作数所代替

续表

语 法 元 素	描　　述
Xmem 和 Ymem	当一条指令包含 Xmem 和 Ymem 时，它可以同时访问两个 16 位的数据存储器。在你写下这条指令时，Xmem 和 Ymem 会被兼容操作数所代替
Cmem	当一条指令包含 Cmem 时，该指令可以从数据存储器中访问单一数据命令（16 位）。在你写下这条指令时，Cmem 会被兼容操作数代替
Baddr	当一条指令包含 Baddr 时，该指令可以访问累加器（AC0-AC3）、备用寄存器（AR0-AR7）或临时寄存器（T0-T3）中的一位或两位。只有寄存器的位测试、置位、清零、取反指令支持 Baddr

3.4.2　绝对寻址模式

绝对寻址模式有三种，如表 3.25 所示

表 3.25　绝对寻址模式

寻 址 模 式	描　　述
k16 绝对寻址	这种模式是将 7 位的寄存器 DPH（扩展数据页指针 XDP 的高位部分）和一个 16 位的无符号常数级联形成一个 23 位的数据空间地址。该模式可以访问一个存储单元或一个存储映射寄存器
k23 绝对寻址	这种模式指定一个 23 位无符号常数为全地址。该模式可以访问一个存储单元或一个存储映射寄存器
I/O 绝对寻址	这种模式指定一个 16 位无符号常数为一个 I/O 地址。该模式可以访问 I/O 空间地址

1. k16 绝对寻址模式

k16 绝对寻址模式其操作数为*abs16(#k16),其中 k16 是一个 16 位的无符号常数。图 3.20 描述了 DPH（扩展数据页指针 XDP 的高位部分）和 k16 如何级联在一起形成一个 23 位数据空间地址。使用该模式的指令将常数编码为 2 字节扩展指令。由于对指令进行了扩展，使用该模式寻址的指令不能与其他指令并行执行。

DPH	k16	数据空间
000 0000 ⋮ 000 0000	0000 0000 0000 0000 ⋮ 1111 1111 1111 1111	第0主数据页：00 0000h～00 FFFFh
000 0001 ⋮ 000 0001	0000 0000 0000 0000 ⋮ 1111 1111 1111 1111	第1主数据页：01 0000h～01 FFFFh
000 0010 ⋮ 000 0010	0000 0000 0000 0000 ⋮ 1111 1111 1111 1111	第2主数据页：02 0000h～02 FFFFh
⋮	⋮	⋮
111 1111 ⋮ 111 1111	0000 0000 0000 0000 ⋮ 1111 1111 1111 1111	第127主数据页：7F 0000h～7F FFFFh

图 3.20　k16 绝对寻址模式

2. k23 绝对寻址模式

k23 绝对寻址模式其操作数为*（#k23）,其中 k23 是一个 23 位的无符号常数。图 3.21 描述了数据空间如何用 k23 进行寻址的。使用该模式的指令将常数编码为 3 字节扩展指令（去掉该 3 字节扩展的最高位）。由于对指令进行了扩展，使用该模式寻址的指令不能与其他指令并行执行。

k23	数据空间
000 0000 0000 0000 0000 0000 ⋮ 000 0000 1111 1111 1111 1111	第0主数据页：00 0000h～0 FFFFh
000 0001 0000 0000 0000 0000 ⋮ 000 0001 1111 1111 1111 1111	第1主数据页：01 0000h～01 FFFFh
000 0010 0000 0000 0000 0000 ⋮ 000 0010 1111 1111 1111 1111	第2主数据页：02 0000h～02 FFFFh
⋮	⋮
111 1111 0000 0000 0000 0000 ⋮ 111 1111 1111 1111 1111 1111	第127主数据页：7F 0000h～7F FFFFh

图 3.21 k23 绝对寻址模式

3. I/O 绝对寻址模式

如果使用代数指令，I/O 绝对寻址模式其操作数是*port（#k16）,其中 k16 是一个 16 位的无符号常数。如果使用助记符指令，I/O 绝对寻址能力由操作数限定语 port()体现，将 16 位无符号常数置入 port()限定语的括号中，即：port（#k16）（操作数前没有星号*）。

图 3.22 描述了 k16 是如何进行 I/O 空间寻址的。使用该模式的指令将常数编码为 2 字节扩展指令。由于对指令进行了扩展，使用该模式寻址的指令不能与其他指令并行执行。

k16	I/O空间
0000 0000 0000 0000 ⋮ 1111 1111 1111 1111	0000h～FFFFh

图 3.22 I/O 绝对寻址模式

3.4.3 直接寻址模式

直接寻址模式包括 DP 直接寻址、SP 直接寻址、寄存器位直接寻址和 PDP 直接寻址，如表 3.26 所示。

DP 直接寻址和 SP 直接寻址模式相对独立。模式选择取决于状态寄存器 ST1_55 的 CPL 位，当该位为 0 时，寻址模式为 DP 直接寻址，为 1 时为 SP 直接寻址。而寄存器位寻址和 PDP 直接寻址与 CPL 无关。

表 3.26　直接寻址模式

寻址模式	描　述
DP 直接寻址	该模式运用主数据页，由 DPH（扩展数据页寄存器的高位部分）和数据页寄存器（DP）组成。这种模式可以用来访问存储器地址或存储器映射寄存器
SP 直接寻址	该模式运用主数据页，由 SPH（扩展堆栈指针的高位部分）和数据堆栈指针（SP）组成。这种模式可以用来访问数据存储器里的堆栈值
寄存器位直接寻址	这种模式运用偏移值来确定位地址。该模式可以用来访问一个寄存器位或两个相邻的寄存器位
PDP 直接寻址	这种模式运用外围数据页寄存器（PDP）和偏移值来确定 I/O 地址。该模式可以用来访问 I/O 空间地址

1．DP 直接寻址模式

在 DP 直接寻址方法中，23 位地址的形成如图 3.23 所示。其中高 7 位由寄存器 DPH 提供，用来确定主数据页，而且会在 128 个主数据页（0 到 127）中任选一个。其余低 7 位由两部分组成。

DPH	(DP+Doffset)	数据空间
000 0000 ⋮ 000 0000	0000 0000 0000 0000 ⋮ 1111 1111 1111 1111	第0主数据页：00 0000h～00 FFFFh
000 0001 ⋮ 000 0001	0000 0000 0000 0000 ⋮ 1111 1111 1111 1111	第1主数据页：01 0000h～01 FFFFh
000 0010 ⋮ 000 0010	0000 0000 0000 0000 ⋮ 1111 1111 1111 1111	第2主数据页：02 0000h～02 FFFFh
⋮	⋮	⋮
111 1111 ⋮ 111 1111	0000 0000 0000 0000 ⋮ 1111 1111 1111 1111	第127主数据页：7F 0000h～7F FFFFh

图 3.23　DP 直接寻址模式

① 数据页寄存器（DP）的值。DP 确定在主数据页内长度为 128 字节的局部数据页的起始地址，该起始地址可以是主数据页内的任何地址。

② 由汇编器计算出的 7 位偏移量（Doffset）。偏移量的计算取决于访问的是数据空间还是存储器映射寄存器（限定词是 mmap()）。

由 DPH 和 DP 构成扩展数据页寄存器 XDP。可以将 DPH 和 DP 分别载入，也可以用一条指令载入 XDP。

下面介绍汇编器如何计算 DP 直接寻址模式中的偏移量。

表 3.27 给出了如何用汇编器计算两种类型 DP 直接访问的偏移量。

表 3.27 DP 直接访问偏移量的计算

访　问	偏移量计算	描　述
数据存储器	Doffset=（Daddr－.dp）&7Fh	Daddr 是 16 位的本地地址，用于读或写操作；.dp 是你赋予.dp 直接汇编器的值（.dp 通常与 DP 相匹配）；符号&表示按位与操作
存储器映射寄存器，限定词为 mmap()	Doffset=Daddr&7Fh	Daddr 是 16 位的本地地址，用于读或写操作；符号&表示按位与操作。不需要.dp 值。如果数据页是 0，限定词 mmap()会迫使 CPU 工作

注意：本地地址是主数据页内的地址，它由 23 位数据空间地址的低 16 位所表示。例如，本地地址 0005h 存在于每个主数据页中。

下面的编码实例运用 DP 直接寻址访问数据存储器：

```
AMOV #03FFF0h, XDP      ；主数据页是 03，在运行时间内，DP 是 FFF0h
.dp #0FFF0h             ；在编译时间内，.dp 是 FFF0h
MOV @0FFF4h，T2         ；在本地地址 FFF4h 处将值装入 T2
```

汇编器计算偏移量 Doffset:

```
Doffset=(Daddr－.dp)&7Fh=(FFF4h－FFF0h)&7Fh=04h
```

指令 MOV @0FFF4h，T2 对偏移量进行编码。在运行时间内，会产生 23 位数据空间地址：

```
23 位地址=DPH:(DP+Doffset)=03:(FFF0h+0004h)=03 FFF4h
```

下面的编码示例运用 DP 直接寻址来访问一个存储器映射寄存器（MMR）：

```
MOV mmap(@AR0), T2      ；将 AR0 中值载入 T2
                        ；限定词 mmap()表示访问 MMR
                        ；AR0 被映射到数据空间的 000010h 地址中
```

汇编器计算偏移量 Doffset：

```
Doffset=Daddr&7Fh=0010h&7Fh=10h
```

指令 MOV mmap(@AR0)，T2 对偏移量进行编码。在运行时间内，会产生 23 位数据空间地址（如果寄存器关键字 DPH=DP=0，CPU 会工作）

```
23 位地址=DPH:(DP+Doffset)=00:(0000h+0010h)=00 001h
```

如果运用助记符指令，mmap()附入限定操作数。如果运用代数指令，mmap()是一个指令限定符，并行于执行存储器映射寄存器访问的指令。

2. 直接寻址模式

当一条指令采用 SP 直接寻址模式时，23 位地址的形成如图 3.24 所示。其中寄存器 SPH 确定高 7 位地址，其余低 16 位地址由 SP 和 7 位指定指令的偏移量决定，偏移量的范围是 0～

127。由 SPH 和 SP 构成扩展数据堆栈指针（XSP），可以将 SPH 和 SP 分别载入，也可以用一条指令载入 XSP。

SPH	(SP+offset)	数据空间
000 0000 ⋮ 000 0000	0000 0000 0000 0000 ⋮ 1111 1111 1111 1111	第0主数据页：00 0000h～00 FFFFh
000 0001 ⋮ 000 0001	0000 0000 0000 0000 ⋮ 1111 1111 1111 1111	第1主数据页：01 0000h～01 FFFFh
000 0010 ⋮ 000 0010	0000 0000 0000 0000 ⋮ 1111 1111 1111 1111	第2主数据页：02 0000h～02 FFFFh
⋮	⋮	⋮
111 1111 ⋮ 111 1111	0000 0000 0000 0000 ⋮ 1111 1111 1111 1111	第127主数据页：7F 0000h～7F FFFFh

图 3.24　SP 直接寻址模式

在第 0 主数据页，地址 00 0000h～00 005Fh 为存储映射寄存器所保留。若数据堆栈位于该第 0 主数据页，则要确定在该页上使用的地址仅仅为 00 0060h～00 FFFFh。

3．寄存器位寻址模式

在寄存器位直接寻址模式中，其操作数是@bitoffset，该操作数是从寄存器的最低位（LSB）开始的偏移值（如图 3.25 所示）。例如，如果 bitoffset 为 0，那么就可以访问寄存器的最低位（LSB）；如果 bitoffset 为 3，那么就可以访问寄存器的第 3 位。

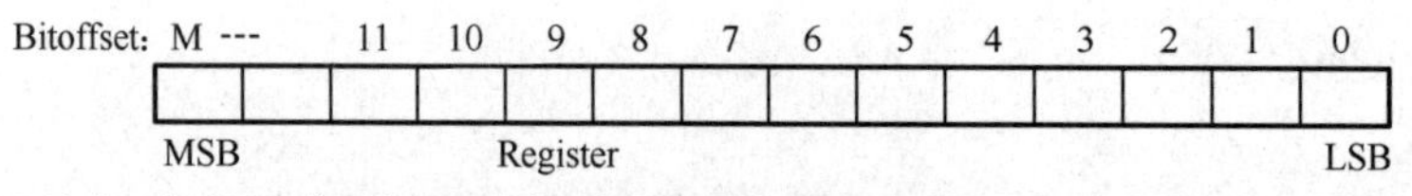

注意：位地址M是39或15，取决于寄存器的大小

图 3.25　寄存器位位寻址模式

只有寄存器的位测试、置位、清零、取反指令支持这种模式。只有三条指令能够访问以下寄存器的位：累加器（AC0～AC3）、辅助寄存器（AR0～AR7）、暂存寄存器（T0～T3）。

4．PDP 直接寻址模式

当一条指令使用 PDP 直接寻址模式时，16 位 I/O 地址的形成如图 3.26 所示。9 位的外设数据页指针 PDP 会在 512 个外设数据页（0～511）中选择其中一个，其中每一页有 128 个字（0～127），由指令中的 7 位偏移值来表示。例如，如果访问一页的第一个字，其偏移值为 0。

PDP	Poffset	I/O空间（64k字）
0000 0000 0 ⋮ 0000 0000 0	000 0000 ⋮ 111 1111	第0外设数据页：0000h～007Fh
0000 0000 1 ⋮ 0000 0000 1	000 0000 ⋮ 111 1111	第1外设数据页：0080h～00FFh
0000 0001 0 ⋮ 0000 0001 0	000 0000 ⋮ 111 1111	第2外设数据页：0100h～017Fh
⋮	⋮	⋮
1111 1111 1 ⋮ 1111 1111 1	000 0000 ⋮ 111 1111	第511外设数据页：FF80h～FFFFh

图 3.26　PDP 直接寻址模式

3.4.4　间接寻址模式

CPU 支持如表 3.28 的间接寻址模式。利用这些模式可以进行线性或循环寻址。

表 3.28　间接寻址模式

寻 址 模 式	描　　述
AR 间接寻址	这种模式通过一个辅助寄存器（AR0～AR7）访问数据空间。该方式可以用来访问存储单元、存储映射寄存器、寄存器比特位、I/O 空间
双 AR 间接寻址	像 AR 间接寻址模式那样，这种模式运用相同的地址产生方式。该模式可以同时访问两个或更多的数据存储地址
CDP 间接寻址	这种模式运用系数数据指针（CDP）来指向数据。CPU 通过 CDP 产生地址的方式取决于访问的是数据空间（存储器或存储映射寄存器）、寄存器比特位，或 I/O 空间
系数间接寻址	像 CDP 间接寻址模式那样，这种模式运用相同的地址产生方式。这种模式可以支持一些指令，在访问数据存储器系数的同时，还可以通过双 AR 间接寻址模式访问另外两个数据存储器

1. AR 间接寻址模式

这种模式使用辅助寄存器 ARn（n=0,1,2,3,4,5,6 or 7）来指向数据。如表 3.29 所示，CPU 通过 ARn 产生地址的方式取决于访问类型。

表 3.29　AR 间接寻址模式

访 问 类 型	ARn 存放内容
数据空间 （存储器或寄存器）	23 位地址的低 16 位（LSBs）。高 7 位（MSBs）由 ARnH 提供，它是扩展辅助寄存器 XARn 的高位部分
寄存器位（或位偶）	一个比特位数
I/O 空间	一个 16 位 I/O 地址

（1）数据空间 AR 间接寻址

图 3.27 显示了在 AR 间接寻址模式中，CPU 是如何产生数据空间地址的。注意，数据存储器和存储映射寄存器都会映射到数据空间中。对于一个给定的访问类型，辅助寄存器 n（n=0,1,2,3,4,5,6 or 7）提供了低 16 位，相关寄存器 ARnH 提供了高 7 位。ARnH 和 ARn 合称扩展辅助寄存器 n（XARn）。对于访问数据空间，运用指令载入 XARn；ARn 能够独立载入，但 ARnH 却不能。

ARnH	ARn	数据空间
000 0000 ⋮ 000 0000	0000 0000 0000 0000 ⋮ 1111 1111 1111 1111	第0主数据页：00 0000h～00 FFFFh
000 0001 ⋮ 000 0001	0000 0000 0000 0000 ⋮ 1111 1111 1111 1111	第1主数据页：01 0000h～01 FFFFh
000 0010 ⋮ 000 0010	0000 0000 0000 0000 ⋮ 1111 1111 1111 1111	第2主数据页：02 0000h～02 FFFFh
⋮	⋮	⋮
111 1111 ⋮ 111 1111	0000 0000 0000 0000 ⋮ 1111 1111 1111 1111	第127主数据页：7F 0000h～7F FFFFh

图 3.27　通过 AR 间接寻址模式访问数据空间

（2）寄存器位 AR 间接寻址

在访问寄存器比特位时，ARn 中存放了比特位，只有寄存器位测试/置位/清零/取反指令支持寄存器位 AR 间接寻址。这些指令仅仅在下列寄存器中访问位：累加器（AC0～AC3），辅助寄存器（AR0～AR7）,以及临时寄存器（T0～T3）。

（3）I/O 空间 AR 间接寻址

16 位地址可以访问 I/O 空间的信息。当通过 AR 间接寻址模式访问 I/O 空间时，16 位辅助寄存器 ARn，包含了完整的 I/O 地址，如图 3.28 所示。

ARn	I/O空间
0000 0000 0000 0000 ⋮ 1111 1111 1111 1111	0000h～FFFFh

图 3.28　通过 AR 间接寻址模式访问 I/O 空间

（4）AR 间接操作数

该模式的寻址模式操作数类型取决于状态寄存器 ST2_55 的 ARMS 位,其为 0 时，为 DSP 模式，即 CPU 可以使用一系列 DSP 模式操作数 （见表 3.30），可以提供 DSP 增强应用的高效执行功能；其为 1 时，为控制模式，即 CPU 可以使用一系列控制模式操作数（见表 3.31），能够优化控制系统应用代码的长度。

表 3.30 介绍了用于 AR 间接寻址模式的 DSP 模式操作数。表 3.31 介绍了控制模式操作数。根据操作数是否修改了辅助寄存器，以及是在指令地址产生之前还是之后发生修改，表 3.32

概括了所有的AR间接操作数。当使用此表时，切记：

① 根据状态寄存器ST2_55的指针配置，决定指针修改和地址产生是线性的还是循环的。只有所选择指针的循环地址被激活，相应16位缓冲起始地址寄存器（BSA01,BSA23,BSA45,或BSA67）的内容才会被添加；

② 递增和递减仅针对16位指针而言。如果不能改变扩展寄存器（ARnH）的值，就不能通过主数据页访问数据。为了改变ARnH，必须写满23位寄存器，XARn。

表3.30 AR间接寻址DSP模式（ARMS=0）操作数

操　作　数	地　址　修　改	支持的访问类型
*ARn	ARn未修改	数据存储器（Smem,Lmem）； 存储映射寄存器（Smem,Lmem）； 寄存器位（Baddr）； I/O空间（Smem）
*ARn+	在生成地址之后增加 †‡	数据存储器（Smem,Lmem）； 存储映射寄存器（Smem,Lmem）； 寄存器位（Baddr）； I/O空间（Smem）
*ARn-	在生成地址之后减少 §¶	数据存储器（Smem,Lmem）； 存储映射寄存器（Smem,Lmem）； 寄存器位（Baddr）； I/O空间（Smem）
*+ARn	在生成地址之前增加 †‡	数据存储器（Smem,Lmem）； 存储映射寄存器（Smem,Lmem）； 寄存器位（Baddr）； I/O空间（Smem）
*-ARn	在生成地址之前减少 §¶	数据存储器（Smem,Lmem）； 存储映射寄存器（Smem,Lmem）； 寄存器位（Baddr）； I/O空间（Smem）
*（ARn+T0/AR0）	在生成地址之后，ARn加上T0或ARn中16位带符号的常数： 如果C54CM=0, ARn=ARn+ T0; 如果C54CM=1, ARn=ARn+ AR0	数据存储器（Smem,Lmem）； 存储映射寄存器（Smem,Lmem）； 寄存器位（Baddr）； I/O空间（Smem）
*（ARn-T0/AR0）	在生成地址之后，ARn减去T0或ARn中16位带符号的常数： 如果C54CM=0, ARn=ARn-T0; 如果C54CM=1, ARn=ARn-AR0	数据存储器（Smem,Lmem）； 存储映射寄存器（Smem,Lmem）； 寄存器位（Baddr）； I/O空间（Smem）
*ARn（T0/AR0）	ARn未被修改。ARn被作为基指针，T0或AR0中16位带符号常数被作为偏移量。 如果C54CM=0，使用T0; 如果C54CM=1,使用AR0	数据存储器（Smem,Lmem）； 存储映射寄存器（Smem,Lmem）； 寄存器位（Baddr）； I/O空间（Smem）

续表

操 作 数	地 址 修 改	支持的访问类型
*（ARn+T0B/AR0B）	在生成地址之后，ARn 加上 T0 或 ARn 中 16 位带符号的常数： 如果 C54CM=0, ARn=ARn+ T0; 如果 C54CM=1, ARn=ARn+ AR0 （按位倒序模式相加） 注意：使用该反向位操作时，ARn 不能被当做循环指针使用。如果 ARn 在 ST2_55 中配置进行循环寻址，相关缓冲起始地址寄存器值（BSAxx）就会被加到 ARn 中，但 ARn 不会被修改，以便保持在一个循环缓冲区内	数据存储器（Smem,Lmem）； 存储映射寄存器（Smem,Lmem）； 寄存器位（Baddr）； I/O 空间（Smem）
*（ARn−T0B/AR0B）	在生成地址之后，ARn 减去 T0 或 ARn 中 16 位带符号的常数： 如果 C54CM=0, ARn=ARn−T0; 如果 C54CM=1, ARn=ARn−AR0 （按位倒序模式相减） 注意：使用该反向位操作时，ARn 不能被当做循环指针使用。如果 ARn 在 ST2_55 中配置进行循环寻址，相关缓冲起始地址寄存器值（BSAxx）就会被加到 ARn 中，但 ARn 不会被修改，以便保持在一个循环缓冲区内	数据存储器（Smem,Lmem）； 存储映射寄存器（Smem,Lmem）； 寄存器位（Baddr）； I/O 空间（Smem）
*（ARn+T1）	在生成地址之后，ARn 加上 T1 中 16 位带符号的常数： ARn= ARn+T1	数据存储器（Smem,Lmem）； 存储映射寄存器（Smem,Lmem）； 寄存器位（Baddr）； I/O 空间（Smem）
*（ARn−T1）	在生成地址之后，ARn 减去 T1 中 16 位带符号的常数： ARn= ARn−T1	数据存储器（Smem,Lmem）； 存储映射寄存器（Smem,Lmem）； 寄存器位（Baddr）； I/O 空间（Smem）
*ARn（T1）	ARn 未被修改。ARn 被作为基指针，T1 中 16 位带符号常数被作为偏移量	数据存储器（Smem,Lmem）； 存储映射寄存器（Smem,Lmem）； 寄存器位（Baddr）； I/O 空间（Smem）
*ARn（#K16）	ARn 未被修改。ARn 被作为基指针，16 位带符号常数（K16）被作为偏移量 注意：当指令使用该操作数时，该常数被编码到一个 2 字节的扩展指令中。由于扩展，使用该操作数的指令不能与另一个指令并行执行	数据存储器（Smem,Lmem）； 存储映射寄存器（Smem,Lmem）； 寄存器位（Baddr）； I/O 空间（Smem）

续表

操 作 数	地 址 修 改	支持的访问类型
*+ARn（#K16）	在地址生成之前，ARn 加上 16 位带符号常数（K16） 注意：当指令使用该操作数时，该常数被编码到一个 2 字节的扩展指令中。由于扩展，使用该操作数的指令不能与另一个指令并行执行	数据存储器（Smem,Lmem）； 存储映射寄存器（Smem,Lmem）； 寄存器位（Baddr）； I/O 空间（Smem）

注：†：如果 16 位/1 位操作：ARn=ARn+1；1 位操作：读或修改单个寄存器位的寄存器位访问；

‡：如果 32 位/2 位操作：ARn=ARn+2；2 位操作：读或修改单个寄存器位偶的寄存器位访问；

§：如果 16 位/1 位操作：ARn=ARn−1；1 位操作：读或修改单个寄存器位的寄存器位访问；

¶：如果 32 位/2 位操作：ARn=ARn−2；2 位操作：读或修改单个寄存器位偶的寄存器位访问。

表 3.31 AR 间接寻址控制模式（ARMS=1）操作数

操 作 数	地 址 修 改	支持的访问类型
*ARn	ARn 未修改	数据存储器（Smem,Lmem）； 存储映射寄存器（Smem,Lmem）； 寄存器位（Baddr）； I/O 空间（Smem）
*ARn+	在生成地址之后增加 †‡	数据存储器（Smem,Lmem）； 存储映射寄存器（Smem,Lmem）； 寄存器位（Baddr）； I/O 空间（Smem）
*ARn−	在生成地址之后减少 §¶	数据存储器（Smem,Lmem）； 存储映射寄存器（Smem,Lmem）； 寄存器位（Baddr）； I/O 空间（Smem）
*（ARn+T0/AR0）	在生成地址之后，ARn 加上 T0 或 AR0 中 16 位带符号的常数： 如果 C54M=0，ARn=ARn+T0； 如果 C54M=1，ARn=ARn+AR0	数据存储器（Smem,Lmem）； 存储映射寄存器（Smem,Lmem）； 寄存器位（Baddr）； I/O 空间（Smem）
*（ARn−T0/AR0）	在生成地址之后，ARn 减去 T0 或 AR0 中 16 位带符号的常数： 如果 C54M=0，ARn=ARn−T0； 如果 C54M=1，ARn=ARn−AR0	数据存储器（Smem,Lmem）； 存储映射寄存器（Smem,Lmem）； 寄存器位（Baddr）； I/O 空间（Smem）
*ARn（T0/AR0）	ARn 未被修改。ARn 被作为基指针，T0 或 AR0 中 16 位带符号常数被作为偏移量： 如果 C54CM=0，使用 T0； 如果 C54CM=1,使用 AR0	数据存储器（Smem,Lmem）； 存储映射寄存器（Smem,Lmem）； 寄存器位（Baddr）； I/O 空间（Smem）

续表

操　作　数	地 址 修 改	支持的访问类型
*ARn（#K16）	ARn 未被修改。ARn 被作为基指针，16 位带符号常数（k16）被作为偏移量 注意：当指令使用该操作数时，该常数被编码到一个 2 字节扩展指令中。由于扩展，使用该操作数的指令不能与另一个指令并行执行	数据存储器（Smem,Lmem）； 存储映射寄存器（Smem,Lmem）； 寄存器位（Baddr）
*+ARn（#K16）	在地址生成之前，ARn 加上 16 位带符号常数（k16）： ARn=ARn+16 注意：当指令使用该操作数时，该常数被编码到一个 2 字节扩展指令中。由于扩展，使用该操作数的指令不能与另一个指令并行执行	数据存储器（Smem,Lmem）； 存储映射寄存器（Smem,Lmem）； 寄存器位（Baddr）
*ARn（short（#k3））	ARn 未被修改。ARn 被作为基指针，3 位带符号常数（k13）被作为偏移量。k13 的范围是 1 到 7	数据存储器（Smem,Lmem）； 存储映射寄存器（Smem,Lmem）； 寄存器位（Baddr）； I/O 空间（Smem）

注：†：如果 16 位/1 位操作：ARn=ARn+1；如果 32 位/2 位操作：ARn=ARn+2；

‡：1 位操作：读或修改单个寄存器位的寄存器位访问；2 位操作：读或修改单个寄存器位的偶寄存器位访问；

§：如果 16 位/1 位操作：ARn=ARn−1；1 位操作：读或修改单个寄存器位的寄存器位访问；

¶：如果 32 位/2 位操作：ARn=ARn−2；2 位操作：读或修改单个寄存器位偶的寄存器位访问。

表 3.32　间接操作数概括

未被修改	修改之后	修改之前
AR 间接寻址，DSP 模式（ARMS=0）		
*ARn *ARn（T0/AR0） *ARn（T1） *ARn（#K16）	*ARn+ *ARn− *（ARn+T0/AR0） *（ARn−T0/AR0） *（ARn+T0/BAR0B） *（ARn−T0B/AR0B） *（ARn+T1） *（ARn−T1）	*+ARn *−ARn *+ARn（#K16）
AR 间接寻址，控制模式（ARMS=1）		
*ARn *ARn（T0/AR0） *ARn（#K16） *ARn（short（#k3））	*ARn+ *ARn− *（ARn+T0/AR0） *（ARn−T0/AR0） *（ARn+T0B/AR0B） *（ARn−T0B/AR0B） *（ARn+T1） *（ARn−T1）	*+ARn（#K16）

2. 双 AR 间接寻址模式

双 AR 间接寻址模式可以通过 8 个辅助寄存器（AR0～AR7），同时访问两个数据存储单元。与单个 AR 间接访问数据空间一样，CPU 使用一个扩展辅助寄存器产生 23 位地址。对这两种寻址，可以使用线性寻址或循环寻址。

双 AR 间接寻址可以实现以下功能：

① 执行一条可完成两个 16 位数据空间访问的指令。在这种情况下，两个数据存储操作数在指令中为 Xmem 和 Ymem。例如：

```
ADD Xmenm,Ymenm，ACx
```

② 并行执行两条指令。在这种情况下，必须每条指令访问一个存储数据，操作数在指令中是 Smem 或 Lmem。例如：

```
MOV Smem, dst
// AND Smem, src, dst
```

第一条指令操作数被当做 Xmem，第二条指令操作数被当做 Ymem。

双 AR 间接寻址操作数是 AR 间接寻址操作数的子集，而 ARMS 状态位不影响双 AR 间接寻址的操作。

注意，如果 ARn 被不同的辅助寄存器修改，则不能用于同一个双操作数指令中。只有其中一个操作数不会修改 ARn 的时候，才能使用同一个 ARn。

表 3.33 介绍了双 AR 间接寻址模式的操作数。

① 根据状态寄存器 ST2_55 的指针配置，指针修改和地址产生都是线性或循环的。只有被选择指针的循环寻址被激活后，相关 16 位缓存起始地址寄存器（BSA01,BSA23,BSA45,或 BSA67）才会被添加。

② 递增和递减仅仅适用于 16 位指针。如果不改变扩展寄存器（ARnH）的数据，就不会通过数据页写数据地址。若改变 ARnH，必须写满 23 位寄存器，XARn。

表 3.33 双 AR 间接操作数

操 作 数	地 址 修 改	支持的访问类型
*ARn	ARn 未修改	数据存储器（Smem,Lmem,Xmem,Ymem）
*ARn+	在生成地址之后增加 †‡	数据存储器（Smem,Lmem,Xmem,Ymem）
*ARn−	在生成地址之后递减 §¶	数据存储器（Smem,Lmem,Xmem,Ymem）
*（ARn+T0/AR0）	在生成地址之后，ARn 加上 T0 或 AR0 中 16 位带符号的常数： 如果 C54M=0 :ARn=ARn+T0; 如果 C54M=1: :ARn=ARn+AR0	数据存储器（Smem,Lmem,Xmem,Ymem）
*（ARn−T0/AR0）	在生成地址之后，ARn 减去 T0 或 AR0 中 16 位带符号的常数： 如果 C54M=0 :ARn=ARn−T0; 如果 C54M=1: :ARn=ARn−AR0	数据存储器（Smem,Lmem,Xmem,Ymem）

续表

操 作 数	地 址 修 改	支持的访问类型
*ARn（T0/AR0）	ARn 未修改。ARn 被作为基指针，T0 或 AR0 中 16 位带符号常数被作为偏移量。 如果 C54CM=0，使用 T0； 如果 C54CM=1,使用 AR0	数据存储器（Smem,Lmem,Xmem,Ymem）
*（ARn+T1）	在生成地址之后，ARn 加上 T1 中 16 位带符号的常数： ARn=ARn+T1	数据存储器（Smem,Lmem,Xmem,Ymem）
*（ARn−T1）	在生成地址之后，ARn 减去 T1 中 16 位带符号的常数： ARn=ARn−T1	数据存储器（Smem,Lmem,Xmem,Ymem）

注：

†：如果 16 位操作：ARn=ARn+1；

‡：如果 32 位操作：ARn=ARn+2；

§：如果 16 位操作：ARn=ARn−1；

¶：如果 32 位操作：ARn=ARn−2。

3．CDP 间接寻址 S 模式

CDP 间接寻址模式使用系数数据指针（CDP）指向数据。如表 3.34 显示，CPU 使用 CDP 产生地址的方式取决于访问类型。

表 3.34　CDP 间接寻址模式系数数据指针（CDP）应用

访问类型	CDP 存放内容
数据空间（存储器或寄存器）	23 位地址的低 16 位（LSBs）； 高 7 位（MSBs）由 CDPH 提供，即扩展系数数据指针（XCDP）的高位部分
寄存器位（或位偶）	一个比特位数
I/O 空间	一个 16 位 I/O 地址

（1）数据空间 CDP 间接寻址

图 3.29 展示了 CPU 是如何使用 CDP 间接寻址模式产生数据空间地址的。注意，数据存储器和存储映射寄存器都被映射到数据空间中。CDPH 提供高 7 位，系数数据指针（CDP）提供低 16 位。CDPH 和 CDP 结合起来被称为扩展系数数据指针（XCDP）。

（2）寄存器位 CDP 间接寻址

当运用 CDP 间接寻址模式访问寄存器位时，CDP 包含了位数。例如，如果 CDP 包含 0，就指向位 0，寄存器的最低位（LSB）。

只有寄存器位测试/置位/清零/取反指令支持 CDP 间接访问寄存器位。这些指令仅仅在下列寄存器中访问位：累加器（AC0～AC3），辅助寄存器（AR0～AR7），以及临时寄存器（T0～T3），CDP 寄存器位如图 3.30 所示。

CDPH	CDP	数据空间
000 0000 ⋮ 000 0000	0000 0000 0000 0000 ⋮ 1111 1111 1111 1111	第0主数据页：00 0000h～00 FFFFh
000 0001 ⋮ 000 0001	0000 0000 0000 0000 ⋮ 1111 1111 1111 1111	第1主数据页：01 0000h～01 FFFFh
000 0010 ⋮ 000 0010	0000 0000 0000 0000 ⋮ 1111 1111 1111 1111	第2主数据页：02 0000h～02 FFFFh
⋮	⋮	⋮
111 1111 ⋮ 111 1111	0000 0000 0000 0000 ⋮ 1111 1111 1111 1111	第127主数据页：7F 0000h～7F FFFFh

图 3.29　CDP 间接寻址模式访问数据空间

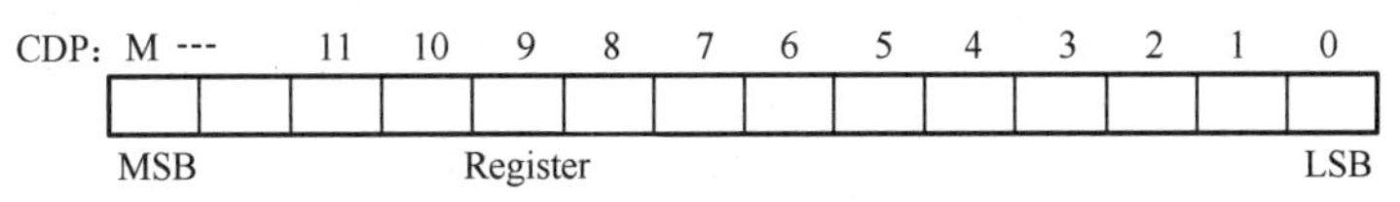

图 3.30　CDP 间接寻址模式访问寄存器位

注意：比特位地址 M 是 39 或 15，取决于寄存器大小。

（3）I/O 空间 CDP 间接寻址

I/O 空间里的信息需要用 16 位地址进行访问。当使用 CDP 间接寻址模式访问 I/O 空间时，16 位 CDP 包含了所有的 I/O 地址，如图 3.31 所示。

CDP	I/O 空间
0000 0000 0000 0000 ⋮ 1111 1111 1111 1111	0000h～FFFFh

图 3.31　CDP 间接寻址模式访问 I/O 空间

（4）CDP 间接操作数

表 3.35 介绍了 CDP 间接寻址的操作数。

① 根据状态寄存器 ST2_55 的指针配置，指针修改和地址产生都是线性的或者循环的。只有 CDP 循环寻址被激活，16 位缓存起始地址寄存器的内容才会被添加。

② 递增和递减仅仅适用于 16 位指针。如果不改变扩展寄存器（CDPH）的数据，就不能通过主数据页写数据地址。

表 3.35　间接寻址操作数

操　作　数	地 址 修 改	支持的访问类型
*CDP	CDP 未被修改	数据存储器（Smem,Lmem）； 存储映射寄存器（Smem,Lmem）； 寄存器位（Baddr）； I/O 空间（Smem）

续表

操 作 数	地 址 修 改	支持的访问类型
*CDP+	在生成地址之后增加† ‡	数据存储器（Smem,Lmem）； 存储映射寄存器（Smem,Lmem）； 寄存器位（Baddr）； I/O 空间（Smem）
*CDP-	在生成地址之后减少§ ¶	数据存储器（Smem,Lmem）； 存储映射寄存器（Smem,Lmem）； 寄存器位（Baddr）； I/O 空间（Smem）
*CDP（#k16）	CDP 未被修改。CDP 被作为基指针，16 位带符号常数（k16）被作为偏移量。 注意：当指令使用该操作数时，该常数被编码到一个 2 字节扩展指令中。由于扩展，使用该操作数的指令不能与另一个指令并行执行	数据存储器（Smem,Lmem）； 存储映射寄存器（Smem,Lmem）； 寄存器位（Baddr）
*+CDP（#k16）	在地址生成之前，CDP 加上 16 位带符号常数（k16）：CDP=CDP+k16 注意：当指令使用该操作数时，该常数被编码到一个 2 字节扩展指令中。由于扩展，使用该操作数的指令不能与另一个指令并行执行	数据存储器（Smem,Lmem）； 存储映射寄存器（Smem,Lmem）； 寄存器位（Baddr）

注：†：如果 16 位/1 位操作：CDP = CDP+1；1 位操作：读或修改单个寄存器位的寄存器位访问；

‡：如果 32 位/2 位操作：CDP = CDP+2；2 位操作：读或修改单个寄存器位偶的寄存器访问；

§：如果 16 位/1 位操作：CDP = CDP-1；1 位操作：读或修改单个寄存器位的寄存器位访问；

¶：如果 32 位/2 位操作：CDP = CDP-2；2 位操作：读或修改单个寄存器位偶的寄存器位访问。

4. 系数间接寻址操作数

这种模式的地址产生过程与使用 CDP 间接寻址数据空间的地址产生过程一样。系数间接寻址模式支持选择存储移动/初始化语法以及以下算术指令：

- FIR 滤波；
- 乘法；
- 乘加；
- 乘减；
- 双乘加或双乘减。

系数间接寻址模式访问数据的指令主要是指在一个循环中使用三种存储操作数进行操作的指令。Xmem 和 Ymem 是其中两个，用双 AR 间接寻址模式进行访问；第三个操作数是 Cmem，用系数间接寻址模式进行访问；Cmem 操作数以 CPU 的 BB 总线方式进行。

考虑以下的指令语法。在一个循环中，两个乘法可以并行执行。一个存储操作（Cmem）

是常见的两个乘法，然而双 AR 间接操作（Xmem 和 Ymem）用于乘法运算中的其他值。

```
MPY Xmem，Cmem,ACx
::MPY Ymem,Cmem,ACy
```

在一个单独的循环中，为了访问三个存储器值，通过 Cmem 引用的值必须位于一个记忆库中，并与包含 Xmem 和 Ymem 数据的记忆库不同。

（1）系数间接操作数

如果使用代数指令，必须把每个系数间接操作数装入 coef()语句中。如果使用记忆指令，可以使用如表 3.36 所示的操作数。

表 3.36　系数间接寻址操作数

操　作　数	地 址 修 改	支持的访问类型
*CDP	CDP 未被修改	数据存储器
*CDP+	在生成地址之后增加。 如果 16 位操作：CDP=CDP+1； 如果 32 位操作：CDP=CDP+2	数据存储器
*CDP-	在生成地址之后减少。 如果 16 位操作：CDP=CDP-1； 如果 32 位操作：CDP=CDP-2	数据存储器
*（CDP+T0/AR0）	在生成地址之后，CDP 加上 T0 或 AR0 中 16 位带符号的常数： 如果 C54M=0：CDP=CDP+T0； 如果 C54M=1：CDP=CDP+AR0	数据存储器

（2）在代数指令中系数间接操作数所需要的系数 coef()

如果使用代数指令，必须把每个系数间接操作数装入 coef()语句中。例如，假如给你一个代数指令语法：

```
ACx=ACx+(Smem*Cmem)
```

假设 ACx=AC0，Smem=*AR0,对 Cmem 操作数使用*CDP，则指令可写成如下形式：

```
AC0=AC0+(*AR0*coef(*CDP))
```

3.4.5　寄存器位寻址

直接寻址和间接寻址可用于对寄存器进行位寻址，下面通过两个例子进行说明。

1．@bitoffset 用于对寄存器位的寻址

```
1.BSET @0，AC3    ；CPU 将 AC3 的位 0 置为 1
2.BTSTP@30，AC0  ；CPU 把 AC3 的位 30 和位 31 分别复制到状态寄存器 ST0_55 的 TC1 位和 TC2 位。
```

2. *ARn 用于对寄存器位的寻址

```
设 AR0=0，AR5=30
1.BSET * AR0，AC3      ；CPU 把 AC3 的位 0 置 1
2.BTSTP * AR5，AC3     ；CPU 把 AC3 的位 30 和位 31 分别复制到状态寄存器 ST0_55 的位 TC1 和 TC2
```

3.4.6 环形寻址

环形寻址可用于任何间接寻址模式中，每个辅助寄存器（AR0～AR7）和系数数据指针（CDP）都可以用作寄存器的位和数据指针，独自配置为线性或环形的寻址。该配置位于 ST2_55 中，设置该位来选择环形寻址。

环形缓冲区的大小由 BK03、BK47 和 BKC 中的其中一个来定义。这一寄存器将设置字缓冲区里的字数或者位缓冲区里的位数。

对于数据空间的字缓冲区，它必须存放在一个主数据页内部，不能跨主数据页存放。每个地址具有 23 位，高 7 位代表主数据页，由 CDPH 或 ARnH 决定，这里 n 是辅助寄存器的序号，CDPH 可以被独立地装入，ARnH 不能。例如当装入 AR0H，必须先装入 XAR0，即 AR0H：AR0。在主数据内部，缓冲区的首地址定义在 16 位的缓冲区首地址寄存器中，装入在 ARn 或 CDP 中的值为存储单元的页内地址。

对于位缓冲区，缓冲区起始地址寄存器定义参考位，指针选择相对于参考位的位置位，仅需装入 ARn 或 CDP，不必装入 XARn 或 XCDP。

环形寻址的情况如表 3.37 所示。

表 3.37 环形寻址中指针及其相关位与寄存器

指针	线性/循环配置位	主数据页支撑	缓冲区起始地址寄存器	缓冲区大小寄存器
AR0	ST2_55 （0）=AR0LC	AR0H	BSA01	BK03
AR1	ST2_55 （1）=AR1LC	AR1H	BSA02	BK03
AR2	ST2_55 （2）=AR2LC	AR2H	BSA23	BK03
AR3	ST2_55 （3）=AR3LC	AR3H	BSA23	BK03
AR4	ST2_55 （4）=AR4LC	AR4H	BSA45	BK47
AR5	ST2_55 （5）=AR5LC	AR5H	BSA45	BK47
AR6	ST2_55 （6）=AR6LC	AR6H	BSA67	BK47
AR7	ST2_55 （7）=AR7LC	AR7H	BSA67	BK47
CDP	ST2_55 （8）=CDPLC	CDPH	BSAC	BKC

1. 配置 AR0～AR7 和 CDP 进行环形寻址

每个 ARn 寄存器和 CDP 寄存器在 ST2_55 中具有相应的线性/循环配置位，如表 3.38 和表 3.39 所示，将 ARnLC（n=0～7）、CDPLC 置为 1 后，即可使用相应的 ARn、CDP 作指针进行环形寻址。

可用环形寻址指令限定符指示指针地址被循环改变，在助记符方式下加入 CR 即可，如：ADD.CR。环形寻址指令限定符不考虑 ST2_55 中的线性/环形位的配置。

表 3.38　AR 寄存器线性/环形寻址配置位

ARnLC （n=0～7）	用　　途
0	线性寻址
1	环形寻址

表 3.39　CDP 寄存器线性/环形寻址配置位

CDPLC	用　　途
0	线性寻址
1	环形寻址

2. 环形缓冲区实现

作为一个环形缓冲区的例子，下面给出一个数据存储器中环形字缓冲区的建立步骤：

① 初始化相应的缓冲区大小寄存器（BK03、BK47 或 BKC），例如对于 8 个字大小的缓冲区，将 8 装入 BK 寄存器。

② 初始化 ST2_55 中相应的配置位，使能选定指针的环形寻址。

③ 初始化相应的扩展寄存器（XARn 或 XCDP），选择一个主数据页。比如，若 AR3 是一个环形指针，则装入 XAR3；若 CDP 是循环指针，装入 XCDP。

④ 初始化对应的缓冲区首地址寄存器（BSA01，BSA02，BSA45，BSA67 或 BSAC）。主数据页 XAR（22～16）或 XCDP（22～16）和 BSA 寄存器合并形成缓冲区的 23 位首地址。

⑤ 装入选定的指针 ARn 或 CDP，大小从 0 至缓冲区长度减 1。比如，若使用 AR1 且缓冲区长度为 8，则 AR1 装入的值小于等于 7。

若使用带有偏移地址的间接寻址操作数，确认偏移地址的绝对值小于等于缓冲区长度-1。同样地，若循环指针以 T0、T1 或 AR0 中的常数增减，需保证增减的常数小于等于缓冲区长度-1。

通过初始化得到 23 位的地址：

ARnH：（BSAxx+ARn）或 CDPH：（BASC+CDP）。

增加和减小只发生在 16 位指针（ARn 或 CDP）身上。若不改变相应扩展寄存器（ARnH 或 CDPH）的值，则不能从主数据页中访问数据。

注意： 要避免使增减范围超出 0000h～FFFFh 的范围。

下面给出一个初始化和寻址环形缓冲区的例子：

```
MOV  #3，BK03             ；环形缓冲区大小为 3 个字
BEST  AR1LC               ；使用 AR1 循环寻址
AMOV #010000h，XAR1       ；循环缓冲区位于主数据页 01
MOV  #0A20h，BSA01        ；循环缓冲区首地址为 010A20h
MOV  #0000h，AR1          ；AR1 中指针地址为 0000h

MOV  *AR1+，AC0           ；AC0=(010A20h)，AR1=0001h
MOV  *AR1+，AC0           ；AC0=(010A21h)，AR1=0002h
MOV  *AR1+，AC0           ；AC0=(010A22h)，AR1=0000h
MOV  *AR1+，AC0           ；AC0=(010A20h)，AR1=0001h
```

第 4 章　TMS320VC5509A 内部结构与外设

4.1　总体概述

TMS320VC5509A 是一款高性能低功耗的定点 DSP，每秒可以实现 4 亿次的乘累加操作。其内核电压在时钟频率为 200MHz 情况下为 1.6V，引脚电压为 2.7V～3.3V，较低的内核电压和引脚电压实现了 DSP 的低功耗。

TMS320VC5509A DSP 总共有 128K×16bit 的片上 RAM 和 64KBytes 的片上 ROM，RAM 中包含了 65KBytes 的单周期双重访问 RAM（DARAM）和 192KBytes 的单周期单次访问 RAM（SARAM）。通过外部存储器接口（EMIF），它可以访问位宽为 16 位的外部同步存储器。

TMS320VC5509A 的 CPU 的主时钟能够工作在 144MHz，利用双累加器和算术逻辑单元，每个周期能执行一条指令或并行的两条指令，具有高达 288MIPS 的处理能力。TMS320VC5509A 内部有一条 24bit 的读程序地址总线、三条 24bit 的读数据地址总线和两条 24bit 的写地址总线，由于地址总线都是 24bit，因此寻址空间为 16MB。同时还有一条 32bit 的读程序数据总线、三条 16bit 的读数据数据总线和两条 16bit 的写数据总线。这种并行的多总线接口，使 TMS320VC5509A 在一个 CPU 周期内完成 1 个 32bit 程序代码的读、3 个 16bit 数据的读和 2 个 16bit 数据的写。在 DSP 内部，一条指令的执行至少要经过取指、译码和执行等阶段，每个阶段都会用到 DSP 内部的不同处理单元，同时 TMS320VC5509A 还采用两个独立的流水线：取指流水线和执行流水线。

TMS320VC5509A DSP 有丰富的片上外设功能，包括：

- 一个可配置的并行外部接口：
  - 对外部异步存储器或者 SDRAM 的 16 位外部存储接口（EMIF），
  - 16 位的与主机通信的并行接口（HPI）；
- 一个 6 通道直接存储器访问控制；
- 一个可编程锁相环时钟发生器；
- 两个 20 位时钟；
- 一个看门狗定时器；
- 三个串行接口可以组合为：
  - 最多三个多通道缓冲串行接口，
  - 最多两个多媒体/安全数字卡接口；
- 七个（LQFP 封装）或者八个（BGA 封装）的通用输入/输出接口；
- USB2.0 FullSpeed 接口；
- I^2C 多主、从接口；
- 外部晶振输入接口，不同外设模块的时钟可由外部输入；
- 4 通道（BGA 封装）或者 2 通道（LQFP 封装）10 位逐次逼近 A/D。

TMS320VC5509A 功能框图如图 4.1 所示。

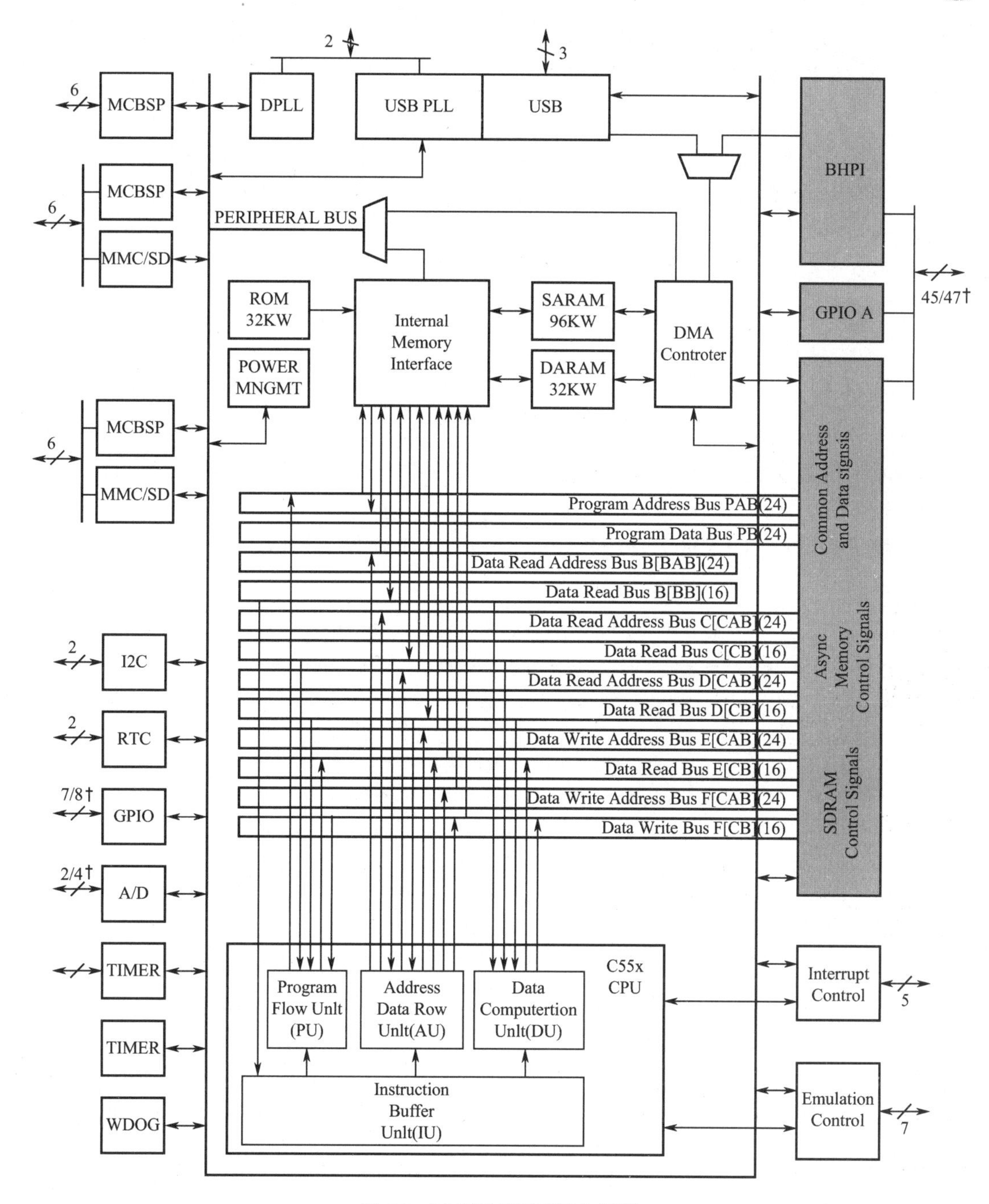

图 4.1 TMS320VC5509A 框图

4.2 时钟发生器

DSP 的时钟发生器为 DSP 提供时钟信号，其时钟信号来源于 CLKIN 输入引脚的信号。时钟发生器包含一个可使能的数字锁相环，因此可以将 CPU 的时钟配置到任意频率，其组成框图如图 4.2 所示。

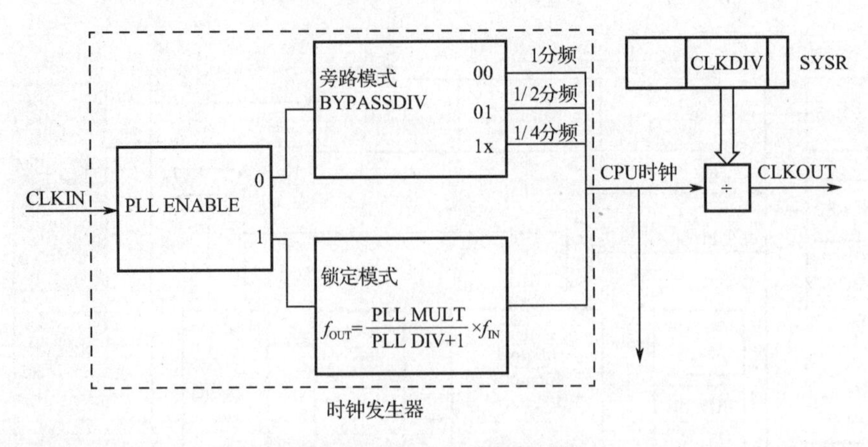

图 4.2　时钟发生器组成框图

时钟发生器通过配置时钟模式寄存器（CLKMD）进行配置，CLKMD 寄存器可以控制并监视时钟发生器的活动。例如调整模式或者对输入频率进行分频或者倍频。

时钟模式寄存器（CLKMD）控制时钟发生器的工作状态。表 4.1 所示为时钟模式寄存器各字段含义。

表 4.1　时钟模式寄存器（CLKMD）各字段含义

位	字　段	说　明
15	Rsvd	保留
14	IAI	退出 Idle 状态后，决定 PLL 是否重新锁定。0—PLL 将使用与进入 Idle 状态之前相同的设置进行锁定；1—PLL 将重新进入锁定过程
13	IOB	处理失锁。0—时钟发生器不中断 PLL，PLL 继续输出时钟；1—时钟发生器切换到旁路模式，重新开始 PLL 锁相过程
12	TEST	必须保持为 0
11～7	PLL MULT	锁定模式下的 PLL 倍频值：0～31
6～5	PLL DIV	锁定模式下的 PLL 分频值：0～3
4	PLL ENABLE	使能或关闭 PLL。0，关闭 PLL，进入旁路模式；1，使能 PLL，进入锁定模式
3～2	BYPASS DIV	旁路下的分频值。00—1 分频；01—2 分频；10 或 11—4 分频
1	BREAKLN	PLL 失锁标志。0—PLL 已经失锁；1—锁定状态或有对 CLKMD 寄存器的写操作
0	LOCK	锁定模式标志。0—时钟发生器处于旁路模式；1—时钟发生器处于锁定模式

4.2.1　时钟发生器工作原理

时钟发生器有三种工作模式：旁路模式、锁定模式和 Idle 模式。

（1）旁路模式（BYPASS）

PLL ENABLE=0，数字锁相环工作于旁路模式，对输入时钟信号进行分频。分频值由 BYPASSDIV 确定：

BYPASSDIV=00，输出时钟信号的频率和输入时钟信号频率相同，即 1 分频；

BYPASSDIV=01，输出时钟信号的频率为输入时钟信号频率的 1/2，即 1/2 分频；

BYPASSDIV=1x，输出时钟信号的频率为输入时钟信号频率的 1/4，即 1/4 分频。

（2）锁定模式（LOCK）

PLL ENABLE=1，数字锁相环工作于锁定模式，输出的时钟频率由下式决定：

$$输出频率=\frac{\text{PLL MULT}}{\text{PLL DIV}+1}\times 输入频率$$

（3）Idle 模式

省电模式。可以通过编程 Idle 配置寄存器（ICR），关闭 CLKGEN Idle 模块，使时钟发生器工作在 Idle 模式。此时，输出时钟停止，引脚被拉为高电平。当时钟发生器退出省电模式时，PLL 自动切换到旁路模式，进行跟踪锁定，锁定后返回到锁定模式。时钟模式寄存器中与省电模式有关的位是 IAI。

CPU 时钟可以通过一个时钟分频器对外提供 CLKOUT 输出信号，CLKOUT 的频率由系统寄存器（SYSR）中的 CLKDIV 确定，其控制字和输出时钟频率的关系如表 4.2 所示。

表 4.2 CLKDIV 控制字与输出时钟频率的关系

CLKDIV	000b	001b	010b	011b	100b	101b	110b	111b
f_{out}/f_{CPU}	1	1/2	1/3	1/4	1/5	1/6	1/7	1/8

4.2.2 时钟发生器调试方法及结果

对于时钟发生器的调试，主要包括以下几个方面：

（1）检测输入引脚：检测 DSP 时钟 CLKIN 引脚的波形是否失真，信号的高低电平和占空比是否满足需要。

（2）检测锁相环：软件设置 CLKMD 使时钟发生器工作于 PLL 锁相模式，正常情况下，CLKMD 应拉高或降低。可以通过检测 CLKOUT 信号，查看锁相环是否工作正常。

（3）在没有进行软件设置的情况下检测输出引脚：DSP 在复位后 CLKOUT 的输出直接受 CLKMD 控制，当 CLKMD 为高时，CLKOUT 的输出频率应为 CLKIN 的频率；当 CLKMD 为低时，CLKOUT 的输出频率应为 CLKIN 的频率的 1/2。

（4）如果以上步骤运行正常，则利用软件设置 CLKMD 寄存器，使时钟发生器工作于 PLL 锁相环模式下，此时再检测 CLKOUT 信号，查看锁相环是否正常工作。

4.2.3 时钟发生器程序示例

通过对 CLKMD 的操作，根据需要设定时钟发生器的工作模式和输出频率。在设置过程中，要兼顾工作模式、分频值、倍频值及其他因素对 PLL 的影响。

使用举例如下：

```
void CLK_init()
{
    ioport unsigned int *clkmd;
    clkmd = (unsigned int * )0x1c00;
    *clkmd = 0x2613;        /*设置 CPU 时钟 144MHz*/
}
```

也可以通过CSL函数库调用。首先包含csl_pll.h头文件，然后利用库函数配置时钟发生器。声明PLL配置结构：

```
PLL_Config myConfig        = {
0,   /*IAI：PLL将使用与进入Idle状态之前相同的设置进行锁定*/
1,   /*IOB：时钟发生器切换到旁路模式，重新开始PLL锁相过程*/
24，/*PLL MULT锁定模式下的PLL倍频值*/
1    /*PLL DIV旁路下的分频值*/
};
```

运行配置函数：

```
/*设置系统的运行速度为144MHz*/
PLL_config（&myConfig）；
```

4.3 通用定时器

TMS320VC5509A片内提供两个20位的软件可编程定时器，它可以向CPU产生周期性中断或向TMS30VC5509A以外的器件提供周期信号。通用定时器包括两个计数器：预定标计数寄存器（PRSC，4位）和主计数寄存器（TIM，16位），因此可以提供多达20位的动态范围。定时器的结构框图如图4.3所示。

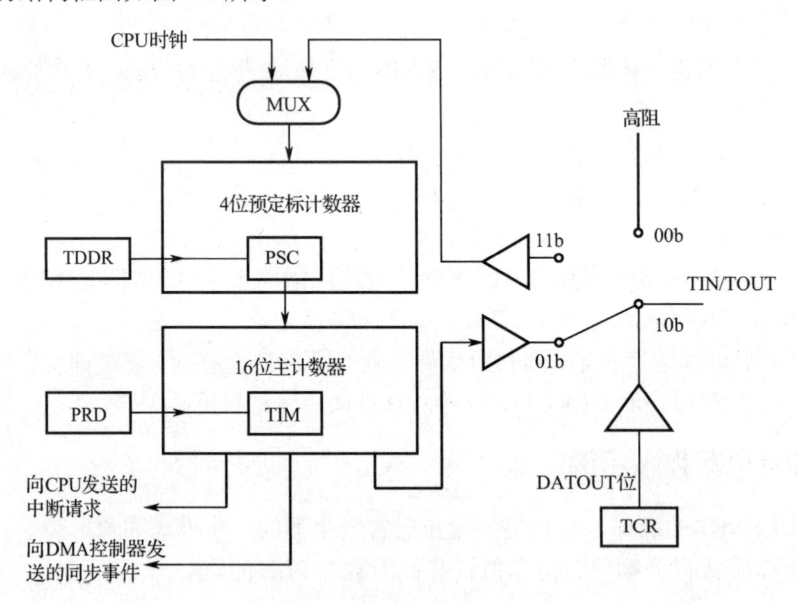

图4.3　定时器结构框图

定时器包括4个寄存器：预定标计数寄存器PRSC、主计数寄存器TIM、主周期寄存器PRD、定时器控制寄存器TCR。其中除了两个计数寄存器（PRSC，TIM）以外，定时器还包括两个用于记录周期的寄存器（TDDR，PRD），在定时器初始化或重新装入定时值过程中，周期寄存器的内容会复制到计数寄存器中。

4.3.1　通用定时器工作原理

定时器的工作时钟可以来自 DSP 内部的 CPU 时钟，也可以来自引脚 TIN/TOUT。定时器控制寄存器（TCR）控制和检测定时器的运行，并且利用 TCR 中的字段 FUNC 可以确定时钟源和 TIN/TOUT 引脚的功能，这样定时器的工作模式包括以下四种：

① 当 FUNC=00b 时，引脚 TIN/TOUT 为高阻态，时钟源是内部 CPU 时钟；

② 当 FUNC=01b 时，引脚 TIN/TOUT 为定时器输出，时钟源是内部 CPU 时钟；

③ 当 FUNC=10b 时，引脚 TIN/TOUT 为通用输出，引脚电平反映的是 DATOUT 位的值；

④ 当 FUNC=11b 时，TIN/TOUT 为定时器输入，时钟源是外部时钟。

在定时器中，预定标计数寄存器（PSC）由输入时钟驱动，PSC 在每个输入时钟周期减 1；当其减到 0 时，TIM 减 1；当 TIM 减到 0，定时器会向 CPU 发送一个中断请求（TINT）或向 DMA 控制器发送同步事件。定时器发送中断信号或同步事件信号的频率可用下式计算：

$$\text{TINT频率} = \frac{\text{输入时钟频率}}{(\text{TDDR}+1)\times(\text{PRD}+1)}$$

通过设置定时器控制寄存器（TCR）中的自动重装控制位 ARB，可使定时器工作于自动重装模式。当 TIM 减到 0，重新将周期寄存器 TDDR 和 PRD 中的内容分别复制到计数寄存器 PSC 和 TIM 中，继续定时。

每个定时器都有一个中断信号（TINT），对于给定的定时器，在主计数寄存器（TIM）到 0 时，就会向 CPU 发送中断请求。TINT 在中断标志寄存器(IFR0/IFR1)中自动设置一个标志。在中断使能寄存器（IER0/IER1）和调试中断使能寄存器（DBIER0/DBIER1）中可以使能或取消中断。在没有使用定时器时需要取消定时器中断，以防止引起非预想的中断。

定时器使用一般包括以下几个方面：

（1）初始化定时器

① 停止计时（TSS=1），使能定时器自动装载（TLB=1）；

② 将预定标计数寄存器 PSC 周期数写入 TDDR（以输入的时钟周期为基本单位）；

③ 将主计数寄存器 TIM 周期数装入 PRD；

④ 关闭定时器自动装载（TLB=0），启动计时（TSS=0）。

（2）停止、启动定时器

利用定时器控制寄存器中的 TSS 位可以停止或启动定时器。

① TSS=1，停止计时；

② TSS=0，启动计时。

（3）DSP 复位

DSP 复位后定时器的寄存器将按照如下规则复位：

① 停止定时（TSS=1）；

② 预定标计数寄存器值为 0；

③ 主计数寄存器值为 FFFFh；

④ 定时器不进行自动重装（ARB=0）；

⑤ Idle 指令不能使定时器进入 Idle 模式；

⑥ 仿真时遇到软件断点，定时器立即停止工作；

⑦ TIN/TOUT 为高阻态，时钟源是内部时钟（FUNC=00b）。

4.3.2 通用定时器调试方法及结果

通用定时器可以产生定时中断，或作为 DMA 同步事件来同步 DMA 传输。如果将通用定时器的输出从通用定时器引脚引出，也可以为系统的其他部分提供定时。

通用定时器的调试步骤如下：

① 设定通用定时器的时钟源。通用定时器的时钟源可以是 CPU 时钟，也可以由外部时钟信号提供。如果选择外部时钟，则需要将这个信号从 TIN/TOUT 引脚引入，此时 TIN/TOUT 引脚不能作为定时器输出使用。

② 初始化设置定时器各个寄存器的值，定时器开始工作。

③ 在定时器中断服务程序中设置断点，看能否进入定时器中断。如果定时器的时钟是 CPU 时钟，可以将定时信号从 TIN/TOUT 引脚输出，通过示波器检测定时器输出是否正常。

4.3.3 通用定时器程序示例

使用定时器 0 产生一个周期信号，使用 CSL 芯片支持库，首先包含 CSL_timer。从下面的程序可以看到定时器初始化的过程。

```
TIMER_Handle mhTimer0;                /*定义通用定时器句柄和配置结构*/
TIMER_Config timCfg0 = {
TIMER_CTRL,                           /*TCR0*/
0x3400u,                              /*PRD0*/
0x0000                                /*PRSC*/
};
/*初始化芯片支持库*/
CSL_init();
/*修改寄存器 IVPH,IVPD,重新定义中断向量表*/
IRQ_setVecs((Unit32)(&VECSTART));
/*禁止所有可屏蔽的中断源*/
old_intm = IRQ_globalDisable();
/*打开定时器 0，设置其为上电的默认值，并返回其句柄*/
mhTimer0 = TIMER_open(TIMER_DEV0,TIMER_OPEN_RESET);
/*获取定时器 0 的中断 ID 号*/
eventId0 = TIMER_getEventId(mhTimer0);
/*清除定时器 0 的中断状态位*/
IRQ_clear(eventId0);
/*为定时器 0 设置中断服务程序*/
IRQ_plug(eventId0,&timer0Isr);
/*设置定时器 0 的控制与周期寄存器*/
TIMER_config(mhTimer0,&timCfg0);
/*使能定时器的中断*/
IRQ_enable(eventId0);
/*设置寄存器 ST1 的 INTM 位，使能所有中断*/
```

```
IRQ_globalEnable();
/*启动定时器 0*/
TIMER_start(mhTimer0);
```

4.4 看门狗定时器

在数字信号处理器的工作过程中有时会发生一些异常情况，这可能是在软件执行时发生错误，如堆栈溢出、内存溢出等软件编写时没有预料到的错误，也可能是DSP在运行时受到外界干扰而使得程序运行不正常，在这些情况下将会发生不可预测的错误。为了防止出现这种情况，需要使用看门狗定时器。

4.4.1 看门狗定时器的工作原理

TMS320VC5509A 提供了一个看门狗定时器，用于防止因为软件死循环而造成的系统死锁，其内部结构如图4.4所示。

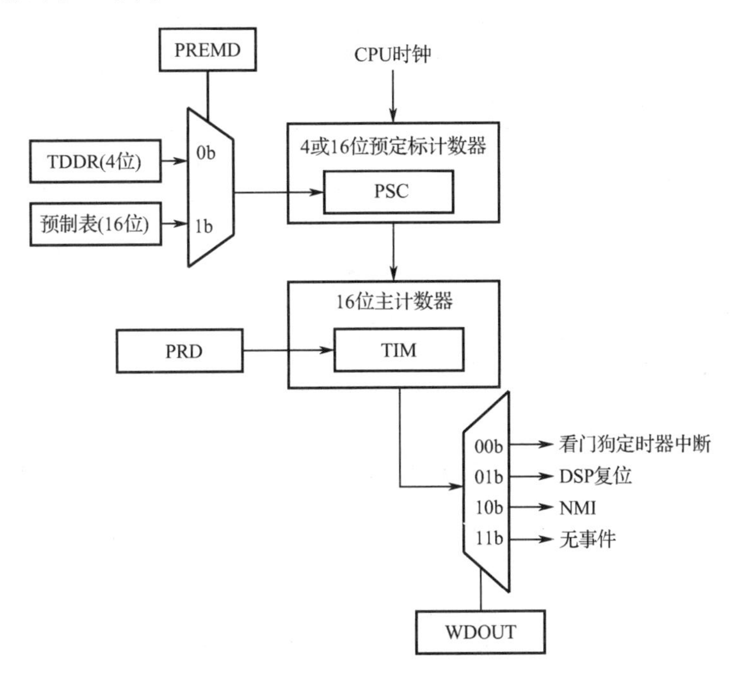

图4.4 看门狗定时器框图

在脱离复位状态后，看门狗定时器会先被暂停，等待代码载入。实际上，这段时间计数器仍在计数，只是看门狗定时器输出的超时事件没有输出到定时器之外。看门狗定时器正常工作后，当定时器计到0时，会触发看门狗定时器中断，并将WDFLAG位置1，之后计数器和预计数器将会被重新载入，而超时事件将会从看门狗定时器的输出端输出。看门狗定时器正常工作时会在计数状态、服务状态和超时状态之间转换，图4.5给出了看门狗定时器的状态转换过程。

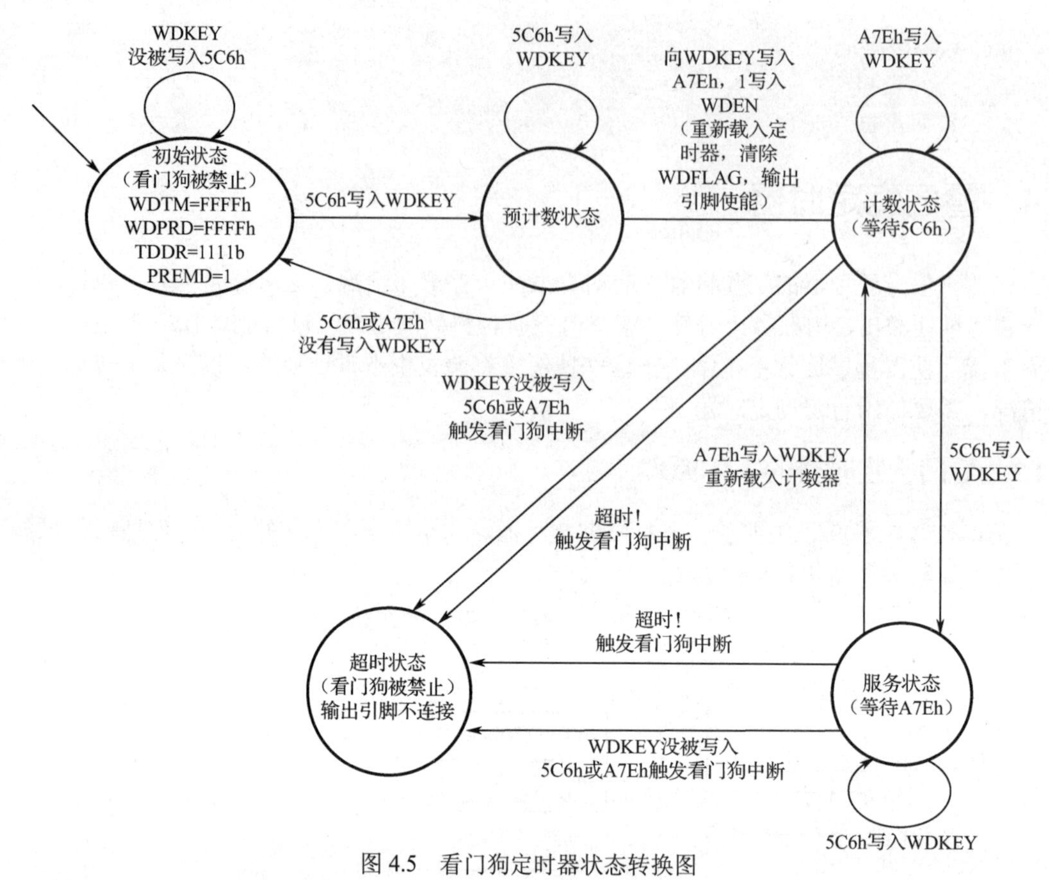

图 4.5　看门狗定时器状态转换图

如果看门狗定时器被使能，不能通过软件直接禁止，但可以通过看门狗超时事件或硬件复位禁止看门狗定时器。当软件陷入死循环或发生软件错误时，看门狗定时器会产生超时事件，强迫 DSP 进行异常处理。

看门狗定时器的时钟是直接来自时钟产生器，因此即使处理器处于休眠状态中仍将继续计数。

看门狗定时器主要有 4 个寄存器——即看门狗计数寄存器（WDTIM）、看门狗周期寄存器（WDPRD）、看门狗控制寄存器（WDTCR）和看门狗控制寄存器 2（WDTCR2）。看门狗计数寄存和看门狗周期寄存器协同完成计数功能，使得计数器动态范围达到 32 位。看门狗控制寄存器各位说明如表 4.3 和表 4.4 所示。

表 4.3　看门狗控制寄存器（WDTCR）

位	字　段	功　能
15～14	Reserved	保留
13～12	WDOUT	看门狗定时器输出复用连接。00b，输出连接到定时器中断（INT3）；01b，输出连接到不可屏蔽中断；10b，输入连接到复位端；11b，输出没有连接
11	SOFT	该位决定在调试遇到断点时看门狗的状态。0，看门狗定时器立刻停止；1，看门狗定时器的技术寄存器 SDTIM 计数到 0 值

续表

位	字　段	功　能
9～6	PSC	看门狗定时器预定标计数器字段。当看门狗定时器复位或者 PSC 字段减少到 0 时，将 TDDR 中的内容载入 PSC 中，WDTIM 计数器继续计数
5～4	Reserved	保留
3～0	TDDR	0～15，直接模式（WDTCR2 中的 PREMD = 0）：在该模式下将该字段直接载入 PSC，而预定标计数器的值就是 TDDR 的值； 0～15，间接模式（WDTCR2 中的 PREMD = 1）：在该模式下预定标计数器的值的范围将扩展到 65536，而该字段用来在 PSC 减少到 0 之前，载入 PSC 字段； 0000b，预定标值为 0001h；0001b，预定标值为 0003h；0010b，预定标值为 0007h；0011b，预定标值为 000Fh；0100b，预定标值为 001Fh；0101b，预定标值为 003Fh；0110b，预定标值为 007Fh；0111b，预定标值为 00FFh；1000b，预定标值为 01FFh；1001b，预定标值为 03FFh；1010b，预定标值为 07FFh；1011b，预定标值为 0FFFh；1100b，预定标值为 1FFFh；1101b，预定标值为 3FFFh；1110b，预定标值为 7FFFh；1111b，预定标值为 FFFFh

表 4.4　看门狗控制寄存器（WDTCR2）

位	字　段	功　能
15	WDFLAG	看门狗标志位，该位可以通过复位、是能看门狗定时器或直接向该位写 1 来清除。0，没有超时时间发生；1，有超时时间发生
14	WDEN	看门狗定时器使能位。0，看门狗定时器被禁止；1，看门狗定时器被使能，可以通过超时事件或者复位禁止
13	Reserved	保留
12	PREMD	前置计数器模式。0，直接模式；1，间接模式
11～0	WDKEY	看门狗定时器复位字段。在超时事件发生之前，如果写入该字段的数不是 5C6h 或者 A7Eh，都将立刻触发超时事件

4.4.2　看门狗定时器调试方法及结果

在运行看门狗开始函数后，看门狗开始递减计数，在计数器减到 0 之前需要周期性地向 WDKEY 字段写入 A5C5h 和 A7Eh，否则看门狗定时器将会发生超时事件，从而触发中断或复位，该操作可以通过调用 WDTIM_service()函数来完成。

4.4.3　看门狗定时器程序示例

应用看门狗定时器的芯片支持函数首先要包含 csl_wdtim.h 头文件，接下来定义看门狗定时器的配置结构：

```
WDTIM_Config MyConfig = {
0x0060, /* Counter */
0x1000, /* Period */
```

```
0x0000, /* Control */
0x1000 /* Secondary control */
};
```

配置看门狗定时器需要调用看门狗配置函数：

```
WDTIM_config(&MyConfig);
WDTIM_start();
WDTIM_service();
```

4.5 GPIO

TMS320VC5509A 提供了 8 个专门的通用输入/输出引脚，即 GPIO0～GPIO7，每个引脚的方向可以由 I/O 方向寄存器（IODIR）独立配置为输入或者输出，引脚上的输入/输出状态由 I/O 数据寄存器（IODATA）反映。有关寄存器见表 4.5 和表 4.6。

表 4.5　GPIO 方向寄存器 IODIR

位	字　段	功　能
15～8	Reserved	保留
7～0	IoxDIR*	IOx 方向控制位。0—IOx 配置为输入；1—IOx 配置为输出

表 4.6　GPIO 数据寄存器 IODATA

位	字　段	功　能
15～8	Reserved	保留
7～0	IoxD*	IOx 逻辑状态位。0—IOx 引脚上的信号为低电平；1—IOx 引脚上的信号为高电平

4.5.1 GPIO 工作模式

GPIO 的主要功能是控制引脚的输入和输出逻辑状态，其另一个作用是在 DSP 上电时通过测试这些端口的高低电平来决定上电引导模式。

以 TMS320VC5509A 为例，IO1～IO3 引脚的另一个功能是 BOOTM0～BOOTM2，它们和 BOOTM3 引脚通过上下拉方式决定如何引导，表 4.7 给出了 TMS320VC5509A 的引导方式。

表 4.7　TMS320VC5509A 引导方式

BOOTM[3:0]	引 导 方 式
0000	无
0001	从 McBSP0 口用 24 位地址采用 SPI 模式引导（串行 EEROM）
0010～0111	保留
1000	无
1001	从 McBSP0 口用 16 位地址采用 SPI 模式引导（串行 EEROM）
1010	通过并行 EMIF 接口从外部 8 比特异步存储器引导

续表

BOOTM[3:0]	引导方式
1011	通过并行 EMIF 接口从外部 16 比特异步存储器引导
1100	通过并行 EMIF 接口从外部 32 比特异步存储器引导
1101	EHPI 口引导
1110	从 McBSP0 口采用 16 比特标准串行模式引导
1111	从 McBSP0 口采用 8 比特标准串行模式引导

4.5.2 GPIO 调试方法及结果

对 GPIO 的调试主要体现在 I/O 方向寄存器（IODIR）的设置及数据寄存器（IODATA）的配置。以 GPIO 的输出为例：

首先通过 GPIO 寄存器设置函数 GPIO_RSET 设置 I/O 方向寄存器的值为 0xFF，即 8 个通用输入/输出口全部为输出。之后设置数据寄存器（IODATA）为全 1，即 0xFF，则输出为全高，当设置数据寄存器（IODATA）为全 0 即 0x00 时，则所有通用 IO 口输出为低。

通过 GPIO 口设置上电方式的示意图如图 4.6 所示。

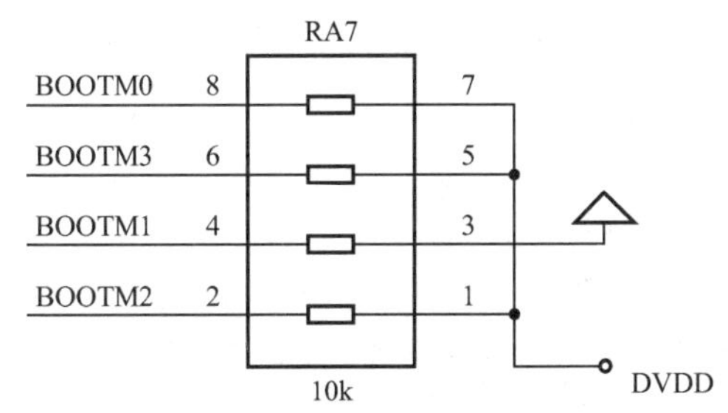

图 4.6 通过 GPIO 口设置上电方式示意图

4.5.3 GPIO 程序示例

配置应用通用输入/输出口（GPIO）可以使用 CSL 库，因此需要在头文件中加入对应文件。

GPIO_RSET()的功能是设置 GPIO 寄存器，该函数有两个参数，第一个参数决定设置哪个寄存器，第二个参数为寄存器值。举例如下：

```
GPIO_RSET(IODIR, 0Xff);   //设置方向为输出
```

在 GPIO 引脚外接示波器，通过示波器观察 GPIO 引脚输出的变化：

```
/*初始化 CSL 库*/
    CSL_init();
    /*设置系统的运行速度为 144MHz*/
    PLL_config(&myConfig);
    /*确定方向为输出*/
    GPIO_RSET(IODIR,0xFF);
    While(1)
    {
        GPIO_RSET(IODATA,0x00);           /*GPIO 置低*/
        Delay();                          /*延时子程序*/
    GPIO_RSET(IODATA,0xFF);               /*GPIO 置高*/
```

```
    Delay();                    /*延时子程序*/
}
```

4.6 中断

中断是由在硬件或软件驱动下的信号，使DSP将当前的程序挂起来执行另外的中断服务程序（ISR）任务。TMS320C55x DSP支持32个ISR。有些ISR由软件或硬件触发均可，而有些只能被软件触发。当CPU同时收到多个硬件中断请求时，CPU会按照预先定义的优先级对它们做出响应。

4.6.1 中断工作原理

无论是硬件还是软件中断，可分成可屏蔽中断和非可屏蔽中断两类。可屏蔽中断可以通过软件封锁（屏蔽）；非可屏蔽中断不能被封锁。所有软件中断都是非可屏蔽中断。

DSP处理中断可分为以下四个主要步骤：

① 接收中断请求。软件和硬件中断都要求当前程序挂起。

② 确认中断请求。CPU必须对请求作确认。若中断可屏蔽，确认必须满足某些条件；若是非可屏蔽中断，确认立刻完成。

③ 准备进入中断服务子程序。CPU需要执行的主要任务有：

- 结束当前指令的执行，并冲洗掉流水线上还未解码的指令；
- 自动保存某些寄存器的值到数据堆栈和系统堆栈；
- 取回在预先设置的向量地址中的中断向量。

④ 执行中断服务子程序。CPU执行用户所写的ISR，ISR以一条返回中断指令结束，并自动恢复上一步中自动保存的寄存器值。

注意：①外部中断只能在CPU退出重置的三个周期以后发生，否则无效；②在硬件重置后，不管INTM位的设置和寄存器IER0、IER1的值为多少，所有的中断都将失效，直到软件初始化堆栈之后。

表4.8所示为TMS320VC5509A中断向量表。

表4.8 TMS320VC5509A中断向量表

中 断 名	向量名	向量地址（十六进制）	优先级	功 能 描 述
RESET	SINT0	0	0	复位（硬件和软件）
NMI	SINT1	8	1	不可屏蔽中断
BERR	SINT24	C0	2	总线错误中断
INT0	SINT2	10	3	外部中断0
INT1	SINT16	80	4	外部中断1
INT2	SINT3	18	5	外部中断2
TINT0	SINT4	20	6	定时器0中断
RINT0	SINT5	28	7	McBSP0接收中断
XINT0	SINT17	88	8	McBSP0发送中断

续表

中 断 名	向量名	向量地址（十六进制）	优先级	功 能 描 述
RINT1	SINT6	30	9	McBSP1 接收中断
XINT1（MMCSD）	SINT7	38	10	McBSP1 发送中断，MMC/SDI 中断
USB	SINT8	40	11	USB 中断
DMAC0	SINT18	90	12	DMA 通道 0 中断
DMAC1	SINT9	48	13	DMA 通道 1 中断
DSPINT	SINT10	50	14	主机接口中断
INT3/WDTINT	SINT11	58	15	外部中断 3 或看门狗定时器中断
INT4/RTC	SINT9	98	16	外部中断 4 或 RTC 中断
RINT2	SINT12	60	17	McBSP2 接收中断
XINT2/MMCSD2	SINT13	68	18	McBSP2 发送中断，MC/SD2 中断
DMAC2	SINT20	A0	19	DMA 通道 2 中断
DMAC3	SINT21	A8	20	DMA 通道 3 中断
DMAC4	SINT14	70	21	DMA 通道 4 中断
DMAC5	SINT15	78	22	DMA 通道 5 中断
TINT1	SINT22	B0	23	定时器 1 中断
IIC	SINT23	B8	24	I^2C 总线中断
DLOG	SINT25	C8	25	Datalog 中断
RTOS	SINT26	D0	26	定时操作系统中断
—	SINT27	D8	27	软件中断 27
—	SINT28	E0	28	软件中断 28
—	SINT29	E8	29	软件中断 29
—	SINT30	F0	30	软件中断 30
—	SINT31	F8	31	软件中断 31

4.6.2 中断调试方法及结果

中断的调试步骤如下所示：

① 设置非屏蔽中断；

② 设置非屏蔽中断的中断来源；

③ 设置开启总中断；

④ 设计中断向量表；

⑤ 将中断向量表通过 cmd 文件挂载到指令内存；

⑥ 编写中断服务函数；

⑦ 在中断服务程序中设置断点，当中断被触发时，可以看到程序指针停在中断服务程序中。

4.6.3 中断程序示例

中断同样可以通过 CSL 库中对应函数进行配置，利用 CSL 库配置中断程序如下：

```
void INTconfig()
{
    /* 暂时屏蔽所有可屏蔽中断*/
    IRQ_setVecs((Uint32)(&VECSTART));
    old_intm = IRQ_globalDisable();
      /* 得到 INT0 的 EVENT ID*/
      eventId0 = IRQ_EVT_INT0;
      /* 清空目前已有中断 */
      IRQ_clear(eventId0);
    /* 关联中断服务程序*/
    IRQ_plug(eventId0,&intent);
      /* 使能 INT0 中断 */
    IRQ_enable(eventId0);
      /* 使能可屏蔽中断 */
    IRQ_globalEnable();
}
```

4.7 EMIF

外部存储器接口（EMIF）可以实现 DSP 与不同类型存储器（SRAM、ROM 等）的连接。外部存储器接口所支持的异步存储器接口、同步突发静态存储器接口和同步动态存储器接口都支持程序代码访问及数据访问。EMIF 为每个片选空间都提供了独立的片选控制寄存器，通过这些寄存器可以设置寄存器类型，读/写时序以及超时时钟周期数。

外部存储器的 4 个片选空间 CE0～CE3 都可以单独进行设置，设置的内容包括存储器类型、存储器宽度、读/写时序参数等内容，具体功能如表 4.9 所示。

表 4.9　控制寄存器中与 CE 空间有关的域及功能

域	说　明
MTYPE	确定存储器类型
MEMFREQ	决定存储器时钟信号的频率（1 倍或 1/2 倍 CPU 时钟信号的频率）
MEMCEN	决定 CLKMEM 引脚是输出存储器时钟信号还是被拉成高电平
WPE	对所有的 CE 空间，使能或禁止写
NOHOLD	对所有的 CE 空间，使能或禁止 HOLD 请求

4.7.1 EMIF 工作原理

通过外部存储器接口，TMS320VC5509A 可以做到与外部存储器的无缝连接。下面介绍各种外部存储器与 TMS320VC5509A 的连接配置。

1. 异步存储器接口

异步存储器包括静态随机存储器、闪存存储器、只读存储器等，根据这些存储器的特点，根据需要灵活选用。EMIF 和异步存储器的连接示意图如图 4.7 所示。

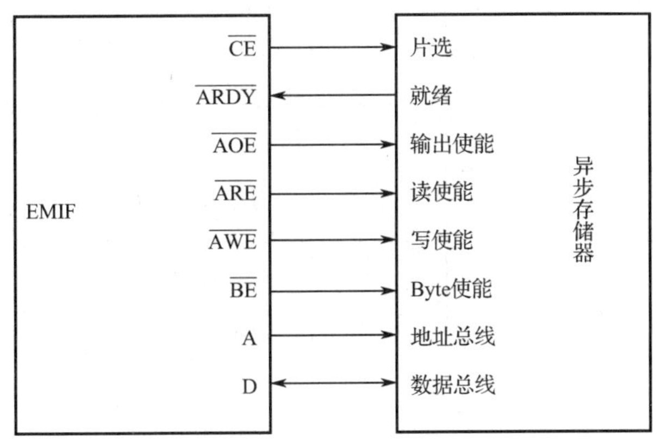

图 4.7 EMIF 和异步存储器连接示意图

为了实现异步访问，首先要配置能够支持异步存储器的 CE 空间。

对每个 CE 空间，每个 CE 空间都有控制寄存器 1、2、3，包含了可编程参数的所有位域。如果 CE 空间控制寄存器 1 中的 MTYPE 位没有设置为异步存储器，则这些参数会被忽略。

2. 同步突发静态存储器（SBSRAM）

EMIF 可以和符合工业标准的 32 位宽流水型 SBSRAM 直接连接，在相同吞吐量的情况下可以工作在更高的工作频率下。SBSRAM 接口可以工作在 CPU 时钟速度或 CPU 时钟速度的一半。EMIF 与 SBSRAM 芯片的连接如图 4.8 所示。

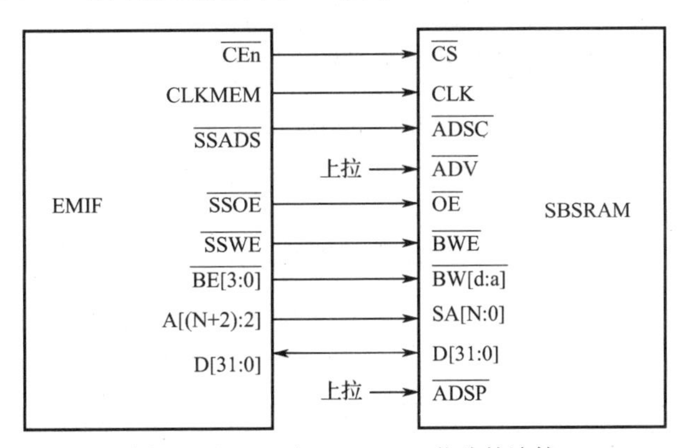

图 4.8 EMIF 与 SBSRAM 芯片的连接

3. 同步动态随机存储器（SDRAM）

TMS320VC5509A 外部存储器接口支持 16 位、32 位宽，64M 位和 128M 位的 SDRAM，SDRAM 可以工作在 TMS320VC5509A 的时钟频率或者时钟频率的 1/2。表 4.10 给出了 SDRAM 的引脚映射和寄存器配置。

表 4.10　SDRAM 的引脚映射和寄存器配置表

SDRAM 容量	配置位			边界/行地址		列地址	
	SDACC	SDSIZE	SDWID	SDRAM	EMIF	SDRAM	EMIF
4M×16 位	0	0	0	BA[1:0] A[11:0]	A[14:12] SDA10 A[10:1]	A[7:0]	A[8:1]
4M×16 位	1	0	0	BA[1:0] A[11:0]	A[15:13] SDA10 A[11:2]	A[7:0]	A[9:2]
2M×32 位	1	0	1	BA[1:0] A[10:0]	A[14:13] SDA10 A[11:2]	A[7:0]	A[9:2]
2M×32 位	1	0	1	BA[1:0] A[10:0]	A[14:13] SDA10 A[11:2]	A[7:0]	A[9:2]
8M×16 位	0	1	0	BA[1:0] A[11:0]	A[14:12] SDA10 A[10:1]	A[8:0]	A[9:1]
4M×32 位	1	1	1	BA[1:0] A[11:0]	A[15:13] SDA10 A[11:2]	A[7:0]	A[9:2]

SDRAM 接口专用信号包括 SDRAM 行选通信号 SDRAS、列选通信号 SDCAS 和写使能信号 SDWE，SDA10 信号在 ACTV 命令时作为行地址信号，在读/写操作时作为预加电使能信号，在 DCAB 命令下为高，保持模式下为高阻态。表 4.11 所示为 SDRAM 操作命令表。

表 4.11　C55x EMIF 接口 SDRAM 命令

命　令	说　明
DCAB	关闭所有边界
ACTV	打开所选择边界和所选择行
READ	输入起始列地址开始读操作
WRT	输入起始列地址开始写操作
MRS	配置 SDRAM 模式寄存器
REFR	自动循环刷新地址
NOP	不进行操作

在进行 SDRAM 操作时需要修改 EMIF 全局控制寄存器和片选控制寄存器，此外还需设置 SDRAM 控制寄存器。

SDRAM 周期寄存器和计数寄存器用来设置 SDRAM 的刷新周期，其中周期寄存器存放

刷新所需 CLKMEM 时钟周期数，计数寄存器存放刷新计数器当前计数值。

不同宽度、不同容量 SDRAM 的情况不同，需要根据情况选择不同的连接方式。

4.7.2 EMIF 调试方法及结果

EMIF 的调试步骤如下：

① 配置 EMIF 参数；

② 修改 CMD 文件，添加 SRAM 映射地址；

③ 从映射地址开始连续写入 200 个数据；

④ 读取写入的 200 个数据；

⑤ 验证输入/输出数据；

⑥ 通过观察与 EMIF 直接相连 LED 灯来检查输出。

4.7.3 外部存储器接口程序示例

应用芯片支持库函数对外部寄存器接口进行设置，首先要在头文件中包含 csl_emif.h，接下来声明 EMIF 配置结构：

```
/*SDRAM 的 EMIF 设置*/
EMIF_Config emiffig = {
  0x221,
  //EGCR   : the MEMFREQ = 00,the clock for the memory is equal to cpu frequence
  //the WPE = 0 ,forbiden the writing posting when we debug the EMIF
  //the MEMCEN = 1,the memory clock is reflected on the CLKMEM pin
  // the NOHOLD = 1,HOLD requests are not recognized by the EMIF
  0xFFFF,    //EMI_RST: any write to this register resets the EMIF state machine
  0x3FFF,    //CE0_1:   CE0 space control register 1
             //MTYPE = 011,Synchronous DRAM（SDRAM）,16-bit data bus width
  0xFFFF,    //CE0_2:   CE0 space control register 2
  0x00FF,    //CE0_3:   CE0 space control register 3
             //TIMEOUT = 0xFF;
  0x7FFF,    //CE1_1:   CE0 space control register 1
  0xFFFF,    //CE1_2:   CE0 space control register 2
  0x00FF,    //CE1_3:   CE0 space control register 3

  0x7FFF,    //CE2_1:   CE0 space control register 1
  0xFFFF,    //CE2_2:   CE0 space control register 2
  0x00FF,    //CE2_3:   CE0 space control register 3

  0x7FFF,    //CE3_1:   CE0 space control register 1
  0xFFFF,    //CE3_2:   CE0 space control register 2
  0x00FF,    //CE3_3:   CE0 space control register 3

  0x2911,    //SDC1:    SDRAM control register 1
```

```
            //TRC = 8
            //SDSIZE = 0;SDWID = 0
            //RFEN = 1
            //TRCD = 2
            //TRP   = 2
0x0410,     //SDPER : SDRAM period register
            //7ns *4096
0x07FF,     //SDINIT: SDRAM initialization register
            //any write to this register to init the all CE spaces,
            //do it after hardware reset or power up the C55x device
0x0131      //SDC2:     SDRAM control register 2
            //SDACC = 0;
            //TMRD = 01;
            //TRAS = 0101;
            //TACTV2ACTV = 0001;
};
```

4.8 HPI

HPI 是一个的并行接口，可以被配置为复用和非复用模式。TMS320VC5509A 提供一个 16 位宽的增强型主机接口（EHPI），外部主控芯片可以直接读取 DSP 芯片内部的双存取 DARAM。

HPI 接口具有 14 位地址，每一个地址可以访问 DSP 芯片内部一个 16 位字的地址空间。HPI 的存取可以通过 DMA 通道来实现。但是 HPI 接口不能直接存取其他的外围寄存器。如果主机需要读取其他片内外设的数据，需要首先将数据搬移到 DARAM 中。

4.8.1 HPI 接口工作原理

HPI 接口具有三类信号线：

① 数据线：HD[15：0]；

② 地址线：HA[13：0]；

③ 控制线：

HBE[1：0]：输入，主机字节指示信号，用于指示是字传输还是字节传输；

HCS：输入，HPI 片选信号，低电平有效；

HDS1/2：输入，HPI 数据选通信号，通常与读/写信号共同使用；

HRDY：输入：HPI 准备好信号，用于指示主机 DSP 芯片可以收发数据了；

HCNTL0/1：输入，HPI 控制信号，在非复用模式下，这两个信号线同时使用，用于访问 HPI 的地址、数据和控制寄存器；

HAS：输入，地址选通信号，这个信号仅仅在复用模式中使用；

HINT：输出，DSP 芯片中断主机信号，用于 DSP 芯片以中断的方式通知主机事件。

HPI 有数据、地址和控制信号三类寄存器，即 HPIA、HPID 和 HPIC。其中 HPIC 中 bit1

有效，用于标记主机向 DSP 芯片的中断请求。

为了增加主机设计的灵活性，TMS320VC5509A 的 HPI 模块提供了两种可选的模式：非复用模式和复用模式。非复用模式为主机提供独立的地址和数据总线接口：复用模式为主机提供了分时复用的总线接口。不同的模式需要不同的 HPI 信号连接方式。

复用模式下没有地址线，主机访问 DSP 的地址信息是以数据方式送到 HPIA（HPI 地址寄存）。从硬件信号的角度，地址、数据信号由同一组数据线传递，所以称为复用模式，复用模式 HPI 连接如图 4.9 所示。

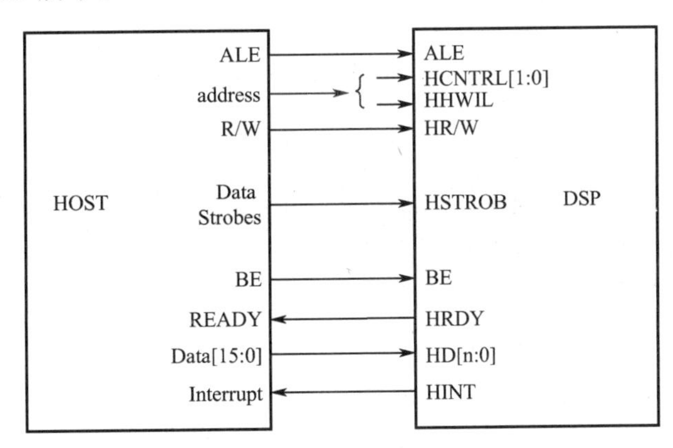

图 4.9 复用模式 HPI 连接示意图

非复用模式的数据线与地址线是分开的，与内存接口连接相似。非复用模式不需要操作 HPIA 寄存器，主机访问的地址信息通过地址总线直接送给 HPI。

HPID 的访问分为自增模式和非自增模式。在自增模式下，访问 HPID 后，HPIA 会自动增加指向下一个字地址，在连续访问时，自增模式因为减少了主机对 HPIA 的操作，可以增加 HPI 数据访问的吞吐率。非自增模式下访问 HPID 后，HPIA 的值保持不变，主机需要更新 HPIA 来访问下一个地址。

在写操作时，主机把数据写到 HPID，HPI 将第二个半字的数据通过 HSTROBE 的上升沿锁存到 HPID 后，将 HRDY 置为忙状态，并启动 HPI DMA 将 HPID 的内容搬到 HPIA 所指向的内存单元，然后清除 HRDY 指示可以进行下一次操作。

在读操作时，在第一个 HSTROBE 的下降沿，HPI 采样到 HR/W 为读命令，则将 HRDY 置为忙状态，启动 HPI DMA 将 HPIA 指向的内存单元的数据搬到 HPID，清除 HRDY 忙状态，主机端方可结束总线访问周期，锁存数据线上的有效数据。

4.8.2 HPI 模块调试方法及结果

主机对 HPI 的一次总线访问周期为分三个阶段：主机发起访问，HPI 响应，主机结束访问周期。

（1）主机发起访问：即对 HPI 寄存器的读，或者写命令。主机送出的硬件信号为 HSTROBE（由 HCS，HDS1/2 产生），HR/W，HCNTL0/1，HWIL，以及 HD[0:n]。HPI 在 HSTROBE 的下降沿采样控制信号 HR/W，HCNTL0/1，HWIL 判断主机的操作命令。

（2）HPI 响应：HPI 在 HSTROBE 的下降沿采样控制信号，根据控制信号做出相应的响应。如果是写（HR/W 为低）命令，则在 HSTROBE 的上升沿将数据线上的信号锁存到 HCNTL0/1 和 HWIL 指向的寄存器。如果是读命令（HR/W 为高），如果是读 HPIC，或者 HPIA 寄存器，HPI 将寄存器的值直接送到数据总线上；如果读 HPID，HPI 先将 HRDY 置为忙状态，HPI DMA 将数据从 HPIA 指向的内存单元读到 HPID，再送到数据线上，并清除 HRDY 忙状态，在读 HPID 后半字时，数据从寄存器直接送到数据总线上，不会出现 HRDY 信号忙状态。

（3）主机结束访问周期：对于写操作，主机将数据送出后，只要满足芯片手册中 HPI 对 HCS 的最小宽度要求，即可结束访问周期。对于读 HPID 操作，要等 HRDY 信号由忙变为不忙，主机才能结束访问周期。

4.8.3 HPI 程序示例

```
/*HPI 设置*/
HPI_Config myConfig = {0x3, /* HPWREMU , Select FREE = SOFT = 1 */
0x0, /* HGPIOEN , Disable all GPIO pins */
0x0, /* HGPIODIR, Default GPIO pins to output */
0x80 /* HPIC , Rcset HPI */
};
HPI_config(&myConfig);
```

4.9 McBSP

TMS320VC5509A 提供高速的多通道缓冲串口（McBSP，Multi-channel Buffered Serial Ports），通过 McBSP 可以与其他 DSP、编/解码器等相连。

McBSP 具有如下特点：

① 全速双工通信；

② 双缓存发送，三缓存接收，支持传送连续的数据流；

③ 独立的收发时钟信号和帧信号；

④ 128 个通道收发；

⑤ 可与工业标准的编/解码器、模拟接口芯片（AIC）及其他串行 A/D、D/A 芯片直接连接；

⑥ 能够向 CPU 发送中断，向 DMA 控制器发送 DMA 事件；

⑦ 具有可编程的采样率发生器，可控制时钟和帧同步信号；

⑧ 可选择帧同步脉冲和时钟信号的极性；

⑨ 传输的字长可选，可以是 8 位、12 位、16 位、20 位、24 位或 32 位；

⑩ 具有 μ 率和 A 率压缩扩展功能；

⑪ 可将 McBSP 引脚配置为通用输入/输出引脚。

McBSP 包括一个数据通道和一个控制通道，通过 7 个引脚与外部设备连接，其组成框图如图 4.10 所示。

数据发送引脚 DX 负责数据的发送，数据接收引脚 DR 负责数据的接收，发送时钟引脚 CLKX、接收时钟引脚 CLKR、发送帧同步引脚 FSX 和接收帧同步引脚 FSR 提供串行时钟和控制信号。

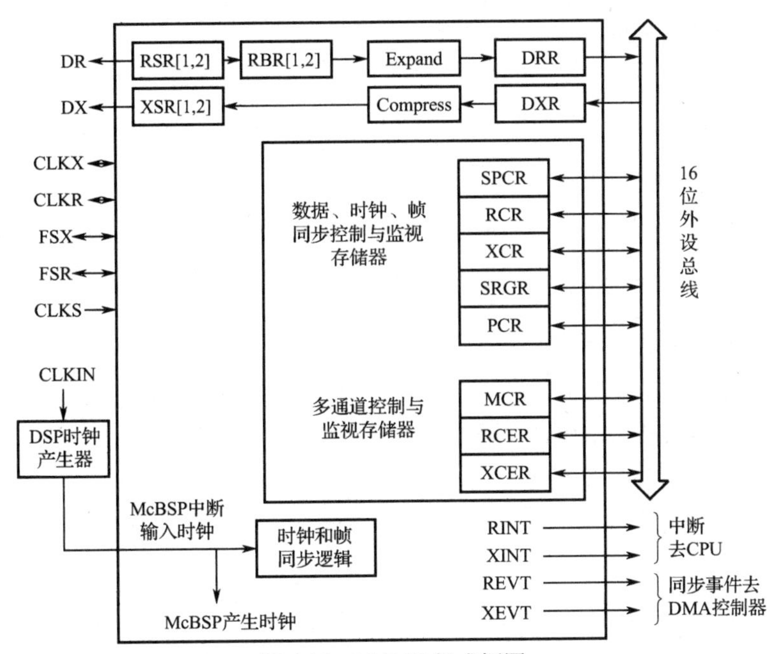

图 4.10　McBSP 组成框图

CPU 和 DMA 控制器通过外设总线与 McBSP 进行通信。当发送数据时，CPU 或 DMA 将数据写入数据发送寄存器（DXR1，DXR2），接着复制到发送移位寄存器（XSR1，XSR2），通过发送移位寄存器输出至 DX 引脚。同样，当接收数据时，DR 引脚上接收到的数据先移位到接收寄存器（RSR1，RSR2），接着复制到接收缓冲寄存器（RBR1，RBR2）中，RBR 再将数据复制到数据接收寄存器（DRR1，DRR2）中，由 CPU 或 DMA 读取数据。这样，可以同时进行内部和外部的数据通信。

McBSP 包括一个采样率发生器 SRG，用于产生内部数据时钟 CLKG 和内部帧同步信号 FSG，如图 4.11 所示。CLKG 可以作为 DR 引脚接收数据或 DX 引脚发送数据的时钟，FSG 控制 DR 和 DX 上的帧同步。

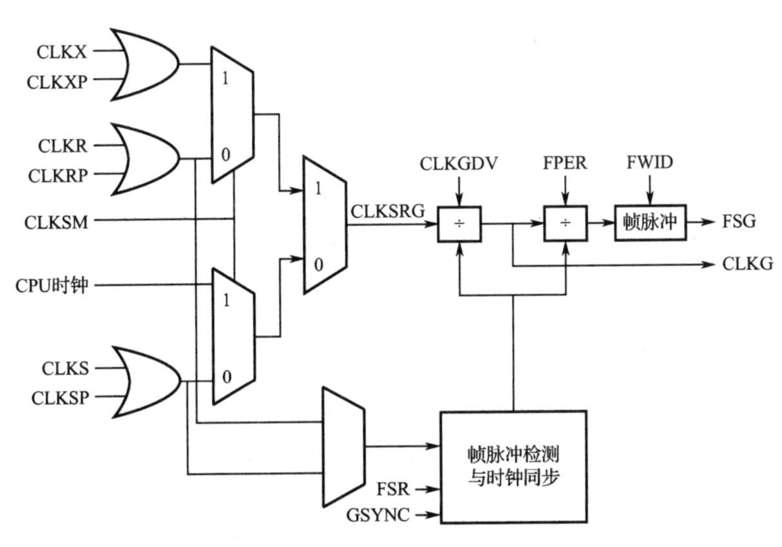

图 4.11　采样率发生器原理框图

4.9.1 McBSP工作原理

1. 采样率发生器

（1）输入时钟的选择

采样率发生器的时钟源可以由CPU时钟或外部引脚（CLKS、CLKX或CLKR）提供，时钟源的选择可以通过引脚控制寄存器（PCR）中的SCLKME字段和采样率发生寄存器SRGR2中的CLKSM字段来确定。

（2）输入时钟极性的选择

如果选择了一个外部引脚作为时钟源，其极性可通过SRGR2中的CLKSP字段、PCR中的CLKXP字段或CLKPP字段进行设置。

（3）输出时钟信号频率的选择

输入的时钟经过分频产生SRG输出时钟CLKG。分频值由采样率发生寄存器SRGR1中的CLKGDV字段决定：

$$\text{CLKG输出时钟频}=\frac{\text{输入时钟频率}}{\text{CLKGDV}+1}，\quad 1\leqslant \text{CLKGDV}\leqslant 255$$

（4）帧同步时钟信号频率和脉宽的选择

帧同步信号FSG由CLKG进一步分频而来，分频值由采样率发生寄存器SRGR2中的FPER字段决定：

$$\text{FSG输出时钟频率}=\frac{\text{CLKG时钟频率}}{\text{FPER}+1}，\quad 0\leqslant \text{FPER}\leqslant 4095$$

帧同步脉冲的宽度由采样率发生寄存器SRGR1中的FWID字段决定：

$$\text{FSG脉宽}=(\text{FWID}+1)\times\text{CLKG的周期}，\quad 0\leqslant \text{FWID}\leqslant 255$$

（5）同步

SRG的输入时钟可以是内部时钟，即CPU时钟；也可以是来自CLKX、CLKR和CLKS引脚的外部输入时钟。当采用外部时钟源时，一般需要同步，同步由采样率发生寄存器SRGR2中的字段GSYNC控制。当GSYNC=0时，SRG将自由运行，并按CLKGDV、FPER和FWID等参数的配置产生输出时钟；当GSYNC=1时，CLKG和FSG将同步到外部输入时钟。

2. 多通道模式选择

McBSP属于多通道串口，每个McBSP最多可有128个通道。

（1）通道、块和分区

一个McBSP通道一次可以移进或移出一个串行字。每个McBSP最多支持128个发送通道和128个接收通道。无论是发送器还是接收器，这128个通道都分为8块（Block），每块包括16个邻近的通道。

根据所选择的分区模式，各个块被分配给相应的区。如果选择2分区模式，则将偶数块（0、2、4、6）分配给区A，奇数块（1、3、5、7）分配给区B。如果选择8分区模式，则将块0～7分别自动地分配给区A～H。

Block0：0～15 通道；
Block1：16～31 通道；
Block2：32～47 通道；
Block3：48～63 通道；
Block4：64～79 通道；
Block5：80～95 通道；
Block6：96～111 通道；
Block7：112～127 通道。

（2）接收多通道数据

多通道选择部分由多通道控制寄存器 MCR、接收使能寄存器 RCER 和发送使能寄存器 XCER 组成。其中，MCR 可以禁止或使能全部 128 个通道，RCER 和 XCER 可以分别禁止或使能某个接收或发送通道。每个寄存器控制 16 个通道，因此 128 个通道共有 8 个通道使能寄存器。

MCR1 中的 RMCE 位决定是所有通道用于接收，还是部分通道用于接收。当 RMCM=0，所有 128 个通道都用于接收；当 RMCM=1，使用接收多通道模式，选择哪些接收通道由接收通道使能寄存器 RCER 确定。

如果某个接收通道被禁止，在这个通道上接收的数据只传输到接收缓冲寄存器 RBR 中，并不复制到 DRR 中，因此不会产生 DMA 同步事件。

（3）发送多通道的选择

发送多通道的选择由 MCR2 中的 XMCM 字段确定。

当 XMCM=00b 时，所有 128 个发送通道使能且不能被屏蔽。当 XMCM=01b 时，由发送使能寄存器 XCER 选择通道，如果某通道没有被选择，则该通道被禁止。当 XMCM=10b 时，由 XCER 寄存器禁止通道，如果某通道没有被禁止，则使能该通道。当 XMCM=11b 时，所有通道被禁止使用；而只有当对应的接收通道使能寄存器 RCER 使能时，发送通道才被使能；当该发送通道使能时，由 XCER 寄存器决定该通道是否被屏蔽。

4.9.2 McBSP 调试方法及结果

McBSP 串口的调试可以分成两个部分——DSP 内部连接测试和外部设备连接测试。

1. DSP 内部连接测试

内部连接测试是将串口设为数字回环模式，串口发出的数据直接由串口接收，这种方法主要验证 McBSP 串口软件设置是否正确，串口数据发送和数据接收是否正常。图 4.12 给出了数字回环模式的示意图。

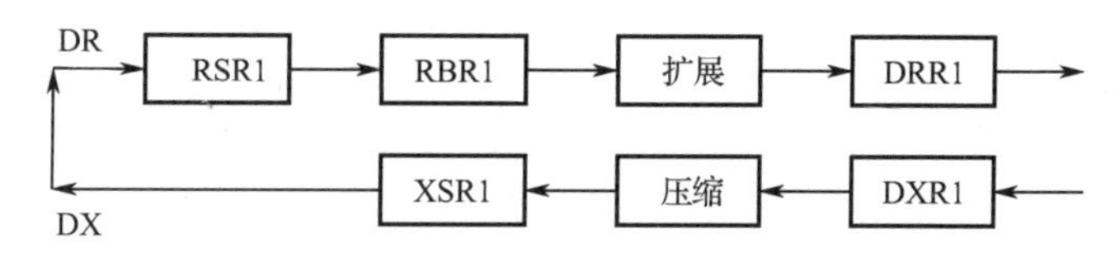

图 4.12　数字回环模式的示意图

当设置为数字回环模式时，串口接收信号由串口发送信号提供，串行输出时钟接串行输出时钟，帧输入信号接帧输出信号，串行数据输出 DX 信号直接送到串行数据输入 DR，这些信号与外部信号无关。用户通过比较输入、输出数据就可以判断 McBSP 串口在数字回环模式下工作是否正常。

2．外部设备连接测试

外部设备连接测试比较复杂，下面就以串行 A/D 采样芯片 MAX1246 为例介绍 McBSP 串口连接外部设备时的测试过程。

如图 4.13 所示，MAX1246 的串行时钟信号 SCLK 以及 DSP 的串行时钟输入信号 CLKR0 都由 DSP 的串行时钟输出信号 CLKX0 提供，McBSP 串口的数据输出 DX0 和输入 DR0 分别接 MAX1246 的数据入信号 DIN 和数据出信号 DOUT，MAX1246 的串行选通信号 SSTRB 与 DSP 的帧接收信号 FSR0 相连接，DSP 的 XF 信号接 MAX1246 的片选信号 $\overline{CS}$。

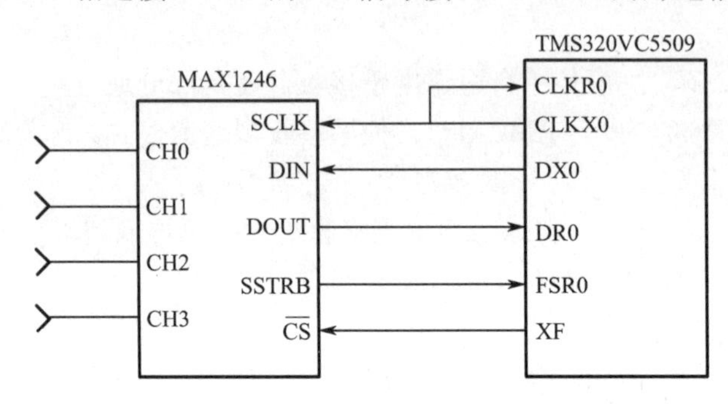

图 4.13　McBSP 串口连接外部设备时的测试过程

调试过程如下：

① 配置计时器、中断、MCBSP；

② 通过串口连接 DSP 和计算机；

③ 编写 DSP 程序，使其通过 MCBSP 发送接收到的数据；

④ 通过串口助手发送数据到 DSP，观察收到的数据是否与发送一致，如结果一致则证明收发正常。

4.9.3　McBSP 程序示例

应用多通道缓冲串口需要在头文件包含 csl_mcbsp.h 文件，首先声明 McBSP 句柄，以及 McBSP 串口配置结构：

```
MCBSP_Handle myhMcbsp;
MCBSP_Config Mcbsp2Config = {
  MCBSP_SPCR1_RMK(
    MCBSP_SPCR1_DLB_OFF,              /* DLB= 0,禁止自闭环方式 */
    MCBSP_SPCR1_RJUST_LZF,            /* RJUST= 2 */
    MCBSP_SPCR1_CLKSTP_DISABLE,       /* CLKSTP = 0 */
    MCBSP_SPCR1_DXENA_ON,             /* DXENA= 1 */
    0,                                /* ABIS= 0 */
    MCBSP_SPCR1_RINTM_RRDY,           /* RINTM= 0 */
    0,                                /* RSYNCER= 0 */
    MCBSP_SPCR1_RRST_DISABLE          /* RRST= 0 */
  ),
```

```
    MCBSP_SPCR2_RMK(
    MCBSP_SPCR2_FREE_NO,                /* FREE = 0 */
    MCBSP_SPCR2_SOFT_NO,                /* SOFT = 0 */
    MCBSP_SPCR2_FRST_FSG,               /* FRST = 0 */
    MCBSP_SPCR2_GRST_CLKG,              /* GRST = 0 */
    MCBSP_SPCR2_XINTM_XRDY,             /* XINTM= 0 */
    0,                                  /* XSYNCER = N/A */
    MCBSP_SPCR2_XRST_DISABLE            /* XRST = 0 */
   ),
   /*单数据相，接收数据长度为 16 位，每相 2 个数据*/
  MCBSP_RCR1_RMK(
    MCBSP_RCR1_RFRLEN1_OF(1),           /* RFRLEN1 = 1 */
    MCBSP_RCR1_RWDLEN1_16BIT            /* RWDLEN1 = 2 */
  ),
  MCBSP_RCR2_RMK(
    MCBSP_RCR2_RPHASE_SINGLE,           /* RPHASE = 0 */
    MCBSP_RCR2_RFRLEN2_OF(0),           /* RFRLEN2 = 0 */
    MCBSP_RCR2_RWDLEN2_8BIT,            /* RWDLEN2 = 0 */
    MCBSP_RCR2_RCOMPAND_MSB,            /* RCOMPAND = 0 */
    MCBSP_RCR2_RFIG_YES,                /* RFIG = 0 */
    MCBSP_RCR2_RDATDLY_1BIT             /* RDATDLY = 1 */
    ),
  MCBSP_XCR1_RMK(
    MCBSP_XCR1_XFRLEN1_OF(1),           /* XFRLEN1 = 1 */
    MCBSP_XCR1_XWDLEN1_16BIT            /* XWDLEN1 = 2 */
 ),
 MCBSP_XCR2_RMK(
    MCBSP_XCR2_XPHASE_SINGLE,           /* XPHASE = 0 */
    MCBSP_XCR2_XFRLEN2_OF(0),           /* XFRLEN2 = 0 */
    MCBSP_XCR2_XWDLEN2_8BIT,            /* XWDLEN2 = 0 */
    MCBSP_XCR2_XCOMPAND_MSB,            /* XCOMPAND = 0 */
    MCBSP_XCR2_XFIG_YES,                /* XFIG = 0 */
    MCBSP_XCR2_XDATDLY_1BIT             /* XDATDLY = 1 */
  ),
 MCBSP_SRGR1_DEFAULT,
 MCBSP_SRGR2_DEFAULT,
 MCBSP_MCR1_DEFAULT,
 MCBSP_MCR2_DEFAULT,
 MCBSP_PCR_RMK(
   MCBSP_PCR_IDLEEN_RESET,              /* IDLEEN = 0 */
   MCBSP_PCR_XIOEN_GPIO,                /* XIOEN = 1 */
   MCBSP_PCR_RIOEN_GPIO,                /* RIOEN = 1 */
   MCBSP_PCR_FSXM_EXTERNAL,             /* FSXM = 0 */
```

```
    MCBSP_PCR_FSRM_EXTERNAL,            /* FSRM = 0 */
    MCBSP_PCR_CLKXM_INPUT,              /* CLKXM = 0 */
    MCBSP_PCR_CLKRM_INPUT,              /* CLKRM = 0 */
    MCBSP_PCR_SCLKME_NO,                /* SCLKME = 0 */
    MCBSP_PCR_DXSTAT_1,                 /* DXSTAT = 1 */
    MCBSP_PCR_FSXP_ACTIVEHIGH,          /* FSXP = 0 */
    MCBSP_PCR_FSRP_ACTIVEHIGH,          /* FSRP = 1 */
    MCBSP_PCR_CLKXP_FALLING,            /* CLKXP = 1 */
    MCBSP_PCR_CLKRP_RISING              /* CLKRP = 1 */
  ),
  MCBSP_RCERA_DEFAULT,
  MCBSP_RCERB_DEFAULT,
  MCBSP_RCERC_DEFAULT,
  MCBSP_RCERD_DEFAULT,
  MCBSP_RCERE_DEFAULT,
  MCBSP_RCERF_DEFAULT,
  MCBSP_RCERG_DEFAULT,
  MCBSP_RCERH_DEFAULT,
  MCBSP_XCERA_DEFAULT,
  MCBSP_XCERB_DEFAULT,
  MCBSP_XCERC_DEFAULT,
  MCBSP_XCERD_DEFAULT,
  MCBSP_XCERE_DEFAULT,
  MCBSP_XCERF_DEFAULT,
  MCBSP_XCERG_DEFAULT,
  MCBSP_XCERH_DEFAULT
};
```

接下来调用 MCBSP_open()函数打开串口 0：

```
myhMcbsp = MCBSP_open(MCBSP_PORT0, MCBSP_OPEN_RESET);
```

调用配置函数进行串口配置：

```
MCBSP_config(myhMcbsp, &Config_MCBSP);
```

MCBSP 的配置基本完成，之后通过串口助手即可以完成 MCBSP 的调试以及验证。

4.10 I²C

TMS320VC5509A 可以通过 I²C 串行总线同其他 I²C 兼容设备相连接，通过该串行总线可以收发 8 位数据。

TMS320VC5509A 的 I²C 总线模块具有如下特点：

① 兼容 I²C 总线标准：即支持位/字节格式传输，支持 7 位和 10 位寻址模式，支持多主方发送从方接收模式和多主方接收从方发送模式，I²C 总线的数据传输率可以从 10kb/s

到 400kb/s；

② 可以通过 DMA 完成读/写操作；

③ 可以用 CPU 完成读/写操作和处理非法操作中断；

④ 模块可以使能和被禁止；

⑤ 自由数据格式模式。

图 4.14 所示为 I^2C 总线连接的拓扑结构。

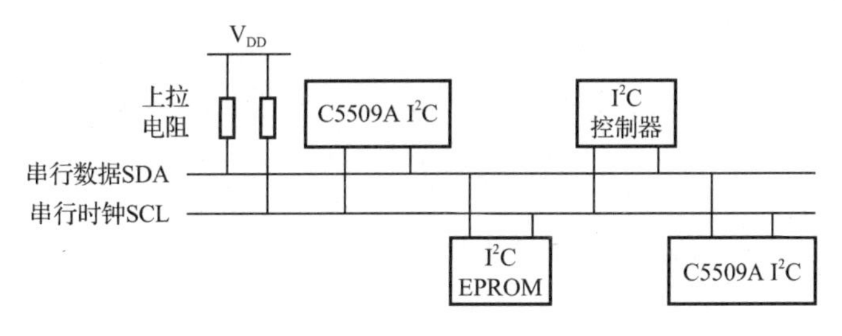

图 4.14　I^2C 总线拓扑结构

4.10.1　I^2C 模块工作原理

I^2C 总线使用一条串行数据线 SDA 和一条串行时钟线 SCL，这两条线都支持输入/输出双向传输，在连接时应注意这两根线都需要外接上拉电阻，当总线处于空闲状态时两条线都处于高电平。I^2C 总线支持多主设备模式，当多个主设备要进行通信时，可以通过仲裁机制决定哪个主设备占用总线。

I^2C 总线模块由串行接口、DSP 外设总线接口、时钟产生和同步器、预定标器、噪声过滤器、仲裁器以及中断和 DMA 同步事件接口，图 4.15 给出了 I^2C 总线模块的内部框图。

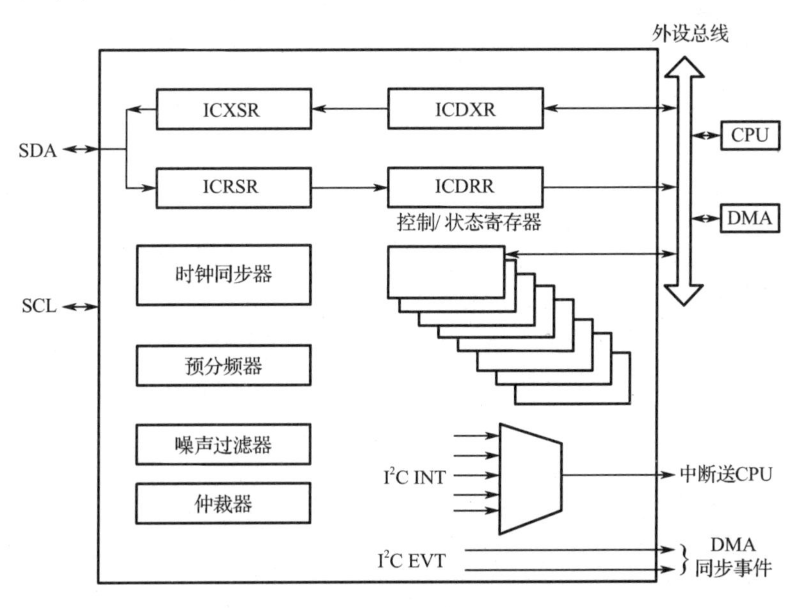

图 4.15　I^2C 总线模块的内部框图

1. I²C 总线数据传输

I²C 串行数据信号在时钟信号为低时改变，而在时钟信号为高时进行判别，这时数据信号必须保持稳定。当 I²C 总线处在空闲态转化到工作态的过程中必须满足起始条件，即串行数据信号 SDA 首先由高变低，之后时钟信号也由高变低；当数据传输结束时，SDA 首先由低变高，之后时钟信号也由低变高，标志数据传输结束。

I²C 总线以字节为单位进行处理，而对字节的数量则没有限制。I²C 总线传输的第一个字节跟在数据起始之后，这个字节可以是 7 位从地址加一个读/写位，也可以是 8 位数据。当读/写位为 1 时，则主方从从设备读取数据，为 0 时则向所选从设备写数据。在应答模式下需要在每个字节之后附加一个应答位(ACK)。当使用 10 位寻址模式时，所传的第一个字节由 11110 加上地址的高两位和读/写位组成，下一字节传输剩余的 8 位地址。

I²C 总线的数据传输可以分成 4 种模式——主发送模式、主接收模式、从发送模式和从接收模式。

（1）主发送模式：主发送模式支持 7 位和 10 位寻址模式，这时数据由主方送出，并且发送的数据同自己产生的时钟脉冲同步，而当一个字节已经发送完后需要 DSP 干预时，时钟信号保持低。

（2）主接收模式：主接收模式也支持两种寻址方式。当地址发送完后，数据线变为输入，而时钟仍然由主方产生。当一个字节传输完后需要 DSP 干预时，时钟保持低电平。在传输结束时由主方产生一个结束标志。

（3）从接收模式：从接收模式的数据和时钟都由主方产生，但可以在需要 DSP 干预时使 SCL 信号保持低。

（4）从发送模式：从发送模式只能由从接收模式转化而来，当在从接收模式下接收的地址同自己的地址相同时，并且读/写位为 1，则进入从发送模式。从发送模式时钟由主设备产生，从设备产生数据信号，但可以在需要 DSP 干预时使 SCL 信号保持低。

2. 仲裁

如果在一条总线上有两个或两个以上主设备同时开始一个主发送模式，这时就需要一个仲裁机制决定到底由谁掌握总线的控制权。仲裁是通过串行数据线上竞争传输的数据来进行判别的，总线上传输的串行数据流实际上是一个二进制数，如果主设备传输的二进制数较小，则仲裁器将优先权赋予这个主设备，没有被赋予优先权的设备则进入从接收模式，并同时将仲裁丧失标志置成 1，并产生仲裁丧失中断。当两个或两个以上主设备传送的第一个字节相同时，则将根据接下来的字节进行仲裁。

3. 时钟产生和同步

DSP 时钟产生器从外部时钟源接收信号，产生 I²C 输入时钟信号。I²C 输入时钟可以等于 CPU 时钟，也可以是将 CPU 时钟进行分频后的频率值。在 I²C 内部，还要对此输入时钟进行两次分频，产生模块时钟和主时钟。

模块时钟频率由下式决定：

$$模块时钟频率=\frac{I^2C输入时钟频率}{IPSC+1}$$

其中IPSC为分频系数，在预分频寄存器ICPSC中设置。只有当I^2C模块处于复位状态（ICMDR中的IRS=0）时，才可以初始化预分频器。当IRS=1时，事先定义的频率才有效。

主时钟频率由下式决定：

$$主时钟频率=\frac{模块时钟频率}{(ICCL+d)+(ICCH+d)}$$

其中，ICCL在寄存器ICCLKL中设置；ICCH在寄存器ICCLKH中设置；d的值由IPSC决定。

正常状态下，只有一个主设备产生时钟信号，但如果有两个或两个以上主设备进行仲裁，这时就需要进行时钟同步。串行时钟线SCL具有线与的特性，这意味着如果一个设备首先在SCL线上产生一个低电平信号就将否决其他设备，这时其他设备的时钟发生器也将被迫进入低电平。如果有设备仍处在低电平，SCL信号也将保持低电平，这时其他结束低电平状态的设备必须等待SCL被释放后开始高电平状态。通过这种方法时钟得到同步。

4. I^2C模块的中断和DMA同步事件

I^2C模块可以产生5种中断类型以方便CPU处理，这5种类型分别是仲裁丧失中断、无应答中断、寄存器访问就绪中断、接收数据就绪中断和发送数据就绪中断。DMA同步事件有两种类型，一种是DMA控制器从数据接收寄存器ICDRR同步读取接收数据，另一种是向数据发送寄存器ICDXR同步写入发送数据。

5. I^2C模块的禁止与使能

I^2C模块可以通过I^2C模式寄存器ICMDR中的复位使能位（IRS）使能或被禁止。

4.10.2　I^2C模块调试方法及结果

向I^2C模块中写入发送数据，其中第一个参数是指向发送数据数组的指针，第二个参数是发送数据的长度，第三个参数标识主从模式（0为从模式，1为主模式），第四个参数是传输模式（1为起始+地址+数据（多个）+结束，2为起始+地址+数据（多个），3为起始+地址+数据（连续）），第五个参数定义超时时间：

```
x=I2C_write(databyte1,1,1,0x00,1,30000);
```

I^2C在组成上，只有一根时钟线以及一根数据线，即SCL和SDA。I^2C的时钟线不像一般总线的时钟，时刻都存在，只有当总线上有数据发送时，才会产生时钟信号；数据线在没有数据传送时，一直为高电平，故如果发送数据时发现返回总线忙的错误，原因一般为数据线上电平被拉低了。

调试I^2C信号时，示波器需要设置为触发式，如果需要查看发送数据是否正确，最好用两个探头同时测时钟与数据信号，这样可以方便看出捕获的数据值。

4.10.3 I²C 模块程序示例

使用 I²C 模块的芯片支持库必须包含 csl_i2c.h 文件，接下来给出 I²C 初始化结构：

```
I2C_Init Init = {
      0,                              /* 7 位寻址模式 */
            0x0000,                   /* 自身地址（主模式下可忽略 */
            144,                      /* 时钟输出数 (MHz)  */
            400,                      /* 信息传递速率（10～400kbps）*/
            0,                        /* 接收或发送的位或字节数 (8)*/
            0,                        /* 数字回环模式*/
            1                         /* 自由操作模式*/
};
```

调用初始化函数初始化 I²C 模块：

```
I2C_init(&Init);
```

设置中断服务程序结构，该结构中的成员都是中断服务程序的入口地址。

```
I2C_IsrAddr addr = {
                myALIsr,
                myNACKIsr,
                myARDYIsr,
                myRRDYIsr,
                myXRDYIsr
};
```

调用中断向量表定位函数并将 I²C 中断函数指针指向中断服务程序：

```
IRQ_setVecs(0x10000);            //将中断向量指针设置为 0x10000
I2C_setCallback（&addr）;        //将 I2C 中断函数指针指向中断服务
```

使能接收就绪中断：

```
I2C_eventEnable(I2C_EVT_RRDY);
```

打开全局中断：

```
IRQ_globalEnable();
```

4.11 USB

通用串行总线 USB（Universal Serial Bus）是一个外部总线标准，用于规范计算机与外部设备的连接和通信，已经得到了广泛的应用。

许多电子产品中都提供了 USB 接口，TMS320VC5509A 就提供了 USB 接口，应用该接口可以省掉 USB 接口芯片，方便地将 DSP 与 USB 总线连接。

图 4.16 所示是 USB 模块内部结构框图。从图中可以看出，TMS320VC5509A 的 USB 模

块主要由以下五大部分组成：

① 串行借口引擎 SIE；

② USB 缓冲管理器 UBM；

③ USB 的 DMA 控制器；

④ 缓冲 RAM；

⑤ 缓冲 RAM 仲裁器。

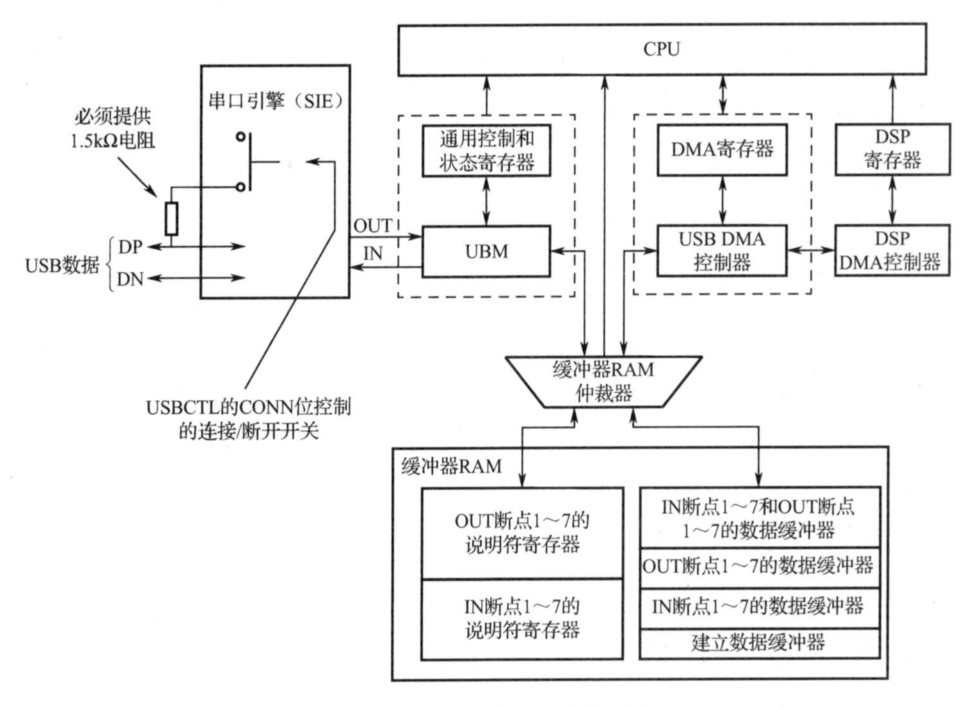

图 4.16　USB 模块内部结构框图

4.11.1　USB 模块工作原理

串行接口引擎（SIE）是 USB 协议的处理者。它把 USB 的位流解析成为 USB 而设定的数据包：对输出传输，SIE 把串行数据转换为并行数据，然后传给 USB 缓冲器管理器（UBM）；对输入传输，SIE 把来自 UBM 的并行数据转换成串行数据，然后发送出 USB。同时，SIE 还要进行错误检查：对输出传输，SIE 进行错误检测并只把正确的数据传输给 UBM；对输入传输，SIE 在发送数据到总线之前要产生必要的错误检查信息。

USB 缓冲器管理器（UBM）控制 SIE 和缓冲 RAM 之间的数据流。大部分的控制寄存器用来控制 UBM 的行为，大部分的状态寄存器在事件发生时由 UBM 修改以告知 CPU。

USBDMA 控制器可以在 DSP 的存储器和通用端点的 X 与 Y 缓冲器之间传送数据。每一个这样的端点都有一个专用的 DMA 通道和一些专门用来控制和监视该信道的 DMA 寄存器。CPU 可以读/写任何一个这样的寄存器。USB DMA 控制器通过 DSP 的 DMA 控制器辅助端口访问存储器，并且该辅助端口由 USB DMA 控制器和 HPI 共享，但 USB DMA 控制器具有更高的优先权。

缓冲 RAM 由映射到 DSP I/O 空间的寄存器组成，包括以下内容：

（1）可为每个通用端点利用的可以重定位的缓冲空间（3.5KB）。每个通道端点可以有一个（X）或者两个（X\Y）缓冲器。

（2）用于端点 OUT0 的固定长度的数据缓冲器（64 字节）。

（3）用于端点 IN0 的固定长度的数据缓冲器（64 字节）。

（4）用于建立包（Setup Packet）的固定长度的数据缓冲器（8 字节）。

（5）定义寄存器：每个通用端点有 8 个定义寄存器用来定义端点特性。

缓冲 RAM 仲裁器提供公平的访问机制供 UBM、USB DMA 控制器以及 DSP 的 CPU 访问 8 位的缓冲 RAM。USB 的 DMA 控制器只可以访问通用端点的 X 和 Y 缓冲器，并且它使用 24 位字节地址访问 DSP 储存器。CPU 可以通过 I/O 空间访问缓冲 RAM，包括定义寄存器。CPU 往 I/O 空间写的是 16 位数据；但是当 CPU 往缓冲 RAM 中读或写数据时，高 8 位都要忽略。

除了上述 5 个部分外，下面对 USB 模块的几个主要引脚进行说明。

DP：将该引脚连在 USB 连接器终端，携带正差分数据。

DN：将该引脚连在 USB 连接器终端，携带负差分数据。

PU：该引脚通过一个 1.5kΩ的上拉电阻连在 DP 上。一个内部软件控制的开关连接上拉电阻到 I/O 电源供给线上。当 CPU 设定 USBCTL 中的连接位（CONN=I）时，开关闭合，上拉电路接通，主机检测到总线上的 USB 模块并开始枚举过程。如果从 USB 系统中去掉设备，清除 CONN 位，开关打开并切断上拉电阻。

4.11.2 USB 调试方法及结果

可以用两种方式处理 USB 事件：

（1）中断轮循方式：用户代码可以以一定周期轮流查询 USB 中断标志，当发行中断标志位被置成 1，就调用 USB 事件调度程序。

（2）中断服务程序方式：用户将 USB 事件调度程序放在中断服务程序内，每次 USB 事件发生自动进入中断服务程序。

当 USB 模块初始化完成后，调用 USB_devConnect 函数使 USB 模块同总线相连接，这样 USB 模块发送和接收 USB 源数据。USB 模块同主机相连接需要在 DSP 上运行相应的代码以支持 USB 协议。如果没有 USB 协议处理代码，DSP 将不能处理接收到的数据，这样可能导致主机锁死。

4.11.3 USB 模块程序示例

初始化应用函数接口向量指针，调用该函数使得使用者可以通过函数调用表访问芯片支持库 USB 应用函数：

```
USB_setAPIVectorAddress();
```

应用 USB 模块首先应初始化 USB 时钟产生器，来产生 USB 模块所需要的 48MHz 时钟，初始化可以调用 USB_initPLL 函数，该函数有三个参数，第一个参数为输入频率，第二个是输出频率，第三个参数是输入时钟分频数，接下来给出调用的例子：

```
USB_initPLL(12, 48, 0);
```

声明 USB 配置结构：

```
USB_EpObj usbEpObjOut0 = {
USB_OUT_EP0,          /* 端点号 */
USB_CTRL,             /* 传输类型号 */
0x0040,               /* 端口支持的包的最大尺寸 */
0x003d,               /* 事件屏蔽 */
USB_ctl_handler,      /* 指向 USB 中断服务程序的指针 */
0x0000,               /* 数据标志 */
0x0000,               /* 状态 */
0x6782,               /* 端点描述寄存器块起始地址 */
0x6680,               /* DMA 寄存器块起始地址*/
0x0000,               /* 字节计数 */
0x0000,               /* 连接节点字节数 */
NULL                  /* 指向存储移入（移出）字节数的指针*/
NULL                  /* 当前数据缓冲指针 */
NULL                  /* 指向下一个缓冲区的指针 */
0x0000                /* 事件标志*/
};
```

调用初始化函数 USB_init 初始化 USB 模块，该函数有三个参数，第一个是 USB 设备号，第二个是指向一个以 NULL 结束的初始化端点目标的句柄组成的数组，第三个参数是帧预起始定时器的计数值。

首先声明句柄数组：

```
USB_EpHandle myUSBConfig[2];
myUSBConfig[i++] = &usbEpObjOut0;
myUSBConfig[i] = NULL;
```

调用初始化函数：

```
USB_init(USB0, myUSBConfig, 0x80);
```

4.12　ADC

在数字信号处理器的具体应用中往往需要采集一些模拟信号量，如电池电压、面板旋钮输入值等，模数转换器就是用来将这些模拟量转化为数字量来供 DSP 使用。DSP 所提供的模数转换器一次转换可以在四路输入中任选一路进行采样，采样结果为十位，最高采样速率为 21.5kHz，因此只能采样一些频率比较低的信号。

模数转换器（ADC）主要由通道选择、采样保持电路、时钟电路、电阻电容阵列等组成，其结构框图如图 4.17 所示。

ADC 的寄存器包括控制寄存器（ADCCTL）、数据寄存器（ADCDATA）、时钟分频寄存器（ADCCLKDIV）和时钟控制寄存器（ADCCLKCTL）。

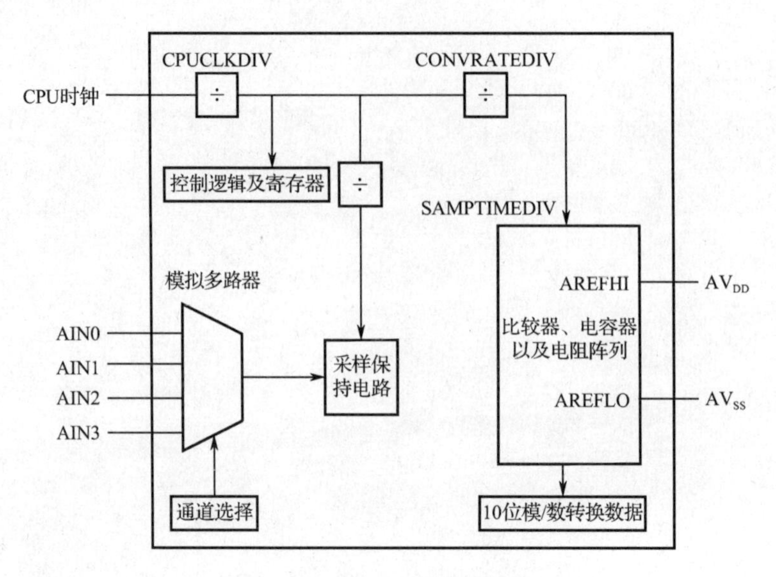

图 4.17　ADC 内部结构框图

4.12.1　模数转换器工作原理

ADC 的转换时序图如图 4.18 所示。

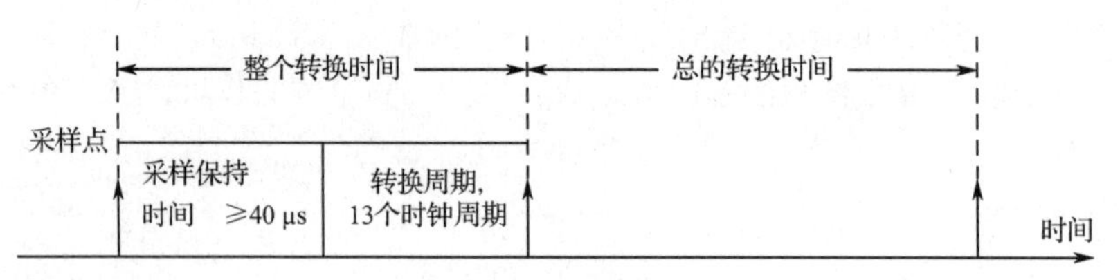

图 4.18　ADC 转换时序图

ADC 可编程时钟分频器之间的关系如下式表示：

$$\text{ADC时钟}=\frac{\text{CPU时钟}}{(\text{CPUCLKDIV}+1)};$$

$$\text{ADC转换时钟}=\frac{\text{ADC时钟}}{2(\text{CONVRATEDIV}+1)}\text{（必须}\leqslant 2\text{MHz）};$$

$$\text{ADC采样保持时间}=\frac{1/\text{ADC时钟}}{2\times\text{CONVRATEDIV}+1+\text{SAMPTIMEDIV}}\text{（必须}\geqslant 40\mu\text{s）};$$

$$\text{ADC总转换时间}=\text{ADC采样保持时间}+13\times\frac{1}{\text{ADC转换时钟}}\text{。}$$

应当注意的是，模数转换器不能工作于连续模式下。每次开始转换前，DSP 必须将模数转换控制寄存器（ADCR）的 ADCStart 位置 1，来命令模数转换器开始转换。当开始转换后，DSP 必须通过查询模数转换数据寄存器（ADDR）的 ADCBusy 位来确定采样是否结束。当 ADCBusy 位从 1 变为 0 时标志转换完成，采样数据已经被存放在数模转换器的数据寄存器中。

4.12.2　ADC 调试方法及结果

ADC 外设需要设置两种基本的操作：

（1）设置 ADC 的采样时钟，包括：

ADC时钟 = CPU时钟 /（CPUCLKDIV + 1）；

ADC转换时钟 = ADC时钟 /（2×（CONVRATEDIV + 1））（必须≤2MHz）；

ADC采样保持时间 = (1 / ADC时钟) / (2×(CONVRATEDIV + 1+SAMPTIMEDIV))

(必须≥40μs)

（2）读数据操作。

这些操作通过 CSL 函数 ADC_setFreq()和 ADC_read()实现。通常先使用 ADC_setFreq () 配置采样频率，然后使用 ADC_read()读取 ADC 转换的数据。

ADC 转换过程：首先启动 ADC 使能位 ADCStart，然后检测 ADCBusy 是否完成 ADC 转换，最后读取 ADC 转换后的数据。

4.12.3　模数转换器程序示例

使用模数转换器片支持库首先要在头文件中包含 csl_adc.h 文件，接下来就可以调用模数转换库函数了。

用片支持库配置模数转换器有两种方式——以寄存器为基础的配置和以参数为基础的配置方式，首先介绍以寄存器为基础的配置方式：

以寄存器为基础的配置方式首先要声明 ADC 配置结构，具体声明如下：

```
ADC_Config myADConfig = {
  0x0000,
  0x4f00,
  0x0023       // ADC Clock = 4 MHz;
};
```

接下来运行配置函数：

```
ADC_config(&Config);
```

以参数为基础的配置方式通过 ADC_setFreq 函数进行，该函数定义如下：

```
void ADC_setFreq(
int cpuclkdiv,            //数值范围 0-255
int convratediv,          //数值范围 0-16
int sampletimediv)；  //数值范围 0-255
接着给出调用的例子：
int i=35,j=0,k=79;
ADC_setFreq(i,j,k);用 ADC_read 函数完成采样过程，下面给出例子：
For(i= 0;i<256;i++)
    {
        ADC_read(1, samplestorage+i, 1);
    }
```

第5章　基于TMS320VC5509A的音频处理DSP系统硬件设计

DSP系统包括硬件和软件两部分，DSP系统的开发包括硬件开发、软件开发和软硬件集成。DSP系统的硬件设计是硬件开发的重要内容，是整个DSP系统实现的基础。DSP系统硬件设计一般包括系统分析、元器件选型、原理图设计、印刷电路板（PCB，Printed Circuit Board）设计等几个部分，如图5.1所示。

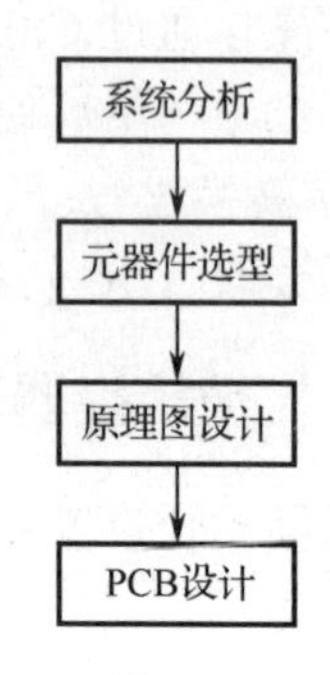

图5.1　DSP系统硬件设计流程

系统分析是硬件设计非常重要的一步，通过系统分析将系统功能需求、接口需求、资源需求等明确化，然后才能开展DSP器件及外围芯片选型，从而进行原理图和PCB设计等工作。

元器件选型过程首先要选定的是核心处理的DSP芯片，一般需要从DSP芯片的运算速度、运算精度、字长选择、存储器等片内硬件资源、封装形式、环境要求、开发调试工具、功耗与电源管理、价格与服务、供货周期与生命周期等多方面进行综合考虑。选定DSP芯片之后，根据系统需求和DSP芯片要求选择DSP外围芯片，对于初学者，在满足要求的情况下，尽量选择应用比较成熟的芯片，这样在设计与调试过程中可以得到较多相关的参考经验，加快系统设计与调试速度。

随着电子技术的迅速发展，原理图设计和PCB的设计采用专用软件进行实现，常用的设计工具包括Altium公司的Altium软件、Cadence公司的Cadence SPB软件、Mentor公司的Mentor Graphics SDD软件等。原理图设计完成后，可以利用设计软件提供的功能对原理图进行仿真，验证是否达到设计指标要求。PCB设计完成后，也可以利用设计软件对PCB图进行仿真，以完成对信号完整性、电磁干扰等功能的检验。PCB设计、仿真、完成后送到专业电路板制作工厂进行加工制作。

本章以音频处理DSP系统为例，分别介绍音频处理硬件电路的组成，电源、复位、时钟、JTAG、程序加载、音频输入/输出电路模块的元器件选型和原理图设计，PCB设计中的布局布线，电路调试过程中经常遇到的问题及解决方法，DSP的Boot调试等内容。

5.1　音频处理DSP系统硬件电路组成

音频处理DSP系统硬件电路包括最小DSP系统和音频输入/输出电路。最小DSP系统是DSP系统正常工作及调试需要的最基本电路，包括电源电路、复位电路、时钟电路、JTAG接口电路以及其他基本外设。音频输入/输出电路在本书中采用语音编解码芯片实现。

音频处理DSP系统硬件电路由以下各部分组成：

① 电源电路：给DSP以及外围元件和芯片提供电压的功能模块。

② 复位电路：提供DSP复位的电路。

③ 时钟电路：给 DSP 芯片提供时钟。

④ JTAG 接口电路：执行 DSP 程序的加载、调试及调试信息输出的电路。

⑤ 程序加载电路：提供 DSP 的程序引导的电路。

⑥ 音频输入/输出电路：提供音频处理所需的音频采集、音频输出电路等。

音频处理 DSP 系统硬件电路框图如图 5.2 所示。

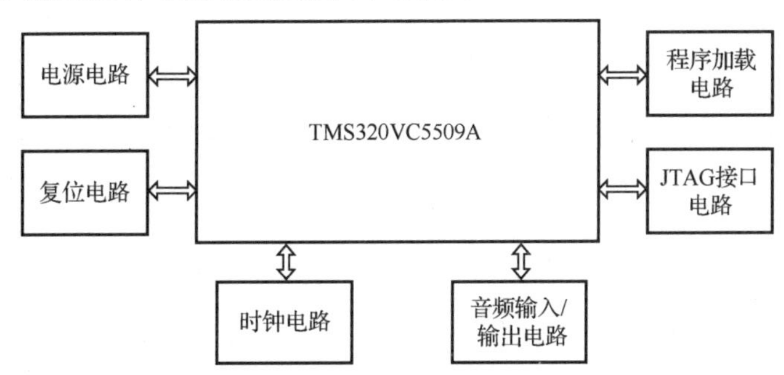

图 5.2　音频处理 DSP 系统硬件电路框图

5.2　模块电路元器件选型及原理图设计

根据系统框图的功能划分，进行各模块电路的元器件选型和原理图的设计。

5.2.1　电源模块设计

TMS320VC5509A 数字信号处理器电源包括内核电源和外部接口电源，其外部接口电源为 3.3V，内核电源可以根据处理速度选择为 1.2V、1.35V 或者 1.6V。由于 TMS320VC5509A 处理器大多应用于低功耗场合，因此，电源电路的设计应注意电源的转换效率和电路的复杂程度。

TPS767D301S 是一个增强型双路输出的电源芯片，它是 DSP 开发应用的首选电源芯片，其可以满足 2.7V～10V 的任意输出，最大输出电流达到 1A。由于其配置简单，成本较低，且可以一次输出两路电压，故选择它作为电源芯片。

图 5.3 所示为采用 TPS767D301S 实现的电源电路原理图。

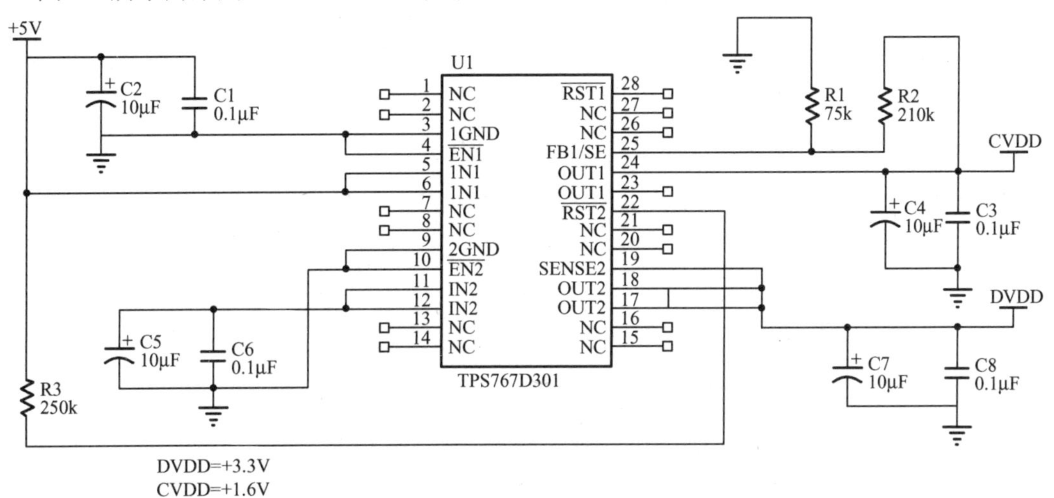

图 5.3　TPS767D301S 电源电路

5.2.2 复位电路设计

DSP 的常用复位方式有两种，软件复位和硬件复位。软件复位利用软件指令实现芯片复位；硬件复位则通过硬件电路改变引脚$\overline{\text{RESET}}$电平实现复位。

当$\overline{\text{RESET}}$引脚为低电平时，芯片将进行复位。为使芯片初始化正常，应保证$\overline{\text{RESET}}$为低电平至少持续 5 个时钟周期，使得芯片可靠复位。另外，应当保证复位电路稳定性良好，避免由于电平抖动等因素导致 DSP 误复位。

为了使电路简单，同时保证复位电路的稳定性，在本系统中，我们选择使用 SP708R 复位芯片，该芯片包括一个复位模块、一个供电失败比较器模块，以及手动复位输入模块，其内部构造如图 5.4 所示。

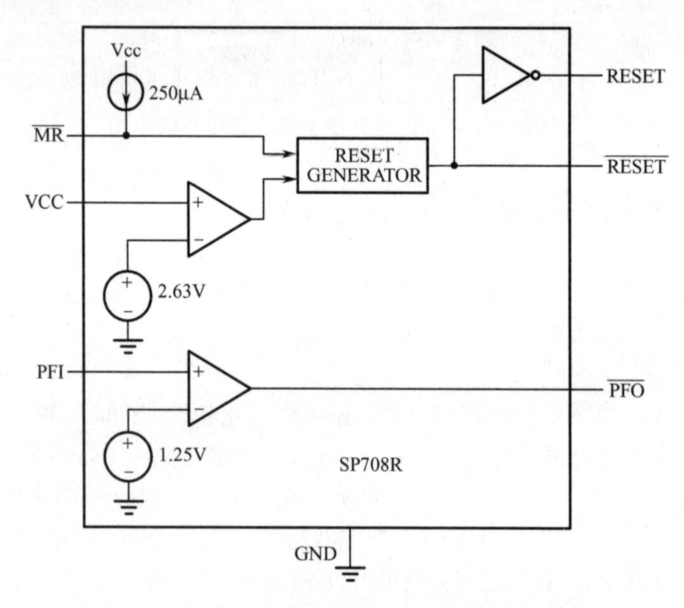

图 5.4　SP708R 芯片内部构造

$\overline{\text{MR}}$引脚为手动复位输入引脚，当$\overline{\text{MR}}$引脚被拉低到 0.8V 以下时，RESET 输出高低两个复位信号，而 PFI 信号接口为供电失败输入口，当供电小于 1.25V 时，$\overline{\text{PFO}}$输出为低，反之为高，在本设计中并不需要，故将 PFI 接口接地即可。

结合芯片特性和复位电路需求，设计复位电路如图 5.5 所示。

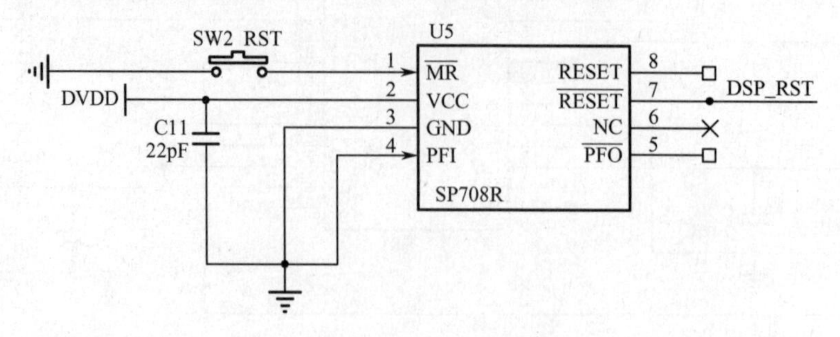

图 5.5　复位电路

SP708R 的 $\overline{\text{RESET}}$ 引脚接到了 FPGA 的复位引脚，在电路板上电过程中，当 VCC 上升超过阈值时 $\overline{\text{RESET}}$ 脚将继续保持 200ms 低电平再升高。同样，当 SW2_RST 按钮按下时，即手动复位时，在松开按钮后，$\overline{\text{RESET}}$ 仍将保持输出 200ms 低电平脉冲后升高。

5.2.3 时钟电路设计

时钟电路用来为 DSP 芯片提供时钟信号，而时钟信号是系统运行的基础，信号质量的好坏直接影响到系统能否稳定运行。

TMS320VC5509A 有两个外部时钟输入——系统时钟和实时时钟。其中，系统时钟用于为 CPU 及片内外设提供时钟信号；实时时钟为 RTC 提供时钟信号，可在系统断电后通过电池供电工作。

DSP 系统中常用的时钟电路有三种——晶体电路、晶振电路和可编程时钟芯片。

晶体电路由晶体和两个电容组成。特点是电路简单、体积小、价格低廉，但需要芯片内部含有振荡电路。

晶振电路只需一个晶振即可完成，由晶振提供时钟信号。同晶体电路一样，具有电路简单、体积小的特点，另外，晶振电路频率范围宽，时钟频率范围可达 1Hz～400MHz。

可编程时钟芯片电路由可编程时钟芯片、晶振、电容构成，电路相对于前两者较复杂，价格也较高。但是该电路可以输出多个时钟，需要多个时钟源的系统常采用此电路。

综合比较以上三种时钟电路，本系统最终采用晶体电路，如图 5.6 所示，在 X1 和 X2/CLIIN 引脚之间接入一个 12MHz 晶体作为 DSP 的输入时钟。另外，利用 32.768kHz 晶体为实时时钟 RTC 提供时钟信号。

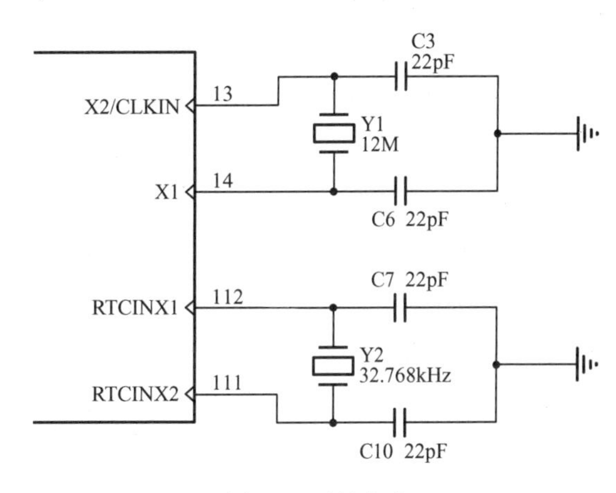

图 5.6 时钟电路

为了使 DSP 系统具有较强的实时处理能力，通常希望系统频率越高越好，如果通过提高外部输入频率来实现，必然会导致成本增加，并且系统频率设置不灵活。这就要用到 DSP 的锁相环（PLL）模块。锁相环可以对输入时钟信号进行倍频和分频，并将所产生的信号作为 DSP 的工作时钟。

5.2.4 JTAG 接口电路设计

为了方便系统的调试和升级，电路设计时一般会预留出 JTAG（Joint Test Action Group）调试接口，以便对 DSP 芯片进行仿真和调试。JTAG 是一种国际标准测试协议，其标准是 4 线接口，分别为 TMS（测试模式选择）、TCK（测试时钟输入）、TDI（测试数据输入）、TDO（测试数据输出），主要用于芯片内部测试。在本硬件设计中，主要使用其 Debug 功能，用户可以利用 JTAG 接口完成程序的下载、调试和调试信息输出，通过该接口可以查看 DSP 的存储器、寄存器等的内容，如果 DSP 连接了非易失存储器，如 FLASH 存储器，还可以通过 JTAG

接口完成芯片的烧录。

JTAG 接口电路如图 5.7 所示。

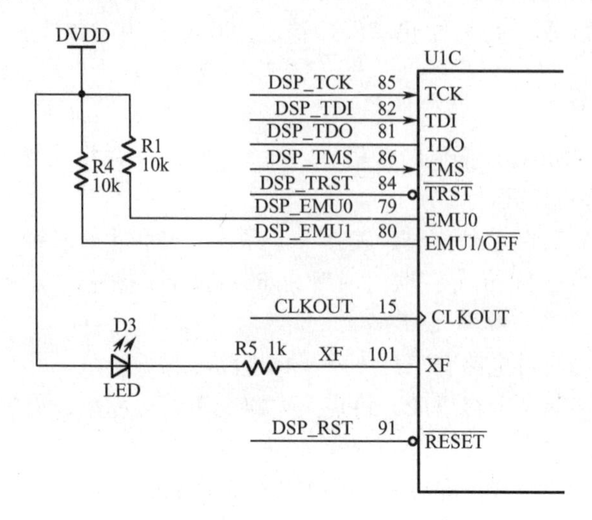

图 5.7　JTAG 接口电路

JTAG 技术在器件内部定义一个 TAP（Test Access Port），TAP 是一个通用的端口，通过 TAP 可以访问芯片提供的所有数据寄存器（DR）和指令寄存器（IR）。对整个 TAP 的控制是通过 TAP 控制器（TAP Controller）来完成的。以下为信号接口及作用。

DSP_TCK：时钟信号，为 TAP 的操作提供一个独立的、基本的时钟。

DSP_TMS：模式选择信号，用于控制 TAP 状态机的转换。

DSP_TDI：数据的输入信号。

DSP_TDO：数据的输出信号。

DSP_TRST：复位信号，可以用来对 TAP Controller 进行复位（初始化）。这个信号接口在 IEEE 1149.1 标准里并不是强制要求的，因为通过 TMS 也可以对 TAP Controller 进行复位。

5.2.5　程序加载设计

TMS320C5000 系列 DSP 芯片是 RAM 型器件，掉电后不能保持任何用户信息，所以需要用户把执行代码存放在外部的无挥发存储器内。在系统上电时，通过 bootloader 将存储在外部媒介中的代码搬移到 TMS320C5000 高速的片内存储器或系统中的扩展存储器内，搬移成功后自动执行代码，完成自启动。

bootloader 技术提供多种不同的自启动模式，包括并行 8/16 位的总线型启动、串口型启动和 HPI 启动等模式，兼容多种不同的系统需求，需要在上电前设置 DSP 的 BOOT 方式。

TMS320VC5509A 每次上电复位后，在执行完一系列初始化（配置堆栈寄存器、关闭中断、程序临时入口、符号扩展、兼容性配置）工作后，根据预先配置的自举模式，通过固化在 ROM 内的 bootloader 程序进行程序引导。如表 5.1 所示，TMS320VC5509A 的引导模式选择是通过 4 个模式选择引脚 BOOTM[3：0]配置完成的。BOOTM[3：0]引脚分别与 GPIO0、3、2、1 相连。

表 5.1　BOOT 引导方式选择

BOOTM[3:0]				BOOT 方式
IO.0	IO.3	IO.2	IO.1	
0	0	0	0	系统保留
0	0	0	1	串行 24 位地址 EEPROM 引导方式，使用 McBSP0
0	0	1	0	USB 引导模式
0	0	1	1	I^2C EEPROM 引导模式
0	1	0	0	系统保留
0	1	0	1	EHPI（multiplexed mode） BOOT
0	1	1	0	EHPI（non-multiplexed mode）BOOT
0	1	1	1	系统保留
1	0	0	0	从外部 16 位异步存储器中引导
1	0	0	1	串行 16 位地址 EEPROM 引导方式，使用 McBSP0
1	0	1	0	并行 EMIF 模式引导（8 位异步存储器）
1	0	1	1	并行 EMIF 模式引导（16 位异步存储器）
1	1	0	0	系统保留
1	1	0	1	系统保留
1	1	1	0	标准串口模式（16 位），使用 McBSP0
1	1	1	1	标准串口模式（8 位），使用 McBSP0

bootloader 在引导程序时，程序代码是以引导表格形式加载的。TMS320VC55x 的引导表结构中包括了用户程序的代码段和数据段以及相应段在内存中的指定存储位置。此外还包括程序入口地址、部分寄存器的配置值、可编程延时时间等信息。

TMS320VC55x 系列 DSP 的引导表结构如表 5.2 所示。

表 5.2　引导表

<table>
<tr><td colspan="4">32 位程序入口地址</td></tr>
<tr><td colspan="4">32 位寄存器配置计数器 n</td></tr>
<tr><td colspan="2">16 位寄存器地址（register 1）</td><td colspan="2">16 位寄存器内容（register 1）</td></tr>
<tr><td colspan="2">• • •（register n addr）</td><td colspan="2">• • •（register n contents）</td></tr>
<tr><td colspan="2">16 位延时指示器</td><td colspan="2">16 位延时计数器</td></tr>
<tr><td colspan="4">32 位段字节计数器（section 1）</td></tr>
<tr><td colspan="4">32 位段起始地址（section 1）</td></tr>
<tr><td>数据（字节）</td><td>数据（字节）</td><td>数据（字节）</td><td>数据（字节）</td></tr>
<tr><td>数据（字节）</td><td>数据（字节）</td><td>数据（字节）</td><td>数据（字节）</td></tr>
<tr><td colspan="4">• • •（section n）</td></tr>
<tr><td colspan="4">32 位全 0 数据（BOOT 表结束标志）</td></tr>
</table>

其中，程序入口地址是引导表加载结束后，用户程序开始执行的地址；寄存器配置数目决定了后面有多少个寄存器需要配置：只有当延时标志为 FFFFh 时，延时才被执行；延时长度决定了在寄存器配置后延时多少个 CPU 周期才进行下一个动作：段长度、段起始地址和数据则为用户程序中定义的各个段的内容；最后以 00000000h（32 个 0）作为引导表的结束标志。

1．SPI EEPROM 引导方式

串行外设接口标准（SPI）是 Motorola 公司提出的一种串行总线标准，该标准具有连接简单、控制方便等特点，同时针对该标准，Atmel 等公司研制了 SPI 口的 EEPROM，而 C55x 系列 DSP 也提供了 SPI 接口加载功能。

SPI EEPROM Boot Mode 占用 PCB 体积小、操作引脚少（只需要 4 根，即 CLK、SI、SO、CS），PCB 布线容易，不失为一个好的选择，如图 5.8 所示为 SPI 方式引导数据的电路连接。

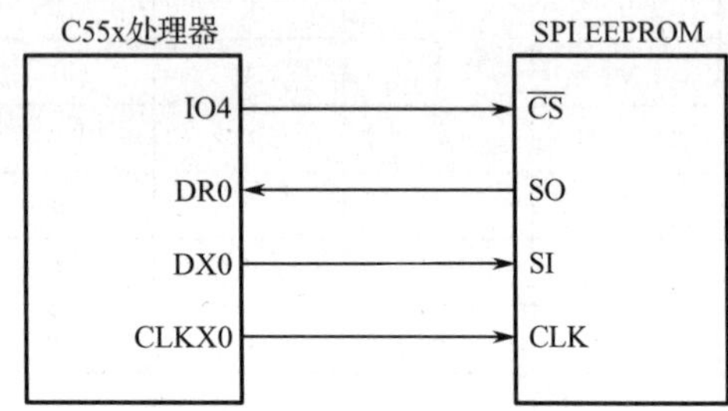

图 5.8　SPI 引导方式数据连接

SPI 方式具有两种地址模式：16 位地址模式与 24 位地址模式。其中 16 位地址模式只能存储 64Kbits 的程序，而 24 位地址在同样条件下能存储更多的数据。在 TMS320VC5509A 中经常用到的 24 位地址模式引导的芯片是 AT25F1024，具有 128Kbits 的程序空间，本设计中采用的就是该芯片。图 5.9 和图 5.10 为 SPI EEPROM 16 位、24 位地址模式数据传输格式。

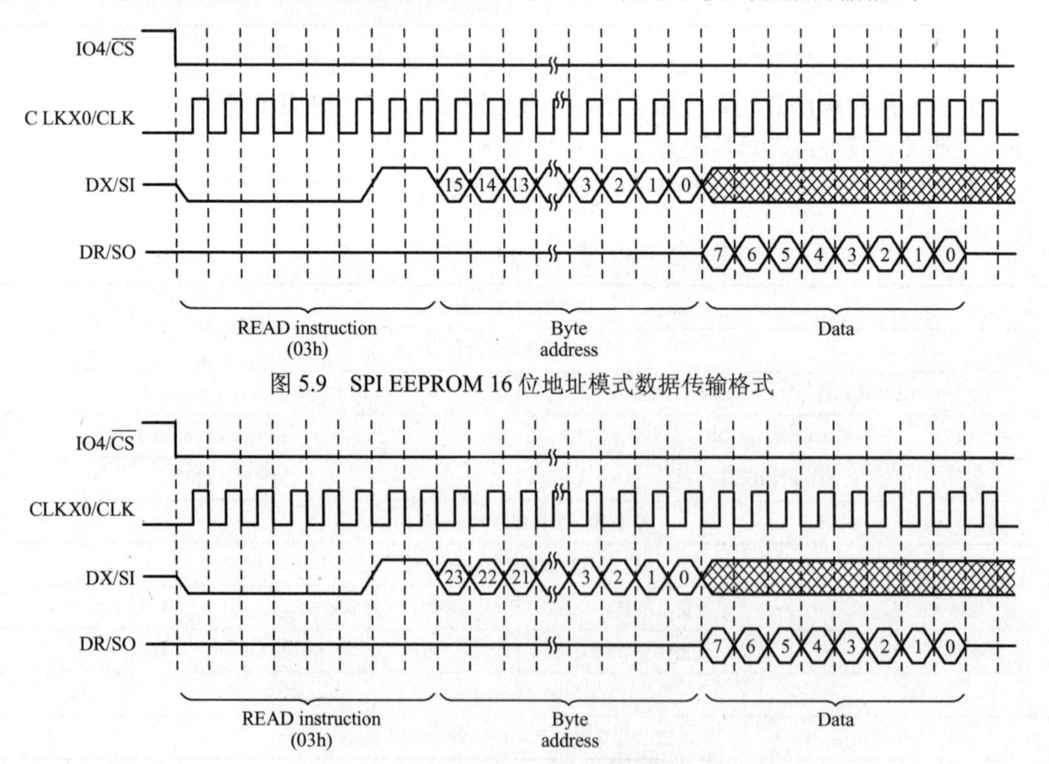

图 5.9　SPI EEPROM 16 位地址模式数据传输格式

图 5.10　SPI EEPROM 24 位地址模式数据传输格式

2. 标准串口加载

标准串口加载程序是指通过 McBSP0（多通道缓存串口 0）在标准串口模式下向 DSP 加载程序（如图 5.11 所示）。该加载方式的优点是连接信号线较少，缺点是需要由外部产生帧同步信号和串行时钟信号。该方式还需要外部逻辑向串行存储器发出读指令，无法做到无缝连接。此外，该方式还固定占用 McBSP0 口。

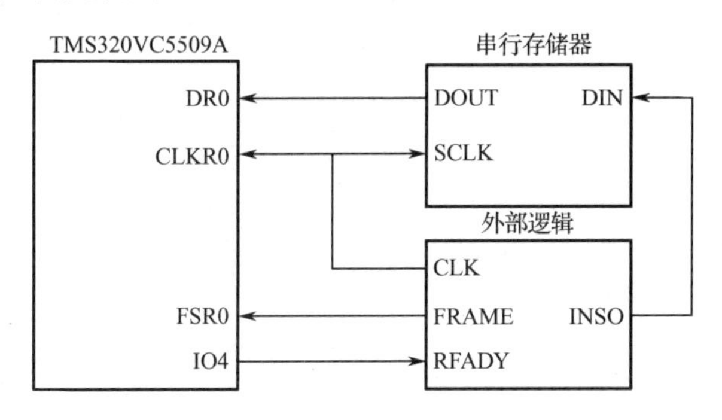

图 5.11　标准串行加载方式硬件连接

在标准串口模式下，McBSP0 口将进行如下配置：

- 每帧一个阶段（RPHASE = 0b）；
- 每阶段字数为 1（RFRLEN1 = 0000000b）；
- 字长为 8 位或 16 位（RWDLEN1 = 000b，8bit 模式；010b，16bit 模式）；
- 数据右对齐，延迟为 1 （RJUST = 00b　RDATDLY = 01b）；
- 接收时钟及接收帧信号由外部产生。

DSP 的接收时钟 CLKR0 和串行存储器串行时钟 SCLK 由外部逻辑 CLK 信号提供，帧信号 FSR0 由外部逻辑 FRAME 信号提供，串行存储器命令字由外部逻辑 INSO 信号提供。DSP 通用输入/输出信号 IO4 向外部逻辑发出握手信号。图 5.12 给出了 DR0、CLKR0 和 FSR0 三个信号的时序关系。

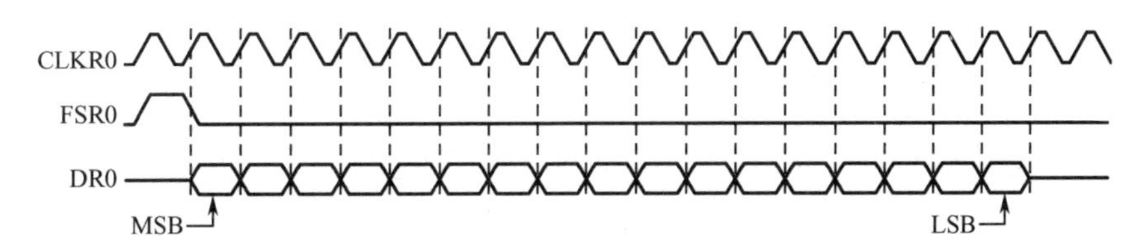

图 5.12　McBSP0 载入数据时序图（16 位）

使用标准串行加载模式时，要求接收时钟必须小于 DSP 主时钟的 1/8。除此之外，在加载下一个数据之前必须保持足够的等待时间，以防止数据溢出。通用输入/输出信号 IO4 可作为数据传送的握手信号，当 DSP 还没有准备好接收新数据时，IO4 会保持高电平，直到 DSP 准备接收新数据，图 5.13 就说明了这种时序关系。

DSP 程序加载选择设计电路如图 5.14 所示。

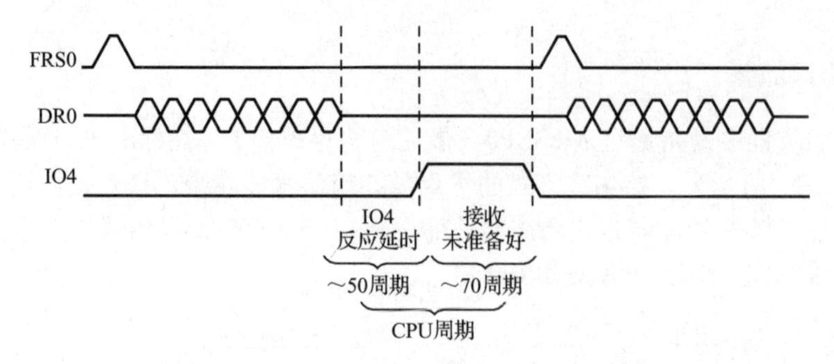

图 5.13　IO4 在标准串口下载模式下产生延迟信号

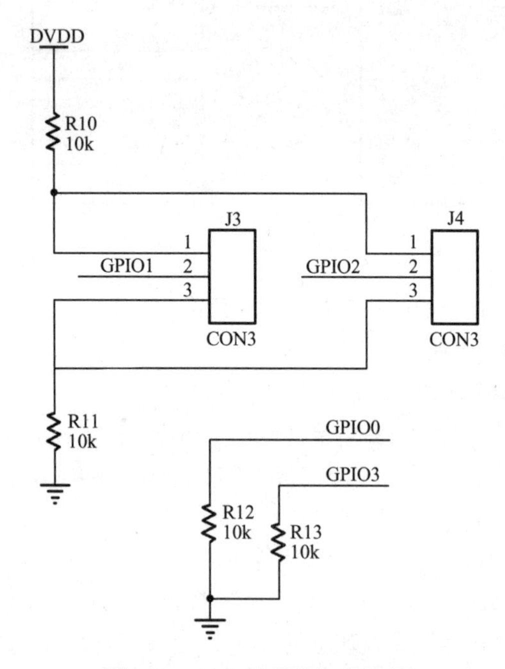

图 5.14　DSP 的程序加载选择

5.2.6　音频输入/输出电路设计

TMS320VC5509A 芯片可以通过 McBSP 接口和语音编解码芯片 TLV320AIC23 直接连接，如图 5.15 所示。

TLV320AIC23 是 TI 公司推出的一款高性能立体声音频编解码器，内置耳机输出放大器，支持 mic 和 line in 二选一的输入方式，其 ADC 和 DAC 集成在芯片内部，可以在 8kHz 至 96kHz 的采样率下提供 16bit、20bit、24bit 和 32bit 的采样数据，输入和输出都具有可编程的增益调节功能。DSP 使用 I^2C 对编解码芯片进行配置，通过 McBSP 与 TLV320AIC23 进行通信。

音频编解码芯片 TLV320AIC23 可由 DSP 通过 I^2C 总线接口对其内部寄存器进行配置，数据传输格式有四种，分别为左判断模式、右判断模式、I2S 模式及 DSP 模式。在本书第 6 章程序开发实例中，TMS320VC5509A 通过 DSP 模式控制 TLV320AIC23 芯片进行数据传输，完成一系列音频信号处理任务。

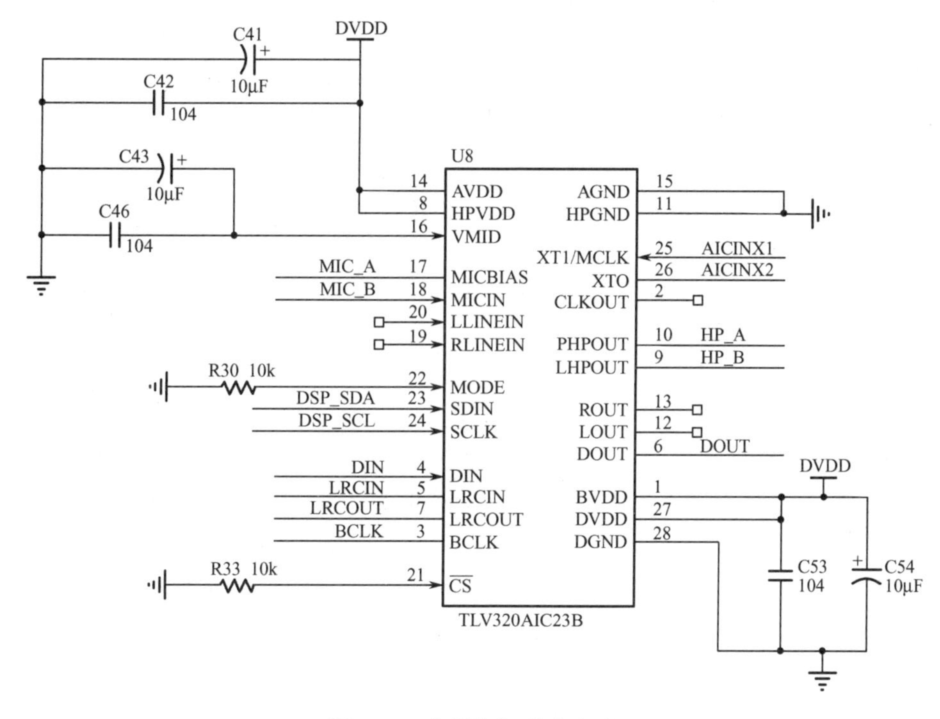

图 5.15 音频输入/输出电路

5.3 PCB 设计

为了做出一个稳定可靠的 DSP 应用系统，必须从各个方面来消除干扰，即使不能完全消除，也要尽可能减小。对于 DSP 系统而言，主要干扰来自于输入/输出通道干扰、电源系统的干扰和空间辐射耦合干扰。下面给出在 DSP 系统的 PCB 制作过程中减少干扰的方法。

5.3.1 布局设计

为了使 DSP 系统获得最佳性能，元器件的布局十分重要，并且布局的好坏将影响到布线的效果。布局时，首先应该放置 DSP、FLASH、SRAM 和 CPLD 器件，这要慎重考虑走线空间，然后按功能独立原则放置其他 IC，最后考虑 I/O 口的放置。结合以上布局再考虑 PCB 的尺寸：若尺寸过大，会使印制线条太长，阻抗增加，抗噪声能力下降，并增加制板费用；若尺寸太小，则散热不好，且空间有限导致临近线条容易受到干扰。所以要根据实际需要选择器件，结合走线空间，大体上算出 PCB 的大小。在 DSP 系统布局时，需要注意以下事项。

（1）高速信号布局

在整个 DSP 系统中，DSP 与 FLASH、SRAM 之间是主要的高速数字信号线，所以器件间距离要尽量小，连线尽可能短，并且要直接连接。对于速度达到几百兆赫兹或更高的 DSP 芯片，需要做蛇形绕线，这将在布线设计中进行介绍。

（2）数模器件布局

在 DSP 系统中存在许多数字器件和数字模拟混合器件，数字电路的频率高，模拟电路的敏感性强，所以要将数、模分开布局。模拟信号器件尽量集中，使模拟地能够在整个数字地中画出一个独立的属于模拟信号的区域，避免数字信号对模拟信号的干扰。对于一些数模混合器件，如 D/A 转换器，传统上将其看作模拟器件，把它放在模拟地上，并且给其提供一个数字回路，让数字噪声反馈回信号源，减少数字噪声对模拟地的影响。

此外，在电源进入模拟区之前要放置滤波电容，数字电源和模拟电源应从不同的方向进行供电，同一路径上的供电采用大信号到小信号的路径进行供电。

（3）时钟布局

对于时钟、片选和总线信号，应尽量远离 I/O 线和接插件。DSP 系统的时钟输入很容易受到干扰，对它的处理非常关键。要始终保证时钟产生器尽量靠近 DSP 芯片，使时钟线尽量短，晶体振荡器的外壳最好接地。

（4）退耦布局

为了减小集成电路芯片电源上的电压瞬时过冲，对集成电路芯片加退耦电容，这样可以有效地去除电源上毛刺的影响，并减少在 PCB 上的电源环路反射。加退耦电容可以旁路掉集成电路器件的高频噪声，还可以作为储能电容，提供和吸收集成电路开关门瞬间的充放电能。

在进行模拟线路的布线设计中经常看到用于旁路电源上的旁路电容，旁路电容经常用于旁路电源上的高频信号，如果不加旁路电容，这些高频信号可能通过电源引脚进入敏感的模拟芯片。通常这些高频信号很难被模拟器件抑制，因此使用旁路电容可以在一定程度上抑制噪声和振动。

而对于数字器件，除了上述原因之外，这些电容还可以用作电荷储存的功能，这是由于在数字电路中，当开关切换时，往往需要很大的电流，当这样大的瞬态电流流经电路板时，这些电荷可以保持数字信号电平的稳定，防止数字信号电平进入不稳定状态，引起错误运行。

在 DSP 系统中，对各个集成电路安放退耦电容，如 DSP、SRAM、FLASH 等，在芯片的每个电源和地之间添加，而且退耦电容要尽量靠近电源提供端和 IC 的零件脚。

（5）电源布局

在进行 DSP 系统开发时，电源需要慎重考虑。由于电源芯片发热量较大，应该优先安排在利于散热的位置，并且与其他器件隔开一定的距离。可以利用加散热片或在器件下面铺铜来进行散热处理。注意在开发板底层不要放置发热器件。

（6）抑制热干扰

应优先安排发热元件处于有利于散热的位置，必要的时候要单独安排小风扇或者是散热器来降低温度，减少对附近其他元件的干扰。另外一些热敏元件应紧贴被测元件并远离高温区域，避免它受到其他发热元件影响引起误动作。在双面同时放置元件时，底层一般不放置会发热的元件。最后，一些功耗大的集成块，以及大中功率管或大中功率电阻应放置在容易散热的地方，并与其他元件隔开一定距离。

（7）其他注意事项

对于 DSP 系统其他组件的布局应该尽量考虑到方便焊接、调试和美观等要求，如对电位器、可调电感线圈、可变电容器、拨码开关等可调器件要结合整体结构放置。PCB 边缘的器件离 PCB 板边距离一般不要小于 2mm。

5.3.2 布线设计

在综合考虑增加 DSP 系统抗干扰性、增强 EMC 能力进行布局后，布线也需要采用一些

措施和技巧。

（1）DSP 的布线

布线大体上是从核心器件开始，并以其为中心展开。对于 DSP 这种 PQFP 或 BGA 封装的器件，应先根据 SRAM、FLASH 和 CPLD 的布局位置大体判断出走线方向，对引脚进行扇出操作。在布线时，合理利用 EDA 工具的特点，比如 power PCB 的 dynamic routing，可以最优规划空间。用 dynamic 的时候，这个功能会自动让线与线之间的空间保持在规则里面，不浪费空间，减少后续修改，提高布线的质量和效率。

对于高速 DSP，还要注意串扰及蛇形（delay tune）走线处理。蛇形走线可以保证信号的完整性，还要保证高速信号参考平面的连续性。在需要进行平面分割的时候，一定注意不要让高速线跨不连续的平面；如果非要跨，就加跨平面的电容。

当信号线间隔 3 倍信号线宽时，信号间相互串扰的概率只有 25%左右，这样就可以达到抗电磁干扰的要求。所以，像 CLK 和 SRAM 这些高速信号线，切记与它旁边的信号线远离 3 倍宽以上。调节信号线等长时，即蛇形走线，线与线的宽度也要求 3 倍信号线宽以上，包括对于其本身的信号线也要求 3 倍信号线宽。

（2）时钟的布线

在进行时钟电路的设计时，由于高频时钟的敏感程度非常高，对电路中的噪声干扰非常敏感，因此为了将干扰降到最小，要特别对高频的时钟信号线进行屏蔽和保护，在进行 PCB 布线设计的时候，高频时钟信号线需有地线护送，且其线宽应不小于 10mil，护送地线的线宽要更宽，至少达到 20mil。

此外，对于时钟信号，要使其对于其他信号的走线距离尽量大，保证在 4 倍线宽以上的距离，并且在时钟（零件）的下面不要走线。对于模拟电压输入线，参考电压端和 I/O 信号线尽量远离时钟。

在连线方面，时钟连线建议采用星形连接或者是点对点连接，采用 T 形连接时候要特别注意要保证等臂长，尽量减少过孔的数量。

（3）对系统电源的处理

由于一个 DSP 系统有多种数字和模拟器件，用到的电源也有多种，所以对电源层进行了分割，使相同电源特性的器件分割在同一区域内，可就近连接到电源层。进行分割的时候要注意使参考电源平面的信号连续。实验证明，40mil 的线宽，可以通过的电流能保证有 1A；钻径为 16mil 的过孔可以通过 1A 的电流。

对于电源线上的电磁辐射防护要注意以下几点：

- 用旁路电容限制电路板上交流电流的泄漏；
- 在电源线上串接共模扼流圈，以抑制流经线中的共模电流；
- 布线靠近，减小辐射面积。

（4）对接地的处理

有许多 EMC 问题都是不适当的接地引起的。地线处理得好坏直接影响系统的稳定可靠。接地有以下作用：

- 降低输出线上的共模电压 VCM；
- 减小对静电（ESD）的敏感；
- 减小电磁辐射。

高频数字电路和低频模拟电路的地回路绝对不能混合，必须将数/模地分开，因为数字电路高低电位切换时会在电源和地产生噪声，若地平面不分开，模拟信号会被地噪声干扰。对高频信号应采用多点串联接地，尽量加粗缩短地线，这样除了减小压降外，更重要的是降低耦合噪声。走后通过磁珠或 0Ω 电阻将数字地和模拟地连在一起来消除混合信号的干扰。

（5）考虑制板工艺

首先要减少过线孔数目，过线孔太多时，容易因沉铜工艺不慎埋下隐患。此外要注意，同向并行线条的密度过大时，焊接时候容易连成一片，因此线密度应视焊接工业的水平来确定。另外导线不宜太细，导线太细而大面积未布线区域没有设置敷铜时，很容易腐蚀得不均匀，即当未布线区腐蚀完后，细导线很有可能腐蚀过头，或似断非断，或完全断，因此敷铜不仅仅增加地线面积和抗干扰能力。焊点的距离不宜太小，焊点距离太小不利于人工的焊接，只能降低工效来解决焊接质量，否则可能留下隐患。所以，焊点的最小距离的确定应综合考虑焊接人员的素质和工效。焊盘或过线孔尺寸太小或焊盘尺寸与钻孔尺寸配合不当，前者对人工钻孔不利，后者对数控钻孔不利。容易将焊盘钻成“C”形，重则钻掉焊盘。以上诸多因素都会对电路板的质量和将来产品的可靠性大打折扣。

（6）其他注意事项

在布线时，导线的拐角处一般不要走线 90° 折线，以减小高频信号对外的耦合发射。

对 PCB 敷铜时，尽量避免使用大面积铜箔，否则经过长时间受热，易发生铜箔脱落现象；必须用大面积铜箔的时候可以用栅格替代，这样有利于排除铜箔与基板之间粘合剂受热产生的挥发性气体。在贯穿的零件脚上敷的铜箔最好也用热焊盘处理。

输入与输出的边线应避免相邻平行，以避免产生反射干扰；必要时加地线隔离。两相邻层的布线要相互垂直，平行容易产生耦合。对于 I/O，最好能够把各自参考平面的不同区域分割开，使不同的 I/O 信号不会相互之间干扰。

音频处理 DSP 系统硬件电路 PCB 如图 5.16 所示。

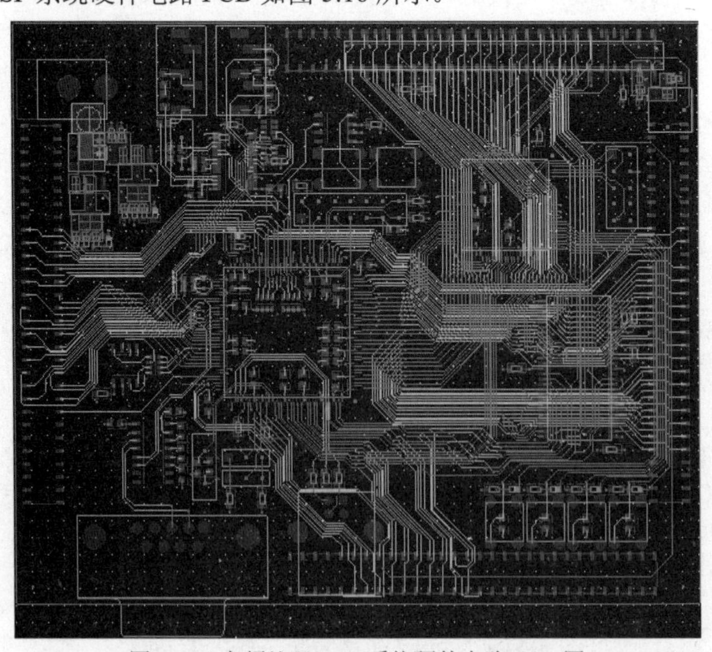

图 5.16　音频处理 DSP 系统硬件电路 PCB 图

5.4 电路调试

装配完成的音频处理 DSP 系统电路板如图 5.17 所示。装配完成的电路板可能存在问题，不能正常工作，需要进行硬件调试。

图 5.17 音频处理 DSP 系统电路板

5.4.1 硬件调试前电路板的常规检查

焊接 PCB 电路后需要经过常规的检测，以免发生短路等现象，影响调试。

（1）观察有无短路或短路情况（因为 PCB 的布线一般比较细密，这种情况发生的概率比较高）。

（2）在调试 DSP 硬件系统前，应确保电路板的供电电源有良好的恒压恒流特性。一般供电电源使用开关电源，且电路板上分布有均匀的电解电容，每个芯片均带有 0.1μF 的去耦电容。保证 DSP 芯片的供电电压保持在（3.3±0.05）V。若电压过低，通过 JTAG 接口向 FLASH 写入程序时会出现错误提示；若电压过高，会损坏 DSP 芯片。另外，由于在调试时要频繁对电路板开断电，若电源质量不好，则很可能在突然上电时因电压陡升而烧坏 DSP 芯片，这样会造成经济损失，又将影响项目开发进度。因此，在调试前应高度重视电源质量，保证电源的稳定可靠。

（3）加电后，应用手感觉是否有些芯片特别热。如果发现有芯片过热，需要立即关掉电源重新检查电路。

（4）排除故障后，应检查晶体是否振荡，复位是否可靠；然后用示波器检查 DSP 的时钟引脚信号是否正常。

（5）测试仿真器能否与目标板连接。把计算机与仿真器连接（要保证仿真器已正确安装驱动），仿真器与目标电路板正确连接，目标板通电。这些硬件操作完成后，再启动 CCS（要保证CCS已按照目标板的芯片型号进行设置)。几秒钟后，如果已经正确连接，在CCS界面的左下角会出现“目标板已经连接”的提示。当然还有其他的提示方式，比如弹出汇编语言窗口等。如果仿真器无法成功与目标板连接，就说明目标板上有故障。

(6)如果不能检测到CPU，则查看是否有遗漏元件未焊接，更换一个正常电路板检查CCS软件安装是否可用，检查电路原理图和PCB连接是否有误，元件选择是否有误，DSP芯片引脚是否存在断路或短路现象，JTAG接口的几条线上是否有短路或断路，数据线、地址线上是否有短路或断路，以及READY信号错误等。排除错误后则表明DSP本身工作基本正常。

5.4.2 调试中遇到问题的解决步骤

在按功能模块划分的器件上调试时如果出现问题，不能实现要求功能，则可以按照以下步骤进行。

(1) 关掉电源，用手感觉是否有些芯片特别热。如果是则需要检查元器件与设计要求的型号、规格和安装是否一致（可用替换方法排除错误)；重新检查这一功能模块的供电电源电路。

(2) 如果这一功能模块需要编写程序来配合完成，则更换确定正确的程序再调试，以此确定是软件问题还是硬件问题。

(3) 以信号输入至输出的顺序，用示波器观察模块的每个环节是否都能输出所需波形，如果某一环节出错，则复查前一环节，这样便能找出是哪个具体环节出现问题，将问题锁定在一个较小范围内。

(4) 检查出错环节电路的原理图连接是否正确。

(5) 检查出错环节电路原理图与PCB图是否一致。

(6) 检查原理图与器件Datasheet上引脚是否一致。

(7) 用万用表检查是否有虚焊、引脚短路现象。

5.4.3 JTAG连接错误常用解决办法

若JTAG不能识别TI的DSP，则可能存在以下几个方面的原因。

(1) 仿真器有问题：联系仿真器生产厂家。

(2) 仿真器的驱动有问题：卸载仿真器的驱动，重新启动计算机，安装仿真器驱动。

(3) 目标板有问题，可以尝试通过以下检测方法解决：

- 检查DSP的供电（内核电压、I/O电压）是否正确，纹波是否满足要求，上电顺序是否满足要求；
- 检查DSP的系统复位信号是否正常，DSP相关的所有输入脚的接法是否正确；
- 测量DSP的CLKOUT是否正确，电路板上电时DSP是否执行bootloader程序；
- 测量DSP的EMIF总线，任意两个数据线或地址线不要有短路或接错的现象；若有条件，可对EMIF总线上的负载断开再进行JTAG连接测试；
- 若DSP的EMIF总线上有FPGA设备，则需要先下载FPGA的程序，可把与DSP相关的FPGA所有信号都定义为输入；
- 正确设置CCS，打开CCS后选择Debug→Reset，若不报错，则一般来说驱动都没有问题；
- 手动多次复位DSP后再尝试连接，或连接失败后重启CCS和计算机。

5.4.4　数据读/写测试

1．片上 DARAM 读/写

TMS320VC5509A 的程序和数据空间采用统一编址，片内存储空间为 320K 字节，其中包括 128K 字节的 RAM 和 36K 字节的 ROM。DARAM（Dual-Access RAM）位于 000000h-00FFFFh 的字节地址范围，由 8 块组成，每块大小为 8K 字节。DARAM 可以被程序、数据或者 DMA 总线访问。

向地址 0x0027DB 开始的存储区域依次写入 0～999 的递增序列，然后读出数据，保存到起始地址为 0x002000 的存储区域。选择菜单 view 中的 memory 项，按照图 5.18 设置 memory browser 窗口，并单击“Go”按钮，窗口中所示为对应地址空间存储的数据，若数据与写入值相同，即为 0～999 的递增序列，说明 DARAM 写操作正常。然后按照图 5.19 设置 memory browser 窗口，单击“Go”按钮，此时窗口中所示为读取数据，若为 0～999 的递增序列，说明 DARAM 读操作正常。

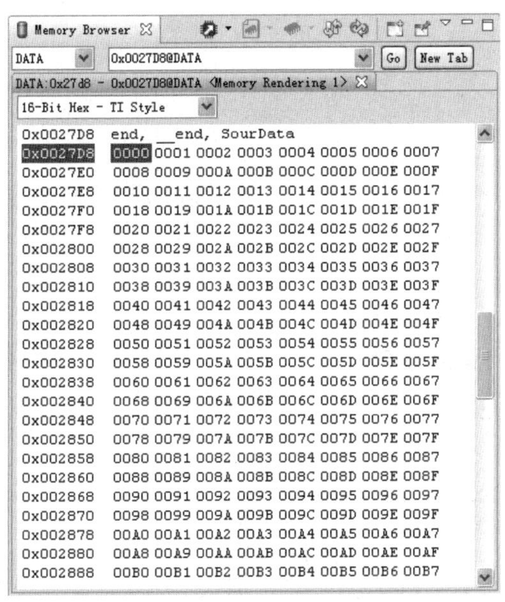

图 5.18　DARAM 写数据 memory

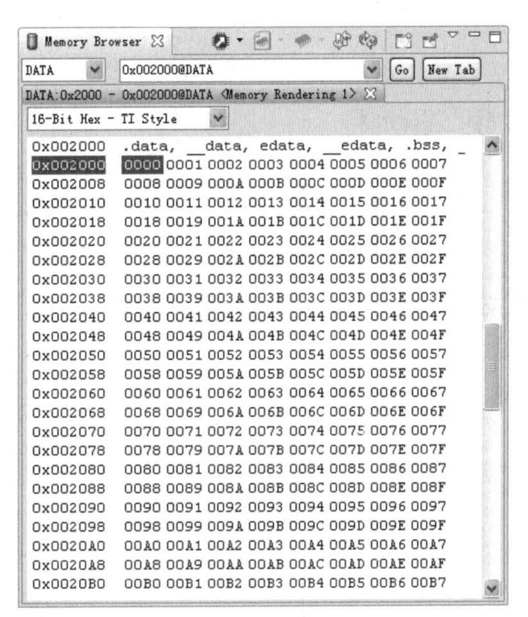

图 5.19　DARAM 读数据 memory

2．SDRAM 读/写

系统外扩一片 SDRAM，由 CE0 选通。SDRAM 大小为 4M×16 位，寻址占用 CE0 和 CE1 两个存储空间。

首先向 SDRAM 中写入 0～999 的递增序列，然后从起始地址依次读出，并保存到数组 databuffer[]中。选择菜单 view 中的 memory 项，然后按照图 5.20 设置 memory browser 窗口，单击“Go”按钮，此时窗口中所示为 databuffer[]数组。若数据与写入数据相同，即 0～999 的递增序列，则证明 SDRAM 读/写操作正常。

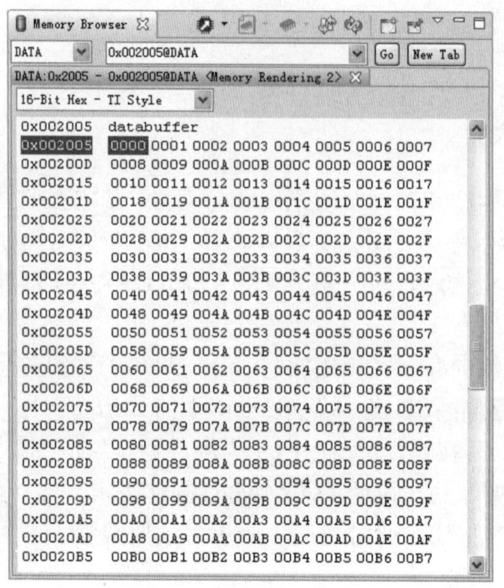

图 5.20　SDRAM 读/写测试

5.5 Boot

本节将介绍如何利用 SPI EEPROM Boot Mode 完成上电自举，主要包括 EEPROM 的读/写以及 bootLoader 烧写两部分内容。

5.5.1 EEPROM 的读/写

本设计采用的 AT25F1024 是 Atmel 公司生产的高性能串行 FLASH，存储容量为 1Mb（131072×8bit），分为 4 个扇区，每个扇区容量为 32KB，其内部结构如图 5.21 所示。

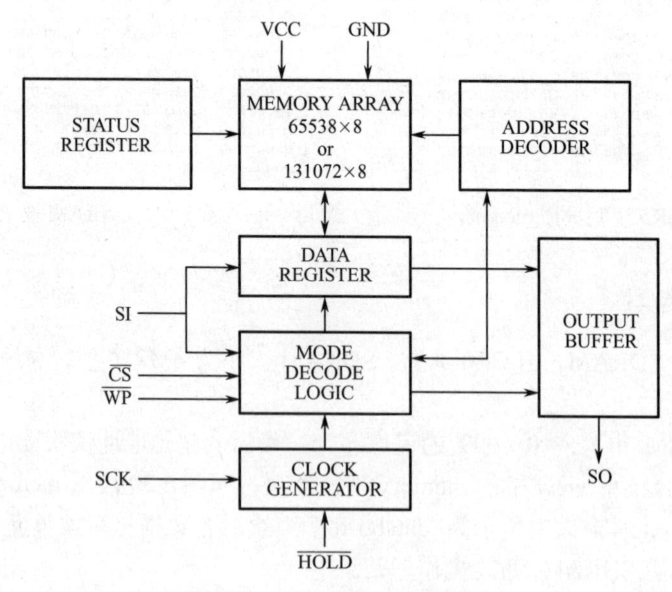

图 5.21　AT25F1024 内部结构

该芯片支持扇区擦除和整片擦除，指令格式如表 5.3 所示。

表 5.3　AT25F1024 指令格式

指令名称	指令格式	说　明
WREN	0000x110	设置写使能
WRDI	0000x100	清除写使能
RDSR	0000x101	读状态寄存器
WRSR	0000x001	写状态寄存器
READ	0000x011	读数据
PROGRAM	0000x010	整段擦除
SECTION ERASE	0101x010	整段擦除
CHIP ERASE	0110x010	全片擦除
RDID	0001x101	读厂商和器件编号

当从 AT25F1024 读取一个字节时，首先将$\overline{CS}$片选信号置低，然后读指令（READ）和要读的地址由 SI 引脚传入，在指定地址的数据（D7～D0）由 SO 引脚传出。如果只读取一个字节，当数据被送出后，$\overline{CS}$片选信号将被拉高。当字节地址自动增加时，读指令将继续，数据应将继续被送出，当到达最高地址（00FFFF）时，读指令将停止。当将一个字节写入 AT25F1024 时，要执行两条独立的命令：首先，通过写使能指令（WREN）使 FLASH 写使能；然后，执行编程指令（PROGRAM）来对 FLASH 进行写操作。在对 FLASH 编程的过程中，首先是$\overline{CS}$片选信号有效（低电平）；然后编程指令、地址和数据通过 SI 引脚传送进来；最后，当$\overline{CS}$片选信号置位为高后，芯片开始编程。

编程指令只能对没有被块写保护指令保护的空间进行写操作。由于写命令只能将内部数据由 1 写成 0，反之则不行。因此，在写入数据前一定要先对内部空间进行擦除操作。读/写时序分别如图 5.22 和图 5.23 所示。

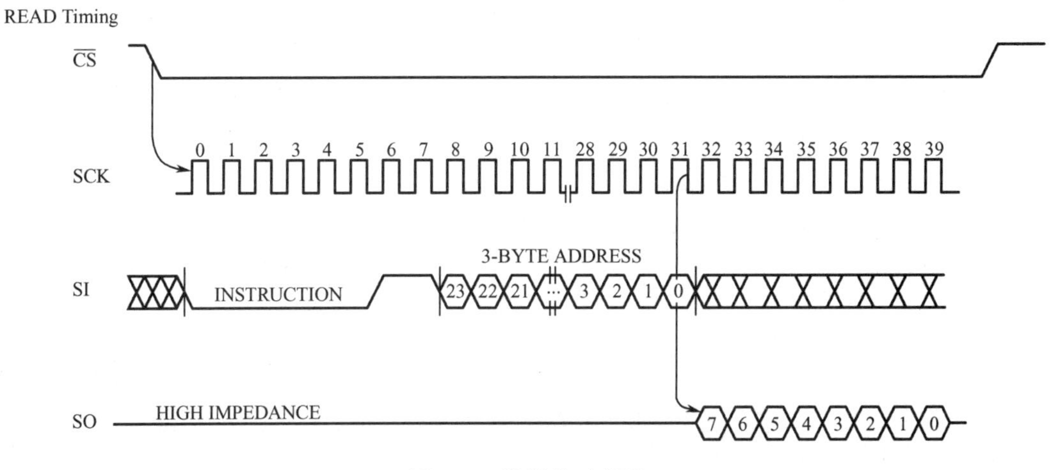

图 5.22　读操作时序图

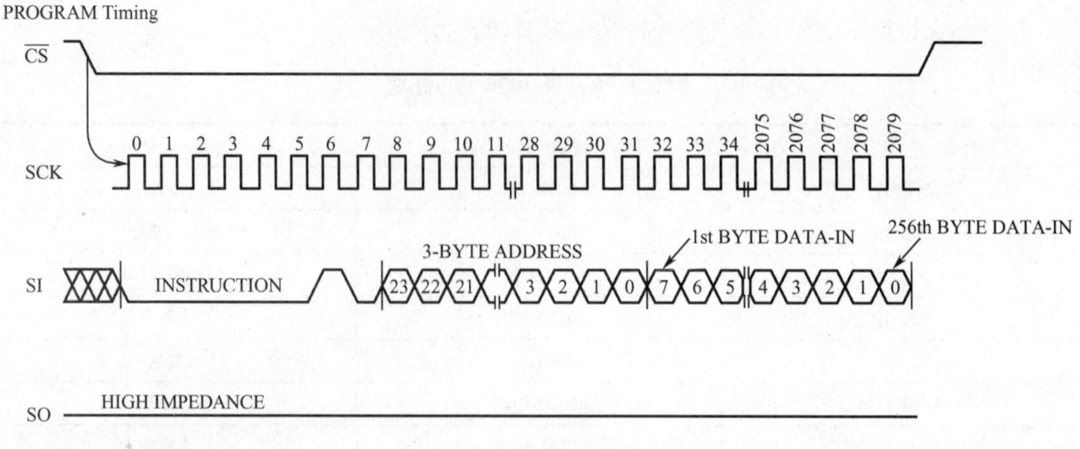

图 5.23　写操作时序

5.5.2　DSP bootLoader 烧写步骤

用户开发的程序最终要烧写到开发板上的 FLASH，以便脱机运行。运行过程需要两个程序——被烧写的程序 A 和读/写 EEPROM 的程序 B。A 的.out 文件转换为 CCS 能够识别的.dat 文件，然后程序 B 将.dat 文件写到外部 EEPROM 中，上电的时候 TMS320VC5509A 自动会将 EEPROM 搬移到片内运行。通常使用工具链完成.out 文件到.dat 或.h 文件的转换，其中 boot55x.cmd 将 A 程序的.out 文件转换为.hex 文件，hex2h.exe 将生成的.hex 文件转换为.h 文件以方便加入工程，转换工具如图 5.24 所示。具体步骤如下：

图 5.24　out 文件转换工具

第 1 步：将编译后的.out 文件转换为.hex 文件

（1）将编译好的.out 文件复制到 E:\burn_5509a 文件夹中，此处为 Timer_LED.out。

（2）将 hex55.exe、boot55x.cmd、hex2h.exe 复制到 E:\burn_5509a 文件夹中。

（3）编写 boot55x.cmd，详细内容如下：

```
Timer_LED.out              /*输出文件/
-a                         /*ASCII 格式*/
-map Timer_LED.mxp         /*输出 map 文件（无用）*/
-o Timer_LED.hex           /*输出 hex 文件*/
-delay 0x0100              /*延迟 0x100 个 CPU 时钟*/
-serial8                   /*串行加载方式*/
-boot                      /*创建 boot 文件*/
-v5510:2                   /*DSP 型号，版本号*/
```

（4）选择开始→运行命令，输入 cmd，并单击“确定”按钮，如图 5.25 所示。

图 5.25　打开命令行窗口

（5）进入 DOS，如图 5.26 所示输入命令，执行完成后生成 Timer_LED.hex 文件。

图 5.26　DOS 下生成 hex 文件

第 2 步：通过 hex2h.exe 文件，将 Timer_LED.hex 文件转换为 boot_dat.h 文件，如图 5.27 所示。

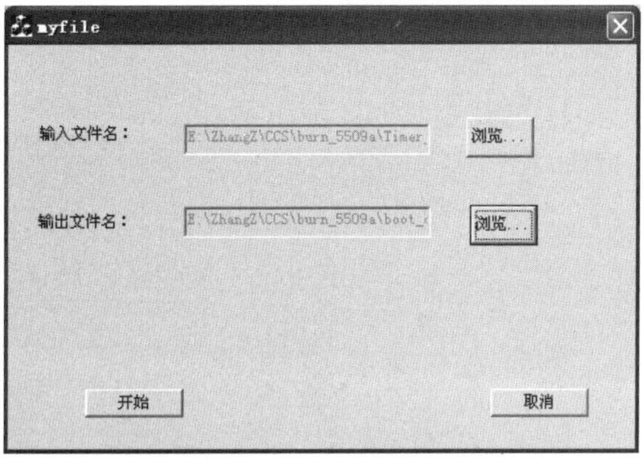

图 5.27　将 hex 文件转换为 h 文件

第 3 步，将生成的 boot_dat.h 文件复制覆盖到 EEPROM 读/写程序文件夹中，打开 CCS 重新编译 EERPOM 读/写工程，DEBUG 模式下运行程序；完成烧写后，将 GPIO0、GPIO1、

GPIO2、GPIO3 分别配置为 0、1、0、0。重启或复位即可运行 FLASH 中的程序，可以观察到 LED 灯交替闪烁，如图 5.28 所示。

图 5.28　FLASH 上电自举现象

若程序不能正确引导，可以从以下几个方面查找问题：

① GPIO4 的电平变化。在程序正确下载到外部芯片、上电引导的时候，GPIO4 会自动变低，而不需要程序的操作，这是因为 TMS320VC5509A 把 GPIO4 作为 DSP 二次引导硬件的一部分；

② 判断 DR0 引脚信号电平的变化。在上电开始，DR0 会输出 0x03 的数据，其后是 DX0 的地址输出（最开始是 0x00），然后是 DR0 数据的输出；

③ 最重要的是.dat 文件的正确性能。在转换的时候任何一步出现问题，都会导致 DSP 不能正确进行程序引导。

第6章　基于TMS320VC5509A的音频处理DSP系统程序设计

6.1　概述

本章以实际的应用为例介绍基于TMS320VC5509A的音频处理DSP系统程序的设计开发过程，结合前面章节内容，参考前言所述网站（eelab.buaa.edu.cn）上的程序（源程序主要代码部分见附录C），可以完整地实现DSP的应用开发。

音频信号是带有语音、音乐和音效的有规律的声波频率、幅度变化的信息载体，它存在于生活中的各个方面，如人们的对话、日常听的音乐等。

音频信号处理是信号处理的重要组成部分，主要用来实现音量调节、延时、回声、回响、均衡、去噪等处理过程，对音频进行数字信号处理的流程同常规的数字信号处理相同，包括音频采样、音频处理和音频输出三个过程，如图6.1所示。

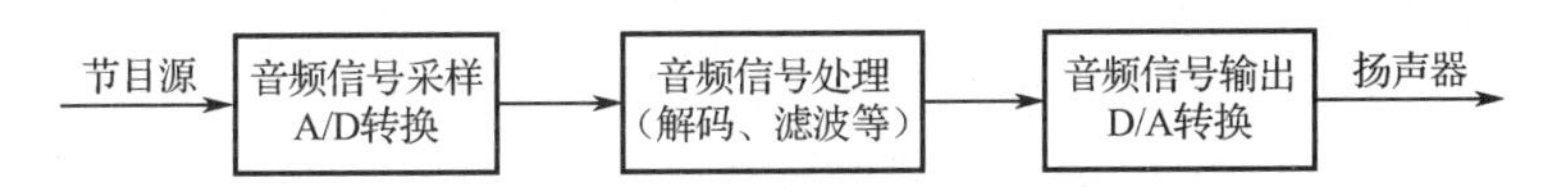

图6.1　音频信号处理流程

音频信号处理系统是常见的信号处理系统，一般由节目源、信号处理系统、扬声器系统等部分组成，节目源即音频信号的输入源，目前较多使用计算机和手机，信号处理系统包括解码器、放大器、压缩器、限制器等，扬声器是音频输出的最后一个环节，常见的扬声器有音响、喇叭等。

随着科技的进步，模拟的音频信号处理已经不能满足需求，数字化的音频处理方式成了音频信号的发展趋势。数字化的音频处理是利用数字滤波算法对采集到的信号进行变换处理。采集后的信号可以进行例如时域滤波、频域滤波或者双音多频的识别等诸多操作。本章将在接下来的几节中对上述滤波及处理方式给出更加详细的说明。

DSP 实现的音频滤波系统硬件部分主要由语音解码芯片 TLV320AIC23 和 DSP 芯片TMS320VC5509A组成，TLV320AIC23是TI公司推出的一款高性能立体声音频编解码器，内置耳机输出放大器，支持mic和line in二选一的输入方式。DSP使用I²C对编解码芯片进行配置，通过McBSP与TLV320AIC23进行通信。

McBSP是TI公司生产的数字信号处理芯片的多通道缓冲串行口。McBSP是在标准串行接口的基础之上对功能进行扩展，因此具有与标准串行接口相同的基本功能。此外McBSP还支持多通道发送和接收，每个串行口最多支持128通道，其串行字长度可选，包括8、12、16、20、24和32位，另外它还支持μ律和A律数据压缩扩展。

TMS320VC5509A可以方便地通过其自带的多通道缓冲串行口McBSP与语音编解码芯片

进行通信，其接口电路如图 6.2 所示。

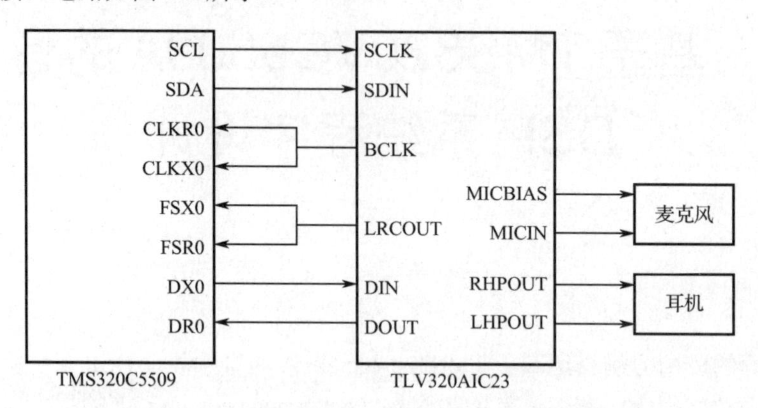

图 6.2 TMS320VC5509A 与 TLV320AIC23 接口图

编解码芯片 TLV320AIC23 引脚说明如下：

SCLK：串口配置时钟。

SDIN：串口数据输入。

BLK：数字音频接口时钟信号，当编解码芯片处于从模式时，此时钟由 DSP 产生，本章的例程中编解码芯片处于主模式，时钟由 AIC23 提供。

LRCOUT：数据口 ADC 输出的帧同步信号。

DIN：数字音频接口 DAC 方向的数据输入。

DOUT：数字音频接口 ADC 方向的数据输出。

DSP 通过 I^2C 总线完成对编解码芯片 AIC23 的配置，AIC23 在完成语音信号的采样后通过 McBSP 接口发送到 DSP 上。DSP 对采样数据进行处理后，将语音数据通过 McBSP 接口发送到 AIC23，AIC23 将其转换成模拟信号通过输出设备输出。

6.2 采集语音

语音的采集实际上是将模拟的声音信号转化为数字信号的采样过程，采样频率是指每秒钟采样多少个声音样本，而采样位数则是描述转化后的数字信号的二进制位数，采样频率越高，声音可以被还原得更连续和自然，而采样位数越多，声音的细节就更丰富，包含的信息量越大。

TLV320AIC23 是工程中常用的语音采集芯片，本系统使用此芯片完成语音信号的采集和输出。该芯片内部集成了数模转换器（DAC）以及模数转换器（ADC），采样率可以达到 96kHz。DSP 通过 I^2C 总线完成对 AIC23 芯片采样以及数据传输的设置。

首先对 DSP 的 McBSP 进行配置，配置过程见第 4 章 4.9 节。AIC23 通过 McBSP 与 DSP 进行通信，一次传输位数为 16 位，将数据存进数组中。

然后对 AIC23 进行控制，AIC23 的控制字长度为 16 位，其中低 9 位为写入寄存器的数值，高 7 位为该寄存器的地址。在配置好 I^2C 接口后，分别配置 AIC23 的数字接口、模拟通路、数字通路、采样率、耳机音量、节点模式等参数。

表 6.1 详细说明了 TLV320AIC23 各寄存器的含义及地址。

表 6.1　TLV320AIC23 各寄存器映射地址及含义

地址	寄　存　器
0000000	左声道输入音量控制
0000001	右声道输入音量控制
0000010	左声道输出音量控制
0000011	右声道输出音量控制
0000100	模拟音频通道控制
0000101	数字音频通道控制
0000110	节电模式控制
0000111	数字音频接口控制
0001000	采样率控制
0001001	数字音频激活开关
0001111	初始化寄存器

各寄存器的详细说明如表 6.2～表 6.10 所示。

表 6.2　左声道输入音量控制（地址：0x0000000）

位数	8	7	6	5	4	3	2	1	0
功能	LRS	LIM	X	X	LIV4	LIV3	LIV2	LIV1	LIV0
缺省	0	1	0	0	1	0	1	1	1

LRS：左右声道同时更新，0=禁止，1=使能；

LIM：左声道输入衰减，0=正常，1=衰减；

LIV[4：0]：左声道输入控制衰减（10111 = 0dB 缺省）；

11111=+12dB，00000=-34.5dB，间隔为-1.5dB；

X：保留。

表 6.3　右声道输入音量控制（地址：0x0000001）

位数	8	7	6	5	4	3	2	1	0
功能	RLS	RIM	X	X	RIV4	RIV3	RIV2	RIV1	RIV0
缺省	0	1	0	0	1	0	1	1	1

RLS：左右声道同时更新，0=禁止，1=使能；

RIM：右声道输入衰减，0=正常，1=衰减；

RIV[4：0]：右声道输入控制衰减（10111 = 0dB 缺省）；

11111=+12dB，00000=-34.5dB，间隔为-1.5dB；

X：保留。

表 6.4　左声道输出音量控制（地址：0x0000010）

位数	8	7	6	5	4	3	2	1	0
功能	LRS	LZC	LHV6	LHV5	LHV4	LHV3	LHV2	LHV1	LHV0
缺省	0	1	1	1	1	1	0	0	1

LRS：左右耳机声道同时更新，0=禁止，1=使能；
LZC：零点检测，0=关，1=开；
LHV[6：0]：左耳机通道控制音量衰减（1111001=0dB 缺省）；
1111111=+6dB，0110000=-73dB，低于 0110000 没有意义。

表 6.5　右声道输出音量控制（地址：0x0000011）

位数	8	7	6	5	4	3	2	1	0
功能	RLS	RZC	RHV6	RHV5	RHV4	RHV3	RHV2	RHV1	RHV0
缺省	0	1	1	1	1	1	0	0	1

RLS：左右耳机声道同时更新，0=禁止，1=使能；
RZC：零点检测，0=关，1=开；
RHV[6：0]：右耳机通道控制音量衰减（1111001=0dB 缺省）；
1111111=+6dB，0110000=-73dB，低于 0110000 没有意义。

表 6.6　模拟音频通道控制（地址：0x0000100）

位数	8	7	6	5	4	3	2	1	0
功能	X	STA1	STA0	STE	DAC	BYP	INSEL	MICM	MICB
缺省	0	0	0	0	1	1	0	1	0

STA[1：0]：侧音衰减，00= -6dB，01=-9dB，10= -12dB，11= -15dB；
STE：侧音激活，0=禁止，1=开启；
DAC：DAC 选择，0=禁止，1=开启；
BYP ：旁路，0=禁止，1=开启；
INSEL：模拟输入选择，0=line in，1=麦克；
MICM：麦克风衰减，0=普通，1=衰减；
MICB：麦克风增益，0=0dB，1=20dB。

表 6.7　数字音频通道控制（地址：0x0000101）

位数	8	7	6	5	4	3	2	1	0
功能	X	X	X	X	X	DACM	DEEMP	DEEMP	ADCHP
缺省	0	0	0	0	0	0	1	0	0

DACM：DAC 软件衰减，0=禁止，1=开启；
DEEMP[1：0]：De-emphasis 控制，00=禁止，01=32kHz，10=44.1kHz，11=48kHz；
ADCHP：ADC 滤波器，0=禁止，1=开启；
X：保留。

表 6.8　节电模式控制（地址：0x0000110）

位数	8	7	6	5	4	3	2	1	0
功能	X	OFF	CLK	OSC	OUT	DAC	ADC	MIC	LINE
缺省	0	0	0	0	0	0	1	1	1

OFF：设备电源，0=开，1=关；
CLK：时钟，0=开，1=关；
OSC：振荡器，0=开，1=关；
OUT：输出，0=开，1=关；
DAC：DAC，0=开，1=关；
ADC：ADC，0=开，1=关；
MIC：麦克风输入，0=开，1=关；
LINE：line 输入，0=开，1=关；
X：保留。

表 6.9　数字音频接口格式控制（地址：0x0000111）

位数	8	7	6	5	4	3	2	1	0
功能	X	X	MS	LRSWA	LRP	IWL1	IWL0	FOR1	FOR0
缺省	0	0	0	0	0	0	0	0	1

MS：主从模式，0=从模式，1=主模式；
LRSWAP：DAC 左右通道交换，0=禁止，1=开启；
LRP：DAC 左右通道设定，0=右通道在 LRCIN 高电平，1=左通道在 LRCIN 低电平；
IWL[1:0]：输入长度，00=16bit 01=20bit 10=24bit 11=32bit；
FOR[1:0]：数据初始化，11=DSP 初始化，帧同步来自两个字，10=I^2S 初始化，
01=MSP 优先，左对齐，00=MSP 优先，右对齐；
X：保留。

表 6.10　采样率控制（地址：0x0001000）

位数	8	7	6	5	4	3	2	1	0
功能	X	CLKOUT	CLKIN	SR3	SR2	SR1	SR0	BOSR	USB/normal
缺省	0	0	0	1	0	0	0	0	0

CLKOUT：输出时钟分频，0=MCLK，1=MCLK/2；
CLKIN：输入时钟分频，0=MCLK，1=MCLK/2；
SR[3:0]：样本速度控制；
BOSR：基本速度比：
USB 模式：0=250f_s，1=272f_s；
普通模式：0=256f_s，1=384f_s；
USB/normal：时钟模式选择，0=normal，1=USB；
X：保留。

此外，向数据接口激活寄存器（0x0001001）最低位写 1 即可激活接口，向 RESET 寄存器（0x0001111）写入全 0 即可重置芯片。

寄存器设置程序如下：

```
// 数字接口格式设置为主模式，DSP 模式，数据位数为 16 位
```

```
Uint16 Digital_Audio_Interface_Format[2]={
    Codec_DAIF_REV,
    DAIF_MS(1)+DAIF_LRSWAP(0)+DAIF_LRP(1)+DAIF_IWL(0)+DAIF_FOR(3)};
// AIC23 的波特率设置，采样率为 48k
Uint16 Sample_Rate_Control[2] = {
    Codec_SRC_REV,
    SRC_CLKIN(0)+SRC_CLKOUT(0)+SRC_SR(0)+SRC_BOSR(0)+SRC_USB(0)};
// AIC23 寄存器复位
Uint16 Reset[2] ={
    Codec_RST_REV,
    RST_RES};
// AIC23 节电方式设置为默认
Uint16 Power_Down_Control[2] ={
    Codec_PDC_REV,
    PDC_DEFAULT};
// AIC23 模拟音频的控制：关掉侧音
// DAC 使能，ADC 输入选择为音频输入
Uint16 Analog_Audio_Path_Control[2] = {
    Codec_AAPC_STA2(0),
    AAPC_STA10(0)+AAPC_STE(0)+AAPC_DAC(1)+AAPC_BYP(0)+AAPC_INSEL(1)+AAPC_MICM
(0)+AAPC_MICB(0)};
// AIC23 数字音频通路的控制
// 使能 ADC 高通滤波
Uint16 Digital_Audio_Path_Control[2] ={
    Codec_DAPC_REV,
    DAPC_DACM(0)+DAPC_DEEMP(0)+DAPC_ADCHP(1)};
// AIC23 数字接口的使能
Uint16 Digital_Interface_Activation[2] ={
    Codec_DIA_REV,
    DIA_ACT(1)};
// AIC23 左通路音频调节
Uint16 Left_Line_Input_Volume_Control[2] ={
    Codec_LLIVC_LPS(1),
    LLIVC_LIM(0)+LLIVC_LIV(23)};
// AIC23 右通路音频调节
Uint16 Right_Line_Input_Volume_Control[2] = {
    Codec_RLIVC_RLS(1),
    RLIVC_RIM(0)+RLIVC_RIV(23)};
// AIC23 耳机左通路音频调节
Uint16 Left_Headphone_Volume_Control[2] = {
    Codec_LHPVC_LRS(1),
    LHPVC_LZC(1)+LHPVC_LHV(127)};
```

```
// AIC23 耳机右通路音频调节
Uint16 Right_Headphone_Volume_Control[2] = {
        Codec_RHPVC_RLS(1),
        LHPVC_RZC(1)+LHPVC_RHV(127)};
```

6.3 时域滤波

滤波即有选择地提取或者去掉信号频谱中的一段频率或几段频率。数字滤波器是利用数字器件对信号实行滤波的数字系统，常用 DSP、FPGA 等可编程芯片进行编程实现，数字滤波器按照单位冲激响应的时域特性可以分为无限冲激响应（IIR）滤波器和有限冲激响应（FIR）滤波器。本实例利用 FIR 滤波器对在时域上输入音频信号进行低通滤波。

FIR 数字滤波器是一种非递归系统，其冲激响应 $h(n)$是有限长序列，因此可以在时域上直接对信号进行卷积操作达到滤波的目的，其差分方程表达式为：

$$y(n)=\sum_{i=0}^{N-1}h(i)x(n-i)$$

式中，N 为 FIR 滤波器的阶数。

在数字信号处理应用中往往需要设计线性相位的滤波器，FIR 滤波器在保证幅度特性满足技术要求的同时，很容易做到严格的线性相位特性。为了使滤波器满足线性相位条件，要求其单位脉冲响应 $h(n)$为实序列，且满足偶对称或奇对称条件，即 $h(n)=h(N-1-n)$ 或 $h(n)=-h(N-1-n)$。这样，当 N 为偶数时，偶对称线性相位 FIR 滤波器的差分方程表达式为：

$$h(n)=h(N-1-n)\text{或 } h(n)=-h(N-1-n)$$

由上可见，FIR 滤波器不断地对输入样本 $x(n)$延时后，再做乘法累加运算，将滤波器结果 $y(n)$输出。因此，FIR 实际上是一种乘法累加运算。而对于线性相位 FIR 而言，利用线性相位 FIR 滤波器系数的对称特性，可以采用结构精简的 FIR 结构将乘法器数目减少一半。

1. FIR 滤波器设计

我们采用 MATLAB 的 FDATOOL 工具设计 FIR 滤波器。FDATool 是 MATLAB 数字信号处理工具箱中一种图形化的滤波器设计与分析工具，使用该工具可以快速设计各种类型的滤波器，并计算出滤波器系数，还可以画出滤波器的幅度、相位响应、群/相位延迟和零极点分布图。

在 MATLAB 中设计 FIR 滤波器步骤如下：

（1）在 MATLAB 命令行中输入 fdatool，弹出如图 6.3 所示窗口。

（2）设置滤波器为低通滤波器，FIR 类型，最小阶数为 100 阶，采样频率为 48000Hz，考虑到声音信号的带宽，取通带为 600Hz，阻带为 1000Hz。生成的频率响应图如图 6.4 所示。

（3）将滤波器参数导出。选择 Target 选项，选择 Generate C Header，弹出窗口如图 6.5 所示，选择输出格式为 32bit 浮点类型，单击“Generate”按钮，更改.h 文件名称和路径，生成.h 文件。

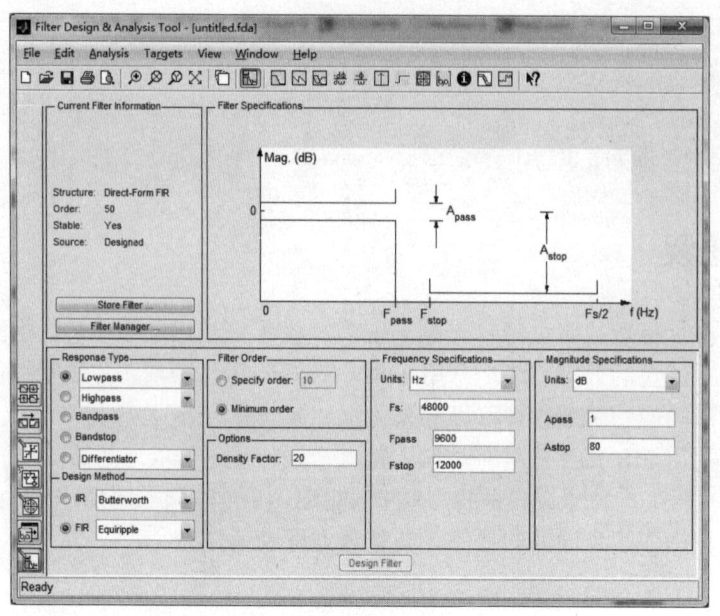

图 6.3　Filter Design & Analysis Tool 界面

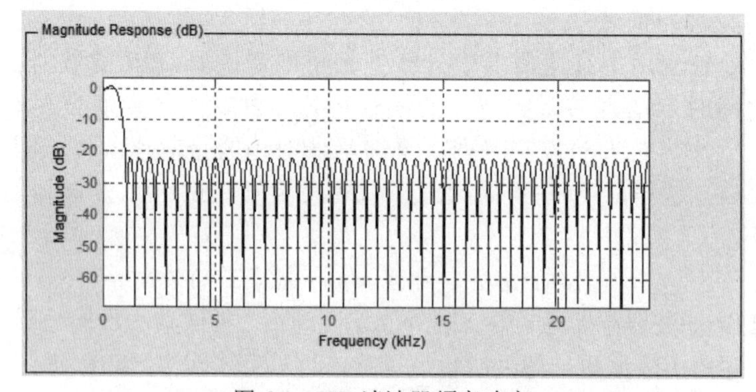

图 6.4　FIR 滤波器频率响应

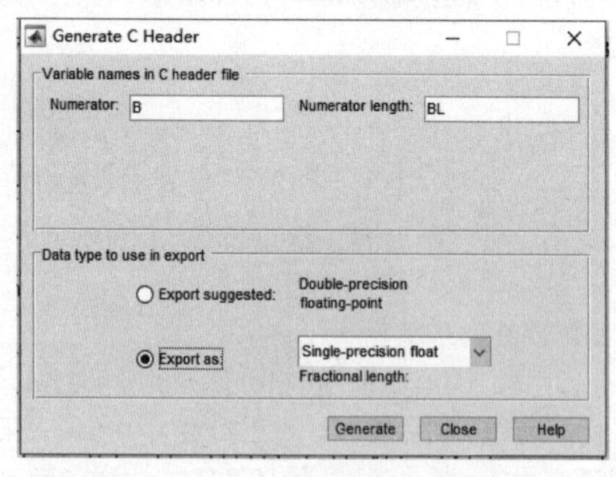

图 6.5　滤波器参数导出界面

2．在 CCS 中编写时域滤波程序

在 MATLAB 完成 FIR 滤波器的设计后，下面在 CCS 中编写时域滤波程序。首先在 CCS

新建并配置工程，步骤如下。

新建工程，选项设置如图 6.6 所示。

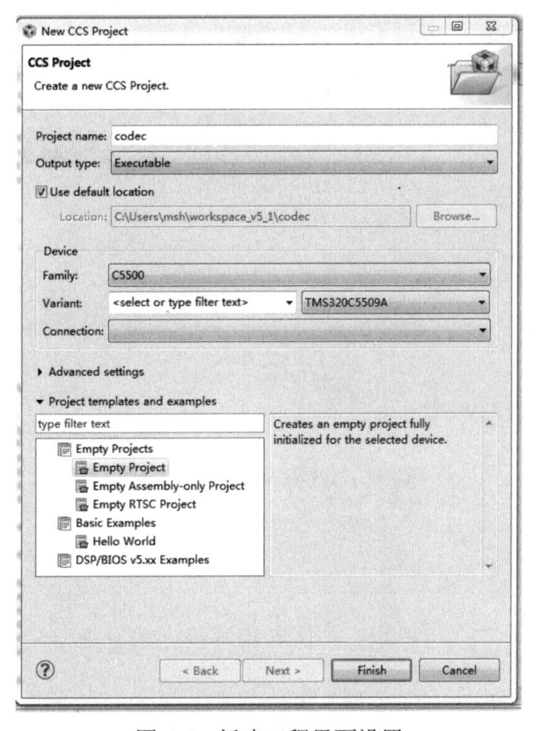

图 6.6　新建工程界面设置

（2）由于该工程中用到了 CSL 库，因此需要添加工程头文件路径和库函数路径。首先右击当前工程，选择 properties 选项，在 build 选项卡中 C5500 Compiler 的 Include Options 添加 CSL 库的头文件路径，具体设置如图 6.7 所示。

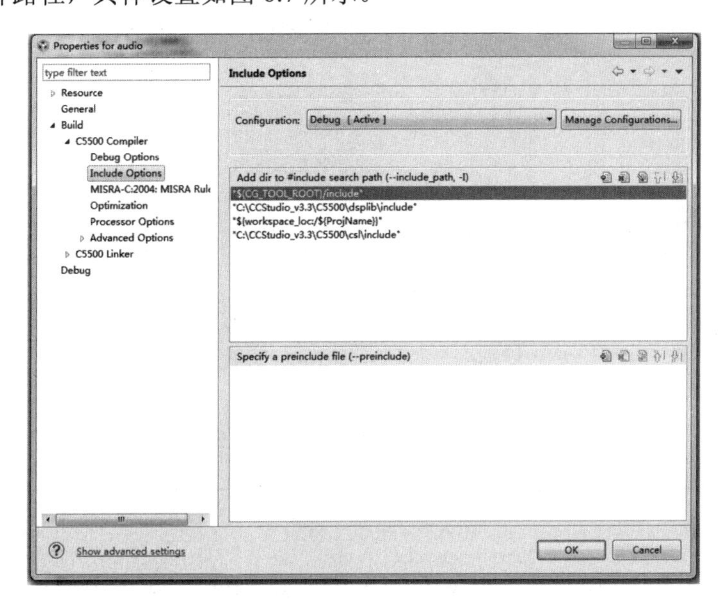

图 6.7　设置头文件包含路径

（3）在 C5500 Linker 中的 File search path 中加入 csl5509ax.lib，路径如图 6.8 所示。

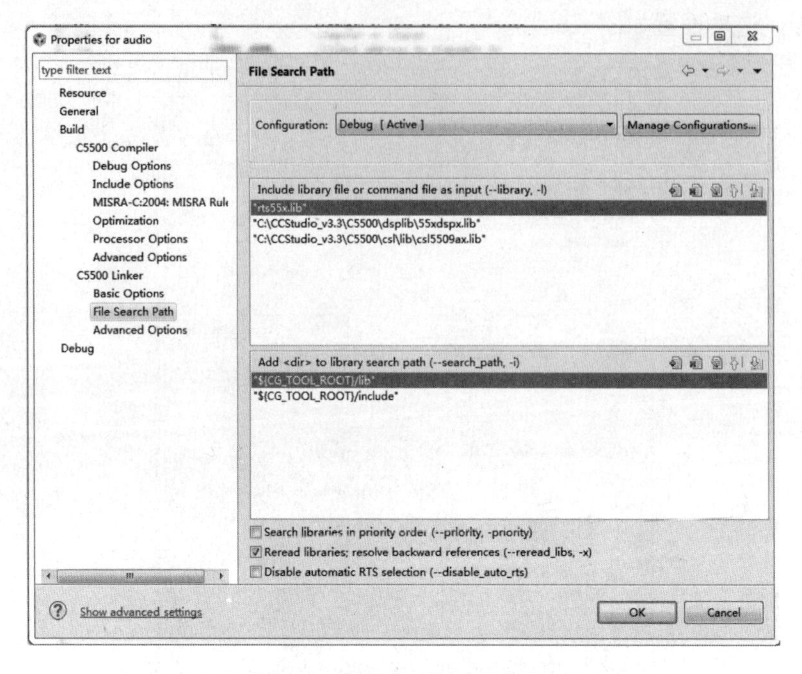

图 6.8　库函数引用路径设置

（4）在完成头文件路径和库的添加操作之后，为工程添加配置文件。右击工程，选择 NEW 选项卡里的 Target Configuration File，具体配置如图 6.9 所示。

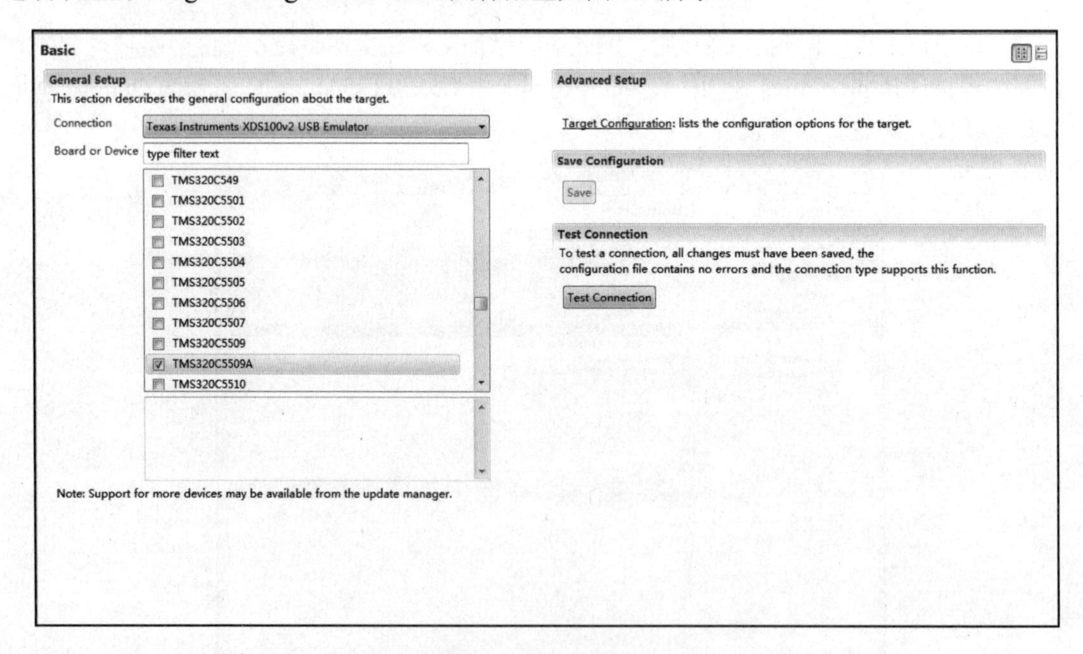

图 6.9　配置文件设置

（5）添加 CMD 文件，将写好的 CMD 文件通过 Add File 加入工程。

在配置完工程之后，进行时域滤波程序的编写，时域滤波程序流程如图 6.10 所示。

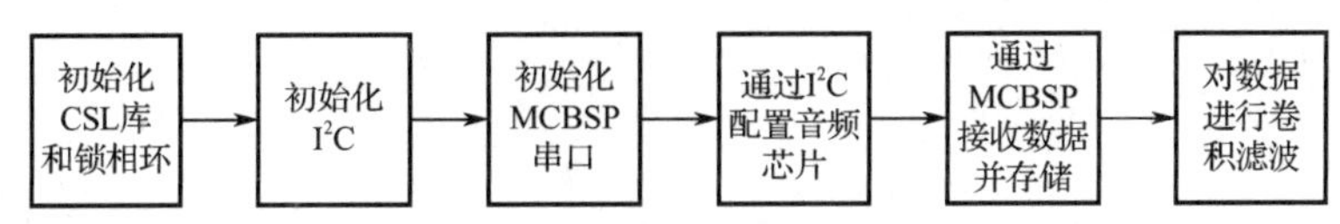

图 6.10 时域滤波程序流程

I^2C 总线和 McBSP 串口的介绍以及配置方法见第 4 章内容，在此不过多赘述。FIR 滤波过程为卷积过程，通过两个 FOR 循环控制进行乘加操作即可完成。主要核心程序代码如下所示：

```
for (j = 0;j<2000;j++)
  {
        yn = 0;
        for(i = 0;i<N;i++)
        {
             yn += B[i]*(float)input[j+i];      //强制类型转换，否则会产生溢出错误
        }
        output[j] = yn;
  }
```

3. 时域滤波仿真测试

最后对 TMS320VC5509A 板进行硬件仿真并观察信号波形，步骤如下：

（1）连接 TMS320VC5509A 开发板电源线、下载线以及语音接口。

（2）编译工程并单击 按钮进入调试界面。

（3）在主函数末尾括号前双击加入断点，单击 DUBUG 栏中运行按钮 运行程序，使程序执行至函数结束。

（4）观察输入/输出波形。选择 Tool→Graph→Single Time 命令，弹出窗口如图 6.11 所示，输入信号（即采集到的语音信号）选择 16 位有符号数，起始地址通过 Expression 观察填入，数据长度为 2000 个数，单击“OK”按钮，得到输入的波形如图 6.12 所示。

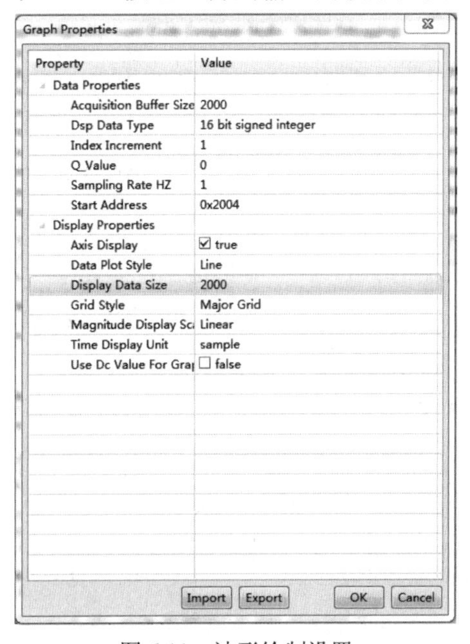

图 6.11 波形绘制设置

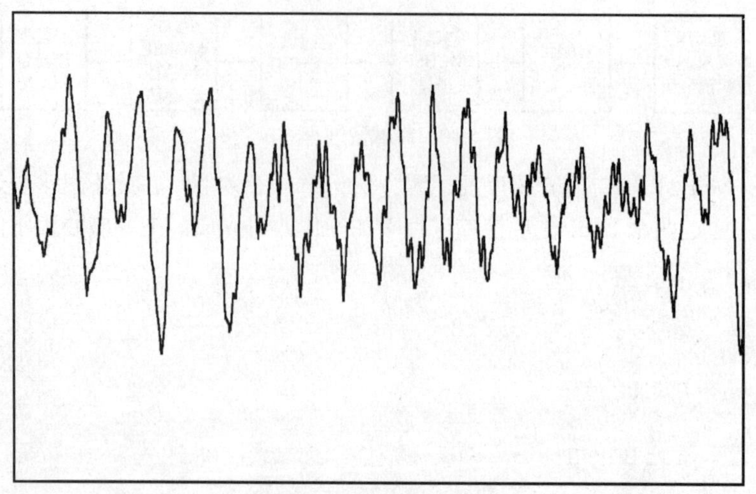

图 6.12 采集到的音频波形

（5）使用同样的方法对输出波形进行显示，得到 FIR 滤波后的波形如图 6.13 所示。

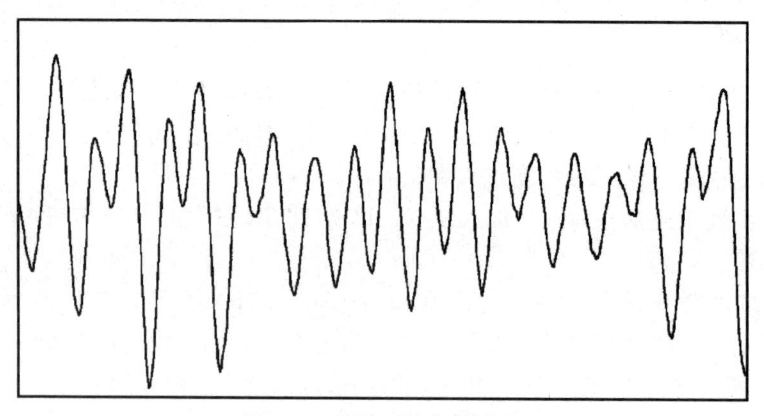

图 6.13 滤波后的音频波形

（6）放大对比滤波前后的细节（见图 6.14），从图中可以看到，滤波后的信号整体形状没有变化，但是高频的部分被滤除，信号变得更加平滑，从而达到低通滤波的目的。

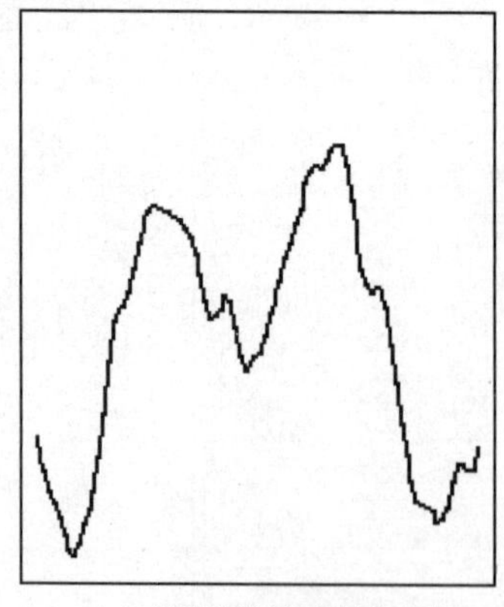

（a）滤波前信号细节图

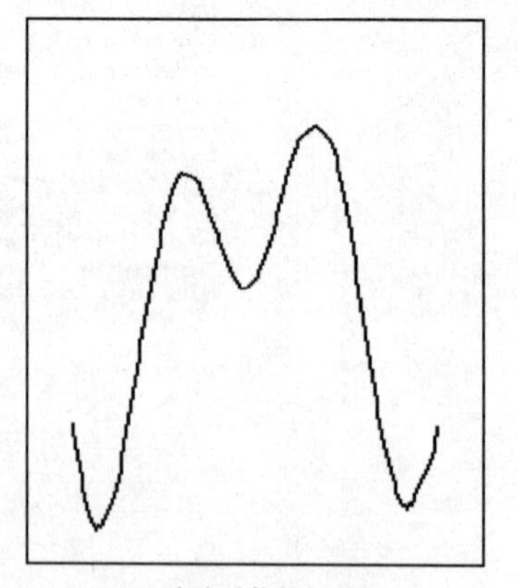

（b）滤波后信号细节图

图 6.14 滤波前后音频波形对比

6.4 频域滤波

与时域滤波直接对信号进行卷积操作不同，频域滤波是在频域对信号的频谱进行加窗达到滤波的功能。

傅里叶变换是数字信号处理的常用工具，傅里叶变换将信号的时域和频域联系在一起，通过对信号频域进行有目的的选取可以达到滤波的目的。通过给频域加矩形窗即去除所需频率之外的频率分量来达到低通滤波的效果。频域滤波流程如图 6.15 所示。

图 6.15 频域滤波流程图

在频域滤波中，傅里叶变换起到非常重要的作用，其算法如下：

FFT（Fast Fourier Transformation，快速傅里叶变换）是 DFT（Discrete Fourier Transform，离散傅里叶变换）的一种快速算法，将 DFT 的 N^2 次运算量减少为（$N/2$）lb$N$ 次，极大地提高了运算速度，FFT 就是利用了旋转因子的对称性和周期性来减少运算量的。

一般而言，FFT 算法分为时间抽取（DIT）FFT 和频率抽取（DIF）FFT 两大类。时间抽取 FFT 算法的特点是每一级处理都是在时域里把输入序列依次按奇/偶一分为二分解成较短的序列；频率抽取 FFT 算法的特点是在频域里把序列依次按奇/偶一分为二分解成较短的序列来计算。DIT 和 DIF 两种 FFT 算法的区别是旋转因子 W_N^k 出现的位置不同。DIT FFT 中旋转因子 W_N^k 在输入端，DIF FFT 中旋转因子 W_N^k 在输出端，除此之外，两种算法是一样的。在本节中实现的是基 2 的时间抽取 FFT 算法。

时间抽取 FFT 是将 N 点输入序列按照偶数和奇数分解为偶序列和奇序列两个序列：偶序列：x(0),x(2),x(4),⋯,x(N−2)；奇序列：x(1),x(3),x(5),⋯,x(N−1)。

因此，$x(n)$的 N 点 FFT 可表示为：

$$X(k)=\sum_{n=0}^{\frac{N}{2}-1}x(2n)W_N^{2nk}+\sum_{n=0}^{\frac{N}{2}-1}x(2n+1)W_N^{(2n+1)k}=Y(k)+W_N^kZ(k)$$

式中，$Y(k)$，$Z(k)$分别是一个 $N/2$ 点的 DFT。以同样的方式进一步抽取，就可以得到 $N/4$ 点的 DFT，重复这个抽取过程就可以使 N 点的 DFT 用一组 2 点的 DFT 表示。

因为 FFT 程序较为复杂，可读性较差，因此采用直接调用 DSPlib 中的库函数实现傅里叶变换以及逆变换。DSPlib 是德州仪器公司为方便用户使用 DSP 芯片推出的一系列库函数中的数字信号处理库，使用这个库函数，可以更方便地实现 FIR、FFT、IFFT 等诸多功能，且库函数本身运算速度快，可移植性好。

使用库函数完成频域滤波的程序如下：

```
//进行 512 点的复数 FFT
cfft_SCALE(input,512);
cbrev(input,input,512);
//加矩形窗滤波
```

```
    for(i=20;i<980;i++)
    {
        input[i]=0;
    }
//进行 512 点的复数 IFFT
cifft_NOSCALE(input,512);
cbrev(input,input,512);
    for(i=0;i<1000;i++)
    {
        output_s[i]=input[2*i];
    }
```

利用 CCS 编写频域滤波的过程和时域滤波基本相同，不同的是只需在 Include Path 和 Link File 中加入 DSPlib 的相关路径和文件即可。滤波结果如图 6.16 和图 6.17 所示。

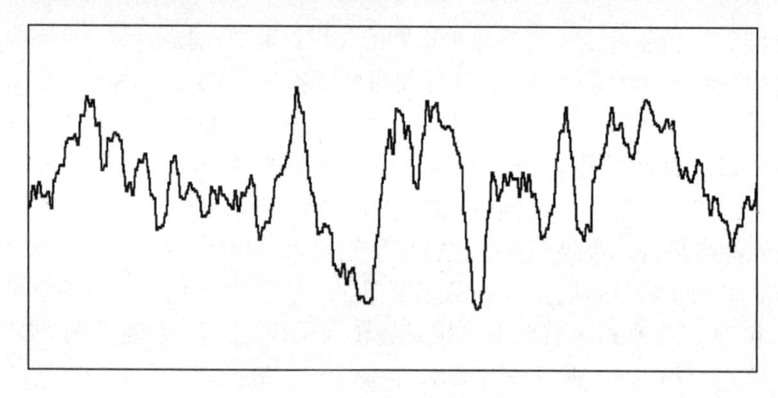

图 6.16　采集到的音频波形

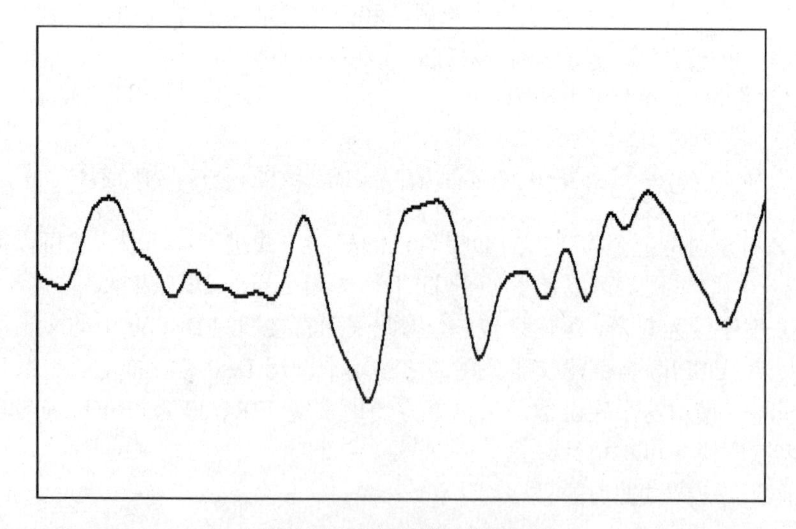

图 6.17　滤波后的音频波形

由时域波形可以看出，滤波前后信号形状相似，但是滤波后的信号更加圆滑，损失了很多高频细节，实现了低通滤波的功能。

6.5 语音输出

语音采集过程在 6.2 节中已经详细介绍过，主要过程为配置 McBSP，配置 I²C 总线，通过 I²C 总线对 TLV320AIC23 芯片进行配置，最后利用 McBSP 串口读取音频数据。语音播放（输出）的配置同语音采集基本相同。

首先对 McBSP 进行配置，将 McBSP 设置工作在 SPI 模式下，同时作为从设备连接 TLV320AIC23 芯片，即由音频芯片 AIC23 提供时钟，将发送数据的长度定为 32bit，即左右声道各 16bit。

其次是 I²C 的设置，将 I²C 设置为 7 位地址模式，并设置时钟，最后通过 I²C_write 函数对 AIC23 进行配置，需要配置的寄存器有：左声道输出音量控制、右声道输出音量控制、模拟音频通道控制、数字音频通道控制、节电模式控制、数字音频接口格式控制、采样率控制、数字音频激活开关、初始化寄存器。配置参数见 6.2 节内容。

在进行了 Msbsp 配置和 AIC23 芯片的配置之后，语音数据的播放变得比较简单。通过函数 Mcbsp_write16(hMcbsp)将存入数组的 16 位数据通过 Mcbsp 串口通过 DX 线发送给 AIC23 芯片，AIC 芯片通过其内置的 DAC 将其转化为模拟信号通过 LHPOUT 输出到耳机输出。

语音输出的主要程序如下：

```
while(i<length)
{
        /* 左声道耳机输出 */
        while(!MCBSP_xrdy(hMcbsp)) {};
        MCBSP_write16(hMcbsp,output[i]);

        /* 右声道耳机输出 */
        while(!MCBSP_xrdy(hMcbsp)) {};
        MCBSP_write16(hMcbsp,output[i+1]);
        i=i+2;
};
```

当 MCBSP 的准备发送状态寄存器 XRDY 置 1 时，证明 MCBSP 串口可以发送下一个数据，在其为 0 时使程序一直工作在等待状态。分别将左右声道的两个 16bit 音频数据通过 MCBSP 发送给 AIC23 芯片。

通过时域滤波实例，我们可以从耳机中听到存储在数组或者存储器中的音频信号转化为声音，对比处理前以及处理后的音频信号，可以明显地感觉到经过低通滤波的信号更加低沉，对于交响乐等带宽较宽的声音信号，会损失一部分乐器的高频分量。

以上所述为音频信号的采集、滤波及播放（输出）的过程，主要介绍了 TMS320VC5509A 与芯片 TLV320AIC23 的接口、MsBsp 以及利用 I²C 对 AIC23 芯片的配置和时域、频域滤波的实现方法。

6.6 双音多频的识别与生成

双音多频（DTMF，Dual Tone Multi Frequency）是贝尔实验室开发的信令方式，通常用于发送被叫号码。DTMF 的出现迅速地取代了原始的 dial-pulse（脉冲拨号）的方式。DTMF 信号除了在电话系统中得到广泛应用以外，在其他交互控制应用领域，如电话银行、ATM（自动取款机）等，同样得到了广泛的应用。

其拨号键盘为一个 4×4 的矩阵，每一横行代表着一个低频信号，每一竖列代表着一个高频信号，当按下按键时，发送一个低频信号叠加一个高频信号，其频率表示如表 6.11 所示。

表 6.11 DTMF 信号频率组成表

		高频组（Hz）			
		1209	1336	1447	1633
低频组（Hz）	697	1	2	3	A
	770	4	5	6	B
	852	7	8	9	C
	941	*	0	#	D

DTMF 信号编码是将按键或数字信号转化成双音信号，DTMF 信号解码是检测双音信号中的信息。下面主要介绍 DTMF 信号生成及识别的 DSP 实现。

6.6.1 双音多频的识别

某一频率上存在信号在频域上可以表示为其对应的频率点上有幅度，而其他点没有振幅。利用这一点，我们就可以完成双音多频信号的解码。

由上文描述可知，双音多频信号是由两个频率的单音信号叠加生成的，由于高频组和低频组的信号之间没有倍数关系，因此不会产生相互影响。对于接收到的 DTMF 信号，对其进行频谱分析即可得出信号的组成，继而实现解码。

DTMF 的解码常用有两种算法，一种为 FFT 算法，另一种为 Goertzel 算法。对于时域信号，FFT 需要计算全部的频域信息，而 Goertzel 算法只需计算在所需频率点的信息，显然 Goertzel 算法更加高效，但由于 FFT 在 DSP 库中有现成的函数可以直接调用，因此本书使用了 FFT 算法，读者如果感兴趣可以使用 Goertzel 算法进行双音多频信号的解码。

双音多频信号解码的 DSP 实现流程如下。

首先同做任何音频信号处理相同，先进行 I^2C 总线和 McBSP 串口的初始化。之后利用 I^2C 总线对 AIC23 音频编解码芯片进行配置，完成配置后开始采集音频数据。将采集到的采样数据保存在数组中，并对其进行 1024 点的傅里叶变换，傅里叶变换函数的调用方法在上文提到过，调用 DSPlib 完成 FFT 的处理，之后检查各个频率点的幅值是否超过门限，此处使用的门限为经验值，需要按照实际情况进行调整。当没有检测到任何一频率超过门限时，视为无信号继续进行采样，当检测到某两个频率同时超过门限时，按照解码规则进行判断。这里值得注意的是，当检测到上一组采样数据为无信号时，这次判决才有效，原因在于两次双音中按

照规则应有一段时间间隔，用以区分两个相同的双音。在检测位数达到预置位数后，跳出循环，检测结束并打印解调结果。其流程图如图 6.18 所示。

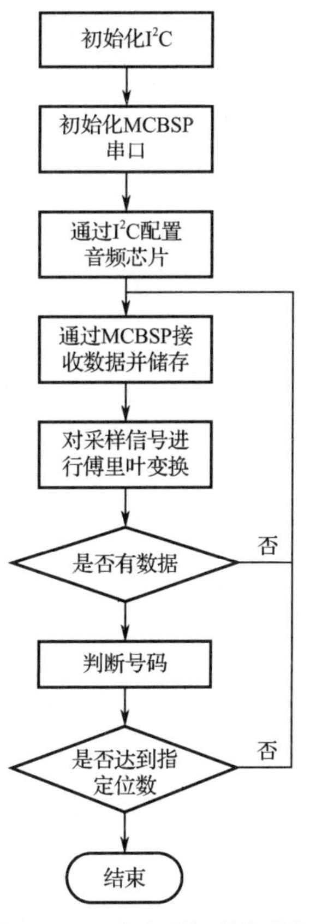

图 6.18　双音多频解码流程图

最后对 TMS320VC5509A 板进行硬件仿真并观察结果，步骤如下：

（1）连接 TMS320VC5509A 开发板电源线、下载线以及语音接口。

（2）编译工程并单击进入调试界面。

（3）在解码程序末尾编码程序前双击加入断点，单击 DUBUG 栏中运行按钮运行程序，播放双音多频音频，使程序执行之至断点。

（4）观察接收到的波形数据，可以看到两个叠加的正弦波形，如图 6.19 所示。

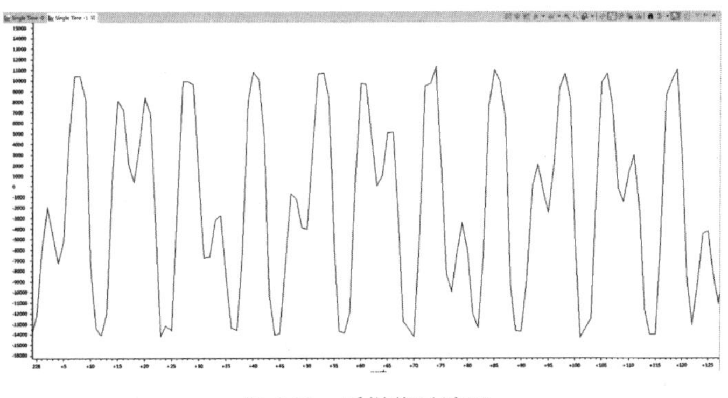

图 6.19　采样信号波形

（5）观察进行FFT处理后的数据，利用采样率和点数进行计算，可以看到在697和1209频率处出现两个峰值（见图6.20），根据标准频率表可知，该信号为1。

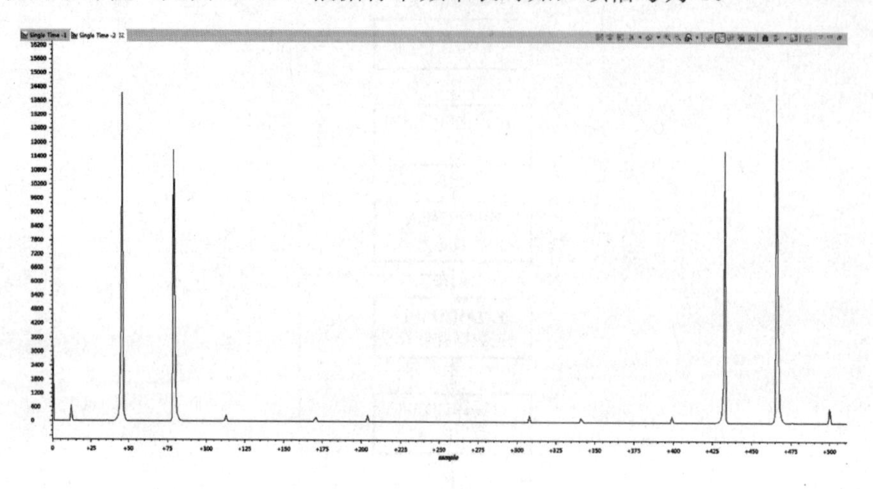

图6.20　采样信号频谱

（6）识别的结果存放在了diag数组中，右击diag数组，选择add to Watch window，将其加入观察窗口。

（7）观察diag数组，如图6.21解码结果所示，可以得出其识别结果为123456。

diag	int[6]	[1,2,3,4,5...]
(x)= [0]	int	1
(x)= [1]	int	2
(x)= [2]	int	3
(x)= [3]	int	4
(x)= [4]	int	5
(x)= [5]	int	6

图6.21　解码结果

6.6.2　双音多频生成

双音多频信号的生成也称双音多频信号编码，按照规定，DTMF信号由两个固定频率的正弦波叠加生成，DTMF信号的持续时间不少于45ms，不大于55ms，其余时间为静音信号来区分两个DTMF信号，由于本实例采样率为8kHz，选用50ms的时间，故应为400个采样点，但由于人耳很难听清楚，故本实例为了方便观察实验现象输出5000个样本点。

双音多频信号的生成原理十分简单，即叠加两个不同频率的信号，其合成公式为：

$$y(n)=\sin\left[2\pi\left(\frac{f_L}{f_S}\right)n\right]+\sin\left[2\pi\left(\frac{f_H}{f_S}\right)n\right]$$

在进行DSP生成之前，首先利用MATLAB对双音多频信号的生成进行仿真。

首先确定采样频率，根据上述内容，AIC23芯片进行采样时采用8kHz的采样频率，故在进行MATLAB仿真时将采样频率f_s设置为8kHz，信号位数设置为6位，每个信号持续时间

为 1s，其中双音多频持续 0.62 秒，空白时间 0.38 秒，用来区分两个相同信号，该规则并不完全遵循标准双音多频信号编码规则，而采样了更长的时间方便观察实验。

其 MATLAB 核心程序如下：

```
tm=[1,2,3,65;4,5,6,66;7,8,9,67;42,0,35,68]; %按键号码表
N=205;
fs=8000;
f1=[697,770,852,941];
f2=[1209,1336,1477,1633];
TN=input('输入六位电话号码=');
for m=1:6;
    d=fix(TN/10^(6-m));
    TN=TN-d*10^(6-m);
    for p=1:4;
        for q=1:4;
            if tm(p,q)==abs(d);break,end
        end
            if tm(p,q)==abs(d);break,end
    end
    n=0:5000;
    x=sin(2*pi*n*f1(p)/fs)+sin(2*pi*n*f2(q)/fs);
    sound(x,fs);
    pause(1);
end
```

在输入六位电话号码后，程序对输入的六位数据进行除法取整的操作获得每一位号码，并根据号码进行正弦波波形的生成，之后通过 sound 函数播放这段声音。

信号“6”的波形和傅里叶变换如图 6.22 和图 6.23 所示。

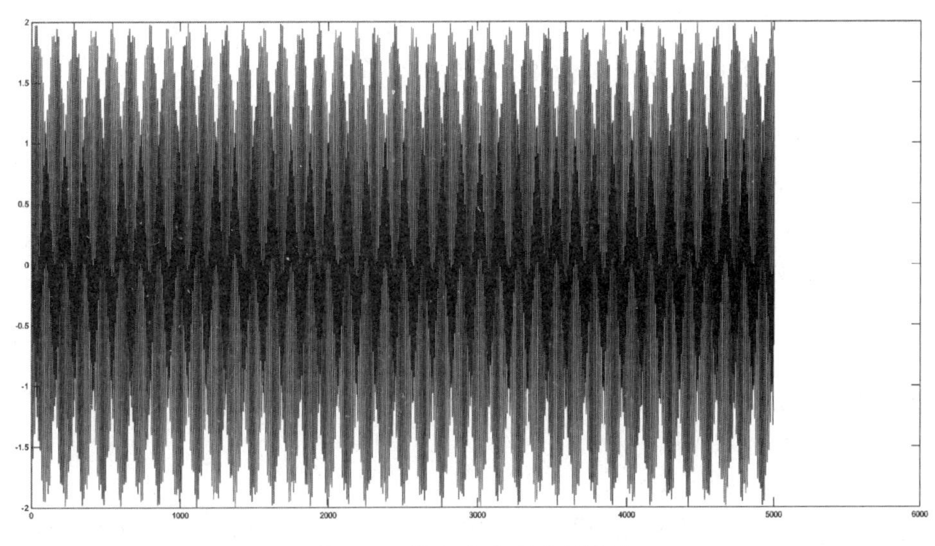

图 6.22　数字“6”的信号波形

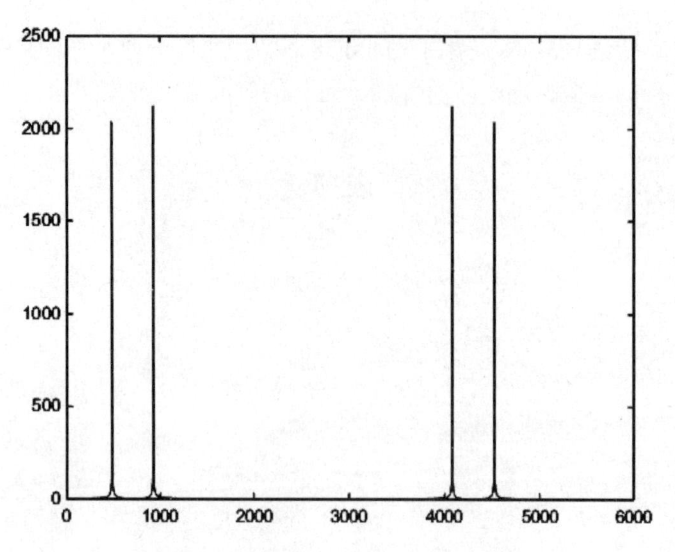

图 6.23　数字“6”的傅里叶变换

生成的信号声音直接通过音频线连接到板上的音频接口，从而实现双音多频信号的生成。

在 DSP 中，考虑到每一个输出点数值的计算时间很短，远小于两个点输出间隔时间，因此直接计算输出点的幅值，而不将其存储下来。一方面可以满足需求输出，另一方面节省了不少存储空间。

其程序流程如下：

首先进行 I^2C 总线和 McBSP 串口的初始化，之后利用 I^2C 总线对 AIC23 音频编解码芯片进行配置，读入需要生成的数据，按照上文公式，从第一个采样点开始，生成对应号码的 $y(n)$并将其直接发送给 McBSP 串口，播放满足 5000 个数据点后进入一段时间的延时。之后判断是否已经到了设定的位数。如果没有达到就从生成 $y(n)$进行重复，如果达到设定位数则结束双音多频生成程序。

双音多频生成（编码）的流程图如图 6.24 所示。

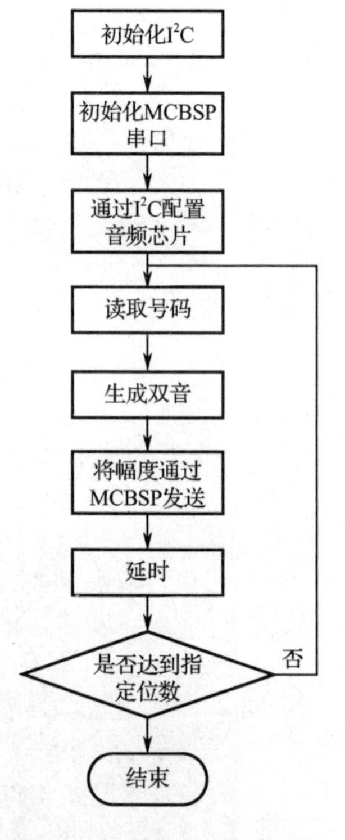

图 6.24　DTMF 生成流程图

最后对 TMS320VC5509A 板进行硬件仿真并观察结果，步骤如下：

（1）连接 TMS320VC5509A 开发板电源线、下载线以及语音接口。

（2）编译工程并单击进入调试界面。

（3）在程序末尾双击加入断点，单击 DUBUG 栏中运行按钮运行程序，播放双音多频音频，使程序执行之至函数结束。

（4）听耳机中传来的声音。

在生成 $y(n)$时，读者可以设定数组存储一定位数的数据，以方便对波形进行直接的观察。

定义一个新的数组用来存放 $y(n)$，采用 single time 观察数据波形，如图 6.25 所示。

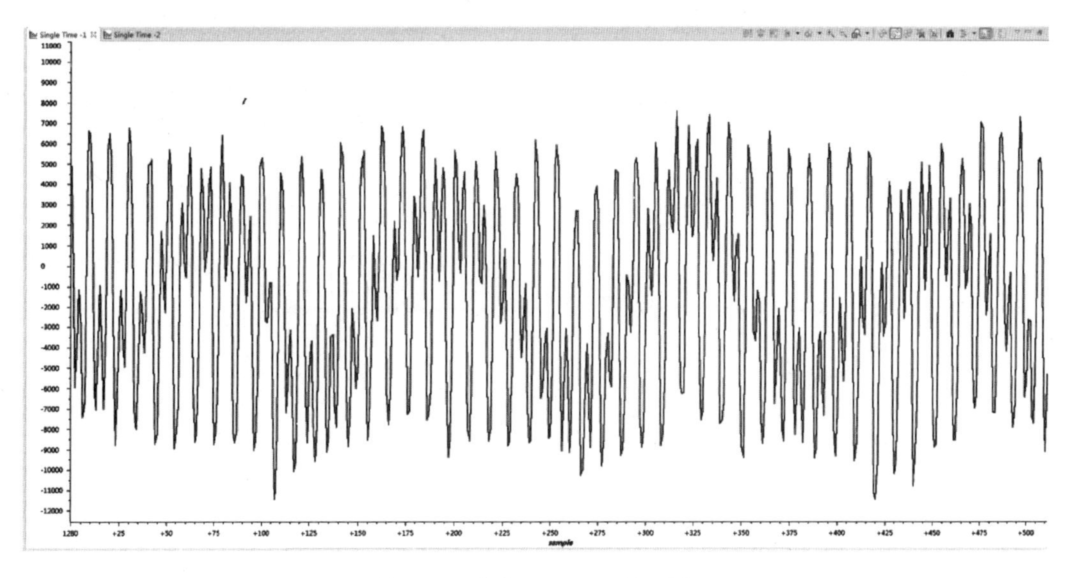

图 6.25　数字“6”对应波形图

可以明显看出，信号由两个单频的信号组成，其中一个为低频，另一个为高频。

附录 A　TMS320VC5509A 芯片引脚图及定义

TMS320VC5509A 144 引脚（LQFP 封装）顶视图如图 A.1 所示。

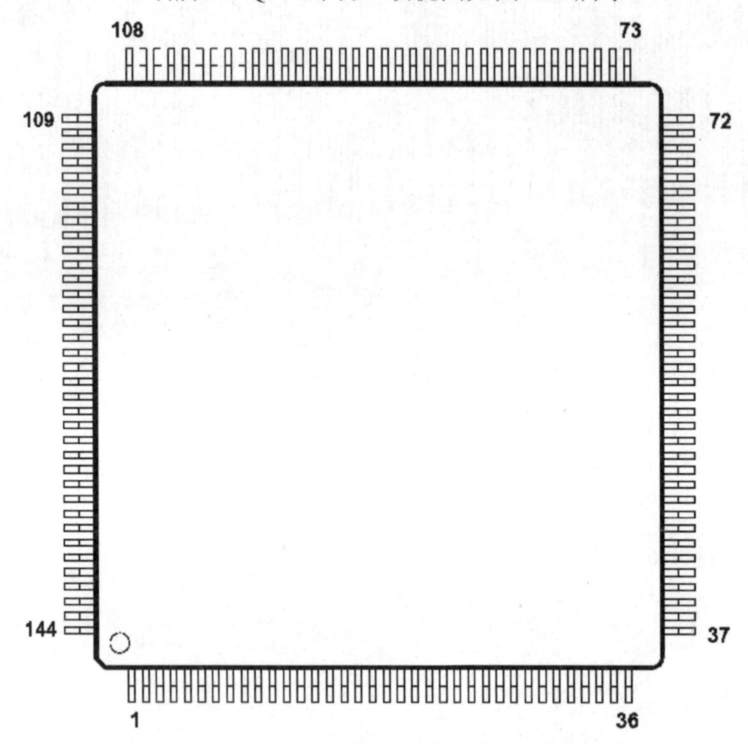

图 A.1　TMS320VC5509A 144 引脚（LQFP 封装）顶视图

TMS320VC5509A 144 引脚（LQFP 封装）定义如表 A.1 所示。

表 A.1　TMS320VC5509A 144 引脚（LQFP 封装）定义

引脚号	引脚名称	引 脚 功 能
1	V_{SS}	数字地。I / O 和内核的接地引脚
2	PU	USB 的上拉输出。 用来上拉 USB 规范所要求的检测寄存器。该引脚内部连接到 $USBV_{DD}$，通过软件控制其开关（USBCTL 寄存器的 CONN 位）
3	DP	USB 的差分（正）接收/发送。在复位时，这个引脚配置为输入
4	DN	USB 的差分（负）接收/发送。在复位时，这个引脚配置为输入
5	$USBV_{DD}$	数字电源，+ VDD。USB 模块 I / O（DP，DN，和 PU）接电源的引脚
6	GPIO7	可单独配置为输入/输出线（GPIO[7:6,4:0]）的第 7 位（最高位为 GPIO[7]，最低位为 GPIO[0]）
7	V_{SS}	数字地。I / O 和内核的接地引脚
8	DV_{DD}	数字电源，+ VDD。I /O 接电源的引脚
9	GPIO2	可单独配置为输入/输出线（GPIO[7:6,4:0]）的第 2 位（最高位为 GPIO[7]，最低位为 GPIO[0]）

续表

引脚号	引脚名称	引 脚 功 能
10	GPIO1	可单独配置为输入/输出线（GPIO[7:6,4:0]）的第 1 位（最高位为 GPIO[7]，最低位为 GPIO[0]）
11	V_{SS}	数字地。I / O 和内核的接地引脚
12	GPIO0	可单独配置为输入/输出线（GPIO[7:6,4:0]）的第 0 位（最高位为 GPIO[7]，最低位为 GPIO[0]）
13	X2/CLKIN	系统时钟/振荡器输入。在内部振荡器不被使用时作为时钟输入
14	X1	内部系统的晶体振荡器的输出引脚。 若不用内部振荡器，X1 悬空。当 $\overline{OFF}$ 为低时 X1 不会进入高阻态
15	CLKOUT	DSP 的时钟输出信号。 其周期也即 CPU 的机器周期。当 $\overline{OFF}$ 为低时，CLKOUT 为高阻态
16	C0	该引脚提供两个功能： 1．EMIF 异步存储器读使能（EMIF. $\overline{ARE}$ ）；2．通用 IO8（GPIO8）。 该引脚的初始状态取决于 GPIO0
17	C1	该引脚提供两个功能： 1．EMIF 异步存储器输出使能（EMIF. $\overline{AOE}$ ）；2．HPI 中断的输出（HPI. $\overline{HINT}$ ）。 该引脚的初始状态取决于 GPIO0
18	CV_{DD}	数字电源，+VDD。CPU 内核接电源的引脚
19	C2	该引脚提供两个功能： 1．EMIF 异步存储器写使能（EMIF. $\overline{AWE}$ ）；2．HPI 读/写（HPI. $\overline{W}$ ）。 该引脚的初始状态取决于 GPIO0
20	C3	该引脚提供两个功能： 1．EMIF 的数据输入准备（EMIF.ARDY）；2．HPI 输出准备（HPI.HRDY）。 该引脚的初始状态取决于 GPIO0
21	C4	该引脚提供两个功能： 1．选择 EMIF 芯片存储空间 CE0（EMIF. $\overline{CE0}$ ）；2．通用 IO9（GPIO9）。 该引脚的初始状态取决于 GPIO0
22	C5	该引脚提供两个功能： 1．选择 EMIF 芯片存储空间 CE1（EMIF. $\overline{CE1}$ ）；2．通用 IO10（GPIO10）。 该引脚的初始状态取决于 GPIO0
23	C6	该引脚提供两个功能： 1．选择 EMIF 芯片存储空间 CE2（EMIF. $\overline{CE2}$ ）；2．HPI 控制输入 0（HPI.HCNTL0）。 该引脚的初始状态取决于 GPIO0
24	DV_{DD}	数字电源，+VDD。I /O 接电源的引脚
25	C7	该引脚提供三个功能： 1．选择 EMIF 芯片存储空间 CE3（EMIF. $\overline{CE3}$ ）；2．通用 IO11（GPIO11）； 3．HPI 控制输入 1（HPI.HCNTL1）。 该引脚的初始状态取决于 GPIO0

续表

引脚号	引脚名称	引 脚 功 能
26	C8	该引脚提供两个功能： 1．EMIF 字节使能 0 控制（EMIF. $\overline{BE0}$）；2．HPI 字节的识别（HPI. $\overline{HBE0}$）。 该引脚的初始状态取决于 GPIO0
27	C9	该引脚提供两个功能： 1．EMIF 字节使能 1 控制（EMIF. $\overline{BE1}$）；2．HPI 字节的识别（HPI. $\overline{HBE1}$）。 该引脚的初始状态取决于 GPIO0
28	C11	该引脚提供两个功能： 1．EMIF SDRAM 列选通（EMIF. $\overline{SDCAS}$）；2．HPI 片选输入（HPI. $\overline{HCS}$）； 引脚的初始状态取决于 GPIO0
29	CV_{DD}	数字电源，+VDD。CPU 内核接电源的引脚
30	CV_{DD}	数字电源，+VDD。CPU 内核接电源的引脚
31	C14	该引脚提供两个功能： 1．SDRAM 存储器时钟接口（EMIF.CLKMEM）；2．HPI 数据选通（HPI. $\overline{HDS2}$）。 该引脚的初始状态取决于 GPIO0
32	C12	该引脚提供两个功能： 1．EMIF SDRAM 写使能（EMIF. $\overline{SDWE}$）；2．HPI 数据选通（HPI. $\overline{HSD1}$）； 引脚的初始状态取决于 GPIO0
33	V_{SS}	数字地。I / O 和内核的接地引脚
34	C10	该引脚提供三个功能： 1．EMIF SDRAM 行选通（EMIF. $\overline{SDRAS}$）；2．HPI 地址选通（HPI. $\overline{HAS}$）； 3．通用 IO12（GPIO12）。 引脚的初始状态取决于 GPIO0
35	C13	该引脚提供两个功能： 1．SDRAM A10 的地址线（EMIF. $\overline{SDA10}$）；2．通用 IO13（GPIO13）。 该引脚的初始状态取决于 GPIO0
36	V_{SS}	数字地。I / O 和内核的接地引脚
37	V_{SS}	数字地。I / O 和内核的接地引脚
38	A13	DSP 内核并行地址总线 A13～A0 的第 13 位（最高位为 A13，最低位为 A0）
39	A12	DSP 内核并行地址总线 A13～A0 的第 12 位（最高位为 A13，最低位为 A0）
40	A11	DSP 内核并行地址总线 A13～A0 的第 11 位（最高位为 A13，最低位为 A0）
41	CV_{DD}	数字电源，+VDD。CPU 内核接电源的引脚
42	A10	DSP 内核并行地址总线 A13～A0 的第 10 位（最高位为 A13，最低位为 A0）
43	A9	DSP 内核并行地址总线 A13～A0 的第 9 位（最高位为 A13，最低位为 A0）
44	A8	DSP 内核并行地址总线 A13～A0 的第 8 位（最高位为 A13，最低位为 A0）
45	V_{SS}	数字地。I / O 和内核的接地引脚
46	A7	DSP 内核并行地址总线 A13～A0 的第 7 位（最高位为 A13，最低位为 A0）

续表

引脚号	引脚名称	引 脚 功 能
47	A6	DSP 内核并行地址总线 A13～A0 的第 6 位（最高位为 A13，最低位为 A0）
48	A5	DSP 内核并行地址总线 A13～A0 的第 5 位（最高位为 A13，最低位为 A0）
49	DV_{DD}	数字电源，+VDD。I/O 接电源的引脚
50	A4	DSP 内核并行地址总线 A13～A0 的第 4 位（最高位为 A13，最低位为 A0）
51	A3	DSP 内核并行地址总线 A13～A0 的第 3 位（最高位为 A13，最低位为 A0）
52	A2	DSP 内核并行地址总线 A13～A0 的第 2 位（最高位为 A13，最低位为 A0）
53	CV_{DD}	数字电源，+VDD。CPU 内核接电源的引脚
54	A1	DSP 内核并行地址总线 A13～A0 的第 1 位（最高位为 A13，最低位为 A0）
55	A0	DSP 内核并行地址总线 A13～A0 的第 0 位（最高位为 A13，最低位为 A0）
56	DV_{DD}	数字电源，+VDD。I/O 接电源的引脚
57	D0	DSP 内核并行双向数据总线 D15～D0 的第 0 位（最高位为 D15，最低位为 D0）
58	D1	DSP 内核并行双向数据总线 D15～D0 的第 1 位（最高位为 D15，最低位为 D0）
59	D2	DSP 内核并行双向数据总线 D15～D0 的第 2 位（最高位为 D15，最低位为 D0）
60	V_{SS}	数字地。I/O 和内核的接地引脚
61	D3	DSP 内核并行双向数据总线 D15～D0 的第 3 位（最高位为 D15，最低位为 D0）
62	D4	DSP 内核并行双向数据总线 D15～D0 的第 4 位（最高位为 D15，最低位为 D0）
63	D5	DSP 内核并行双向数据总线 D15～D0 的第 5 位（最高位为 D15，最低位为 D0）
64	V_{SS}	数字地。I/O 和内核的接地引脚
65	D6	DSP 内核并行双向数据总线 D15～D0 的第 6 位（最高位为 D15，最低位为 D0）
66	D7	DSP 内核并行双向数据总线 D15～D0 的第 7 位（最高位为 D15，最低位为 D0）
67	D8	DSP 内核并行双向数据总线 D15～D0 的第 8 位（最高位为 D15，最低位为 D0）
68	CV_{DD}	数字电源，+VDD。CPU 内核接电源的引脚
69	D9	DSP 内核并行双向数据总线 D15～D0 的第 9 位（最高位为 D15，最低位为 D0）
70	D10	DSP 内核并行双向数据总线 D15～D0 的第 10 位（最高位为 D15，最低位为 D0）
71	D11	DSP 内核并行双向数据总线 D15～D0 的第 11 位（最高位为 D15，最低位为 D0）
72	DV_{DD}	数字电源，+VDD。I/O 接电源的引脚
73	V_{SS}	数字地。I/O 和内核的接地引脚
74	D12	DSP 内核并行双向数据总线 D15～D0 的第 12 位（最高位为 D15，最低位为 D0）
75	D13	DSP 内核并行双向数据总线 D15～D0 的第 13 位（最高位为 D15，最低位为 D0）
76	D14	DSP 内核并行双向数据总线 D15～D0 的第 14 位（最高位为 D15，最低位为 D0）
77	D15	DSP 内核并行双向数据总线 D15～D0 的第 15 位（最高位为 D15，最低位为 D0）
78	CV_{DD}	数字电源，+VDD。CPU 内核接电源的引脚
79	EMU0	仿真器 0 引脚。 当 $\overline{\text{TRST}}$ 驱动为低电平时，EMU0 必须为高电平，以激活 $\overline{\text{OFF}}$ 的状态。当 $\overline{\text{TRST}}$ 为高电平时，EMU0 作为一个中断或仿真器系统被定义为 IEEE 1149.1 标准扫描系统的 I/O

续表

引脚号	引脚名称	引 脚 功 能
80	EMU1/$\overline{\text{OFF}}$	仿真器1引脚/关闭所有输出。 1)当$\overline{\text{TRST}}$被驱动为高电平时,EMU1/$\overline{\text{OFF}}$作为一个中断或仿真器系统被定义为IEEE 1149.1标准扫描系统的I/O。 2）当$\overline{\text{TRST}}$被驱动为低电平时，EMU1/$\overline{\text{OFF}}$被设定为$\overline{\text{OFF}}$。 3）当EMU1/$\overline{\text{OFF}}$信号为低电平时，所有输出驱动为高阻态。 注意：$\overline{\text{OFF}}$专门用于测试和仿真目标器件（不适用于多处理器应用）。因此，对于$\overline{\text{OFF}}$状态，适用于以下应用：$\overline{\text{TRST}}$=低，EMU0=高，EMU1/$\overline{\text{OFF}}$=低
81	TDO	IEEE 1149.1标准测试数据输出。 在TCK的下降沿，选择寄存器（指令或数据）中的内容被移出到TDO输出。除非数据扫描正在进行中，否则TDO一直处于高阻态
82	TDI	IEEE 1149.1标准测试数据输入。 引脚在器件内部被上拉。TDI信号是在TCK的上升沿被移入所选寄存器（指令或数据寄存器）
83	CV_{DD}	数字电源，+VDD。CPU内核接电源的引脚
84	$\overline{\text{TRST}}$	IEEE 1149.1标准测试复位。 当$\overline{\text{TRST}}$为高电平时，给出了IEEE 1149.1标准扫描系统控制设备的操作。如果$\overline{\text{TRST}}$未连接或驱动为低电平，器件工作在功能模式下， IEEE 1149.1标准扫描信号被忽略。该引脚在内部被下拉
85	TCK	IEEE 1149.1标准测试时钟。 TCK是一个常用的占空比为50%的自由运行的时钟信号，在TCK的上升沿，将测试访问输入信号TMS和TDI的变化移入到TAP控制器、指令寄存器或选择的测试数据寄存器。TAP输出信号（TDO）在TCK的下降沿发生跳变
86	TMS	IEEE 1149.1标准测试模式选择。 引脚在器件内部被上拉。在TCK的上升沿，这个串行控制输入信号被移入TAP控制器
87	CV_{DD}	数字电源，+VDD。CPU内核接电源的引脚
88	DV_{DD}	数字电源，+VDD。I/O接电源的引脚
89	SDA	I^2C（双向）数据线。复位时该引脚为高阻抗模式
90	SCL	I^2C（双向）时钟线。复位时该引脚为高阻抗模式
91	$\overline{\text{RESET}}$	复位，低电平有效
92	$USBPLLV_{SS}$	数字地。USB PLL的接地引脚
93	$\overline{\text{INT0}}$	低电平有效的外部用户中断输入$\overline{\text{INT[4:0]}}$的第0位（最高位为$\overline{\text{INT4}}$，最低位为$\overline{\text{INT0}}$）
94	$\overline{\text{INT1}}$	低电平有效的外部用户中断输入$\overline{\text{INT[4:0]}}$的第1位（最高位为$\overline{\text{INT4}}$，最低位为$\overline{\text{INT0}}$）
95	$USBPLLV_{DD}$	数字电源，+VDD。USB PLL接电源的引脚
96	$\overline{\text{INT2}}$	低电平有效的外部用户中断输入$\overline{\text{INT[4:0]}}$的第2位（最高位为$\overline{\text{INT4}}$，最低位为$\overline{\text{INT0}}$）
97	$\overline{\text{INT3}}$	低电平有效的外部用户中断输入$\overline{\text{INT[4:0]}}$的第3位（最高位为$\overline{\text{INT4}}$，最低位为$\overline{\text{INT0}}$）
98	DV_{DD}	数字电源，+VDD。I/O接电源的引脚
99	$\overline{\text{INT4}}$	低电平有效的外部用户中断输入$\overline{\text{INT[4:0]}}$的第4位（最高位为$\overline{\text{INT4}}$，最低位为$\overline{\text{INT0}}$）

续表

引脚号	引脚名称	引 脚 功 能
100	V_{SS}	数字地。I / O 和内核的接地引脚
101	XF	外部标志位。用于多处理器配置或作为通用输出引脚
102	V_{SS}	数字地。I / O 和内核的接地引脚
103	ADV_{SS}	模拟数字地。10 位 A / D 转换的数字部分的接地引脚
104	ADV_{DD}	模拟+数字电源，+VDD。用于 10 位 A / D 转换的数字部分接电源的引脚
105	AIN0	模拟信号输入通道 0
106	AIN1	模拟信号输入通道 1
107	AV_{DD}	模拟电源，+VDD。10 位 A / D 接电源的引脚
108	AV_{SS}	模拟地。10 位 A / D 转换的接地引脚
109	RDV_{DD}	数字电源，+ VDD。RTC 模块之 I /O 的接电源的引脚
110	RCV_{DD}	数字电源，+ VDD。RTC 模块接电源的引脚
111	RTCINX2	实时时钟振荡器输出
112	RTCINX1	实时时钟振荡器输入
113	V_{SS}	数字地。I / O 和内核的接地引脚
114	V_{SS}	数字地。I / O 和内核的接地引脚
115	V_{SS}	数字地。I / O 和内核的接地引脚
116	S23	McBSP2 的串行数据传输或多媒体卡/安全 Digital2 的串行时钟。 复位时，这个引脚被配置为 McBSP2.DX
117	S25	McBSP2 的发送帧同步或 SD2 DATA3。 复位时，这个引脚被配置为 McBSP2.FSX
118	CV_{DD}	数字电源，+ VDD。CPU 内核接电源的引脚
119	S24	McBSP2 发送时钟或多媒体卡/SD2 DATA0。 复位时，这个引脚被配置为 McBSP2.CLKX
120	S21	McBSP2 的数据接收或 SD2 DATA1。 复位时，这个引脚被配置为 McBSP2.DR
121	S22	McBSP2 接收帧同步或 SD2 DATA2。 复位时，这个引脚被配置为 McBSP2.FSR
122	V_{SS}	数字地。I / O 和内核的接地引脚
123	S20	McBSP2 的接收时钟或多媒体卡/安全 Digital2 命令/响应。 复位时，这个引脚被配置为 McBSP2.CLKR
124	S13	McBSP1 的串行数据传输或多媒体卡/安全 Digital1 的串行时钟。 复位时，这个引脚被配置为 McBSP1.DX
125	S15	McBSP1 的发送帧同步或 SD1 DATA3。 复位时，这个引脚被配置为 McBSP1.FSX
126	DV_{DD}	数字电源，+ VDD。I /O 接电源的引脚

续表

引脚号	引脚名称	引 脚 功 能
127	S14	McBSP1 发送时钟或多媒体卡/SD1 DATA0。 复位时，这个引脚被配置为 McBSP1.CLKX
128	S11	McBSP1 的数据接收或 SD1 DATA1。 复位时，这个引脚被配置为 McBSP1.DR
129	S12	McBSP1 接收帧同步或 SD1 DATA2。 复位时，这个引脚被配置为 McBSP1.FSR
130	S10	McBSP1 的接收时钟或多媒体卡/安全 Digital1 命令/响应。 复位时，这个引脚被配置为 McBSP1.CLKR
131	DX0	McBSP0 的数据传输线。 在不传输数据时，且当 $\overline{\text{RESET}}$ 有效或 $\overline{\text{OFF}}$ 为低时，DX0 被置为高阻抗态
132	CV_{DD}	数字电源，+ VDD。CPU 内核接电源的引脚
133	FSX0	McBSP0 的发送帧同步。 FSX0 脉冲初始化数据传输过程 DX0。在复位后，被配置为输入
134	CLKX0	McBSP0 的传输时钟。 CLKX0 作为串口发送的串行移位时钟。CLKX0 引脚在复位后被配置为输入
135	DR0	McBSP0 的接收数据
136	FSR0	McBSP0 的接收帧同步。 FSR0 脉冲初始化数据接收进程 DR0。复位时引脚为高阻抗模式
137	CLKR0	McBSP0 的接收时钟。 CLKR0 作为串口接收的串行移位时钟。复位时该引脚为高阻抗模式
138	V_{SS}	数字地。I / O 和内核的接地引脚
139	DV_{DD}	数字电源，+ VDD。I /O 接电源的引脚
140	TIN/TOUT0	定时器 0 的输入/输出。 当输出时，芯片的定时器 0 计数值降为 0 时，TIN/TOUT0 输出脉冲信号或状态发生变化。当输入时，TIN/TOUT0 为内部定时器模块提供时钟源。当复位，此引脚被配置为输入模式。 注：只有定时器 0 的信号才可作为输出。定时器 1 的信号不可供外部使用
141	GPIO6	可单独配置为输入/输出线（GPIO[7:6,4:0]）的第 6 位（最高位为 GPIO[7]，最低位为 GPIO[0]）
142	GPIO4	可单独配置为输入/输出线（GPIO[7:6,4:0]）的第 4 位（最高位为 GPIO[7]，最低位为 GPIO[0]）
143	GPIO3	可单独配置为输入/输出线（GPIO[7:6,4:0]）的第 3 位（最高位为 GPIO[7]，最低位为 GPIO[0]）
144	V_{SS}	数字地。I / O 和内核的接地引脚

附录B 指 令 集

助记符指令	代数指令
AADD: 通过添加来修改辅助或临时寄存器内容	
AADD TAx, TAy	mar(TAy + TAx)
AADD P8, TAx	mar(TAx + P8)
AADD: 改变数据堆栈指针(SP)	
AADD K8, SP	SP = SP + K8
ABDST: 绝对距离	
ABDST Xmem, Ymem, ACx, ACy	abdst(Xmem, Ymem, ACx, ACy)
ABS: 绝对值	
ABS [src,] dst	dst = |src|
ADD: 加法	
ADD [src,] dst	dst = dst + src
ADD k4, dst	dst = dst + k4
ADD K16, [src,] dst	dst = src + K16
ADD Smem, [src,] dst	dst = src + Smem
ADD ACx << Tx, ACy	ACy = ACy + (ACx << Tx)
ADD ACx << #SHIFTW, ACy	ACy = ACy + (ACx << #SHIFTW)
ADD K16 << #16, [ACx,] ACy	ACy = ACx + (K16 << #16)
ADD K16 << #SHFT, [ACx,] ACy	ACy = ACx + (K16 << #SHFT)
ADD Smem << Tx, [ACx,] ACy	ACy = ACx + (Smem << Tx)
ADD Smem << #16, [ACx,] ACy	ACy = ACx + (Smem << #16)
ADD [uns(]Smem[)], CARRY, [ACx,] ACy	ACy = ACx + uns(Smem) + CARRY
ADD [uns(]Smem[)], [ACx,] ACy	ACy = ACx + uns(Smem)
ADD [uns(]Smem[)] << #SHIFTW, [ACx,] ACy	ACy = ACx + (uns(Smem) << #SHIFTW)
ADD dbl(Lmem), [ACx,] ACy	ACy = ACx + dbl(Lmem)
ADD Xmem, Ymem, ACx	ACx = (Xmem << #16) + (Ymem << #16)
ADD K16, Smem	Smem = Smem + K16
ADD: 双 16-bit 加法	
ADD dual(Lmem), [ACx,] ACy	HI(ACy) = HI(Lmem) + HI(ACx), LO(ACy) = LO(Lmem) + LO(ACx)

助记符指令	代数指令
ADD dual(Lmem), Tx, ACx	HI(ACx) = HI(Lmem) + Tx, LO(ACx) = LO(Lmem) + Tx
ADD::MOV: 加法并将累加器结果存至内存	
ADD Xmem << #16, ACx, ACy :: MOV HI(ACy << T2), Ymem	ACy = ACx + (Xmem << #16), Ymem = HI(ACy << T2)
ADDSUB: 双 16-bit 加减法	
ADDSUB Tx, Smem, ACx	HI(ACx) = Smem + Tx, LO(ACx) = Smem – Tx
ADDSUB Tx, dual(Lmem), ACx	HI(ACx) = HI(Lmem) + Tx, LO(ACx) = LO(Lmem) – Tx
ADDSUBCC: 有条件的加减法	
ADDSUBCC Smem, ACx, TCx, ACy	ACy = adsc(Smem, ACx, TCx)
ADDSUBCC: 有条件的加减法及数据储存	
ADDSUBCC Smem, ACx, TC1, TC2, ACy	ACy = adsc(Smem, ACx, TC1, TC2)
ADDSUB2CC: 有条件的带移位的加减法	
ADDSUB2CC Smem, ACx, Tx, TC1, TC2, ACy	ACy = ads2c(Smem, ACx, Tx, TC1, TC2)
ADDV: 带绝对值的加法	
ADD[R]V [ACx,] ACy	ACy = rnd(ACy + |ACx|)
AMAR: 辅助寄存器修改	
AMAR Smem	mar(Smem)
AMAR: 修改可扩展辅助寄存器	
AMAR Smem, XAdst	XAdst = mar(Smem)
AMAR:并行的修改辅助寄存器	
AMAR Xmem, Ymem, Cmem	mar(Xmem), mar(Ymem), mar(coef(Cmem))f
AMAR::MAC: 并行的利用乘法和累加修改辅助寄存器	
AMAR Xmem :: MAC[R][40] [uns(]Ymem[)], [uns(]Cmem[)], ACx	mar(Xmem), ACx = M40(rnd(ACx + (uns(Ymem) * uns(coef(Cmem)))))
AMAR Xmem	mar(Xmem),

助记符指令	代数指令
:: MAC[R][40] [uns(]Ymem[)], [uns(]Cmem[)], ACx >> #16	ACx = M40(rnd((ACx >> #16) + (uns(Ymem) * uns(coef(Cmem)))))
AMAR::MAS:并行的乘法和减法修改辅助寄存器内容	
AMAR Xmem	mar(Xmem),
:: MAS[R][40] [uns(]Ymem[)], [uns(]Cmem[)], ACx	ACx = M40(rnd(ACx – (uns(Ymem) * uns(coef(Cmem)))))
AMAR::MPY: 并行的乘法并修改辅助寄存器内容	
AMAR Xmem	mar(Xmem),
:: MPY[R][40] [uns(]Ymem[)], [uns(]Cmem[)], ACx	ACx = M40(rnd(uns(Ymem) * uns(coef(Cmem))))
AMOV: 将立即数赋给扩展辅助寄存器	
AMOV k23, XAdst	XAdst = k23
AMOV: 改变辅助或临时寄存器内容	
AMOV TAx, TAy	mar(TAy = TAx)
AMOV P8, TAx	mar(TAx = P8)
AMOV D16, TAx	mar(TAx = D16)
AND: 按位与	
AND src, dst	dst = dst & src
AND k8,src, dst	dst = src & k8
AND k16, src, dst	dst = src & k16
AND Smem, src, dst	dst = src & Smem
AND ACx << #SHIFTW[, ACy]	ACy = ACy & (ACx <<< #SHIFTW)
AND k16 << #16, [ACx,] ACy	ACy = ACx & (k16 <<< #16)
AND k16 << #SHFT, [ACx,] ACy	ACy = ACx & (k16 <<< #SHFT)
AND k16, Smem	Smem = Smem & k16
ASUB: 通过减法改变辅助或临时寄存器内容	
ASUB TAx, TAy	mar(TAy – TAx)
ASUB P8, TAx	mar(TAx – P8)
B: 无条件转移	
B ACx	goto ACx
B L7	goto L7
B L16	goto L16
B P24	goto P24

助记符指令	代数指令
BAND: 将立即数与内存中的数按位与并与 0 比较	
BAND Smem, k16, TCx	TCx = Smem & k16
BCC: 有条件转移	
BCC l4, cond	if (cond) goto l4
BCC L8, cond	if (cond) goto L8
BCC L16, cond	if (cond) goto L16
BCC P24, cond	if (cond) goto P24
BCC: 当辅助寄存器不为 0 时跳转	
BCC L16, ARn_mod != #0	if (ARn_mod != #0) goto L16
BCC: 比较跳转	
BCC[U] L8, src RELOP K8	compare (uns(src RELOP K8)) goto L8
BCLR: 清空累加器、辅助寄存器或临时寄存器位	
BCLR Baddr, src	bit(src, Baddr) = #0
BCLR: 清空内存位	
BCLR src, Smem	bit(Smem, src) = #0
BCLR: 清空状态寄存器位	
BCLR k4, STx_55	bit(STx, k4) = #0
BCLR f–name	
BCNT: 计算累加器位数	
BCNT ACx, ACy, TCx, Tx	Tx = count(ACx, ACy, TCx)
BFXPA: 展开累加器位字段	
BFXPA k16, ACx, dst	dst = field_expand(ACx, k16)
BFXTR: 提取累加器位字段	
BFXTR k16, ACx, dst	dst = field_extract(ACx, k16)
BNOT: 补充累加器，辅助或临时寄存器位	
BNOT Baddr, src	cbit(src, Baddr)
BNOT: 补充内存位	

助记符指令	代数指令
BNOT src, Smem	cbit(Smem, src)
BSET: 设置累加器，辅助或临时寄存器位	
BSET Baddr, src	bit(src, Baddr) = #1
BSET: 设置内存位	
BSET src, Smem	bit(Smem, src) = #1
BSET: 设置状态寄存器位	
BSET k4, STx_55	bit(STx, k4) = #1
BSET f–name	
BTST: 测试累加器，辅助或临时寄存器位	
BTST Baddr, src, TCx	TCx = bit(src, Baddr)
BTST: 测试内存位	
BTST src, Smem, TCx	TCx = bit(Smem, src)
BTST k4, Smem, TCx	TCx = bit(Smem, k4)
BTSTCLR: 测试、清零内存位	
BTSTCLR k4, Smem, TCx	TCx = bit(Smem, k4), bit(Smem, k4) = #0
BTSTNOT: 测试补充内存位	
BTSTNOT k4, Smem, TCx	TCx = bit(Smem, k4), cbit(Smem, k4)
BTSTP: 测试累加器，辅助或临时寄存器位对	
BTSTP Baddr, src	bit(src, pair(Baddr))
BTSTSET: 测试设置内存位	
BTSTSET k4, Smem, TCx	TCx = bit(Smem, k4), bit(Smem, k4) = #1
CALL: 无条件调用	
CALL ACx	call ACx
CALL L16	call L16
CALL P24	CALL P24

<table>
<tr><th>助记符指令</th><th>代数指令</th></tr>
<tr><td>CALLCC: 有条件调用</td><td></td></tr>
<tr><td>CALLCC L16, cond</td><td>if (cond) call L16</td></tr>
<tr><td>CALLCC P24, cond</td><td>if (cond) call P24</td></tr>
<tr><td>CMP: 将内存数据和立即数比较</td><td></td></tr>
<tr><td>CMP Smem == K16, TCx</td><td>TCx = (Smem == K16)</td></tr>
<tr><td>CMP: 比较累加器、辅助寄存器和暂存寄存器内容</td><td></td></tr>
<tr><td>CMP[U] src RELOP dst, TCx</td><td>TCx = uns(src RELOP dst)</td></tr>
<tr><td>CMPAND: 利用与比较辅助、临时寄存器内容</td><td></td></tr>
<tr><td>CMPAND[U] src RELOP dst, TCy, TCx</td><td>TCx = TCy &uns(src RELOP dst)</td></tr>
<tr><td>CMPAND[U] src RELOP dst, !TCy, TCx</td><td>TCx = !TCy &uns(src RELOP dst)</td></tr>
<tr><td>CMPOR: 利用或比较辅助、临时寄存器内容</td><td></td></tr>
<tr><td>CMPOR[U] src RELOP dst, TCy, TCx</td><td>TCx = TCy | uns(src RELOP dst)</td></tr>
<tr><td>CMPOR[U] src RELOP dst, !TCy, TCx</td><td>TCx = !TCy | uns(src RELOP dst)</td></tr>
<tr><td>.CR: 循环寻址限定符</td><td></td></tr>
<tr><td><instruction>.CR</td><td>circular()</td></tr>
<tr><td>DELAY: 延时</td><td></td></tr>
<tr><td>DELAY Smem</td><td>delay(Smem)</td></tr>
<tr><td>EXP: 计算累加器内容的指数</td><td></td></tr>
<tr><td>EXP ACx, Tx</td><td>Tx = exp(ACx)</td></tr>
<tr><td>FIRSADD: 对称有限脉冲响应滤波器</td><td></td></tr>
<tr><td>FIRSADD Xmem, Ymem, Cmem, ACx, ACy</td><td>firs(Xmem, Ymem, coef(Cmem), ACx, ACy)</td></tr>
<tr><td>FIRSSUB: 反对称有限脉冲响应滤波器</td><td></td></tr>
<tr><td>FIRSSUB Xmem, Ymem, Cmem, ACx, ACy</td><td>firsn(Xmem, Ymem, coef(Cmem), ACx, ACy)</td></tr>
<tr><td>空闲</td><td>空闲</td></tr>
<tr><td>IDLE</td><td>idle</td></tr>
<tr><td>INTR: 软件中断</td><td></td></tr>
</table>

助记符指令	代数指令
INTR k5	intr(k5)
LMS: 最小均方	
LMS Xmem, Ymem, ACx, ACy	lms(Xmem, Ymem, ACx, ACy)
LR: 线性寻址限制符	
<instruction>.LR	linear()
MAC: 乘法和累加	
MAC[R] ACx, Tx, ACy[, ACy]	ACy = rnd(ACy + (ACx * Tx))
MAC[R] ACy, Tx, ACx, ACy	ACy = rnd((ACy * Tx) + ACx)
MACK[R] Tx, K8, [ACx,] ACy	ACy = rnd(ACx + (Tx * K8))
MACK[R] Tx, K16, [ACx,] ACy	ACy = rnd(ACx + (Tx * K16))
MACM[R] [T3 =]Smem, Cmem, ACx	ACx = rnd(ACx + (Smem * coef(Cmem)))[, T3 = Smem]
MACM[R] [T3 =]Smem, [ACx,] ACy	ACy = rnd(ACy + (Smem * ACx))[, T3 = Smem]
MACM[R] [T3 =]Smem, Tx, [ACx,] ACy	ACy = rnd(ACx + (Tx * Smem))[, T3 = Smem]
MACMK[R] [T3 =]Smem, K8, [ACx,] ACy	ACy = rnd(ACx + (Smem * K8))[, T3 = Smem]
MACM[R][40] [T3 =][uns(]Xmem[)], [uns(]Ymem[)], [ACx,] ACy	ACy = M40(rnd(ACx + (uns(Xmem) * uns(Ymem))))[, T3 = Xmem]
MACM[R][40] [T3 =][uns(]Xmem[)], [uns(]Ymem[)], ACx >> #16 [, ACy]	ACy = M40(rnd((ACx >> #16) + (uns(Xmem) * uns(Ymem)))) [, T3 = Xmem]
MACMZ: 并行的有延迟的乘加	
MACM[R]Z [T3 =]Smem, Cmem, ACx	ACx = rnd(ACx + (Smem * coef(Cmem)))[, T3 = Smem], delay(Smem)
MAC::MAC: 并行的乘加	
MAC[R][40] [uns(]Xmem[)], [uns(]Cmem[)], ACx :: MAC[R][40] [uns(]Ymem[)], [uns(]Cmem[)], ACy	ACx = M40(rnd(ACx + (uns(Xmem) * uns(coef(Cmem))))), ACy = M40(rnd(ACy + (uns(Ymem) * uns(coef(Cmem)))))
MAC[R][40] [uns(]Xmem[)], [uns(]Cmem[)], ACx >> #16 :: MAC[R][40] [uns(]Ymem[)], [uns(]Cmem[)], ACy	ACx = M40(rnd((ACx >> #16) + (uns(Xmem) * uns(coef(Cmem))))), ACy = M4(rnd(ACy + (uns(Ymem) * uns(coef(Cmem)))))
MAC[R][40] [uns(]Xmem[)], [uns(]Cmem[)], ACx >> #16 :: MAC[R][40] [uns(]Ymem[)], [uns(]Cmem[)], ACy >> #16	ACx = M40(rnd((ACx >> #16) + (uns(Xmem) * uns(coef(Cmem))))), ACy = M40(rnd((ACy >> #16) + (uns(Ymem) * uns(coef(Cmem)))))
MAC::MPY: 并行乘法及乘加	
MAC[R][40] [uns(]Xmem[)], [uns(]Cmem[)], ACx :: MPY[R][40] [uns(]Ymem[)], [uns(]Cmem[)], ACy	ACx = M40(rnd(ACx + (uns(Xmem) * uns(coef(Cmem))))), ACy = M40(rnd(uns(Ymem) * uns(coef(Cmem))))
MACM::MOV: 并行的将内存数据载入累加器并乘加	

助记符指令	代数指令
MACM[R] [T3 =]Xmem, Tx, ACx	ACx = rnd(ACx + (Tx * Xmem)),
:: MOV Ymem << #16, ACy	ACy = Ymem << #16 [,T3 = Xmem]
MACM::MOV: 乘加并将累加器内容存入内存	
MACM[R] [T3 =]Xmem, Tx, ACy	ACy = rnd(ACy + (Tx * Xmem)),
:: MOV HI(ACx << T2), Ymem	Ymem = HI(ACx << T2) [,T3 = Xmem]
MANT::NEXP: 计算尾数和累加器内容的指数	
MANT ACx, ACy	ACy = mant(ACx), Tx = –exp(ACx)
:: NEXP ACx, Tx	
MAS: 乘法和减法	
MAS[R] Tx, [ACx,] ACy	ACy = rnd(ACy – (ACx * Tx))
MASM[R] [T3 =]Smem, Cmem, ACx	ACx = rnd(ACx – (Smem * coef(Cmem)))[, T3 = Smem]
MASM[R] [T3 =]Smem, [ACx,] ACy	ACy = rnd(ACy – (Smem * ACx))[, T3 = Smem]
MASM[R] [T3 =]Smem, Tx, [ACx,] ACy	ACy = rnd(ACx – (Tx * Smem))[, T3 = Smem]
MASM[R][40] [T3 =][uns(]Xmem[)], [uns(]Ymem[)], [ACx,] ACy	ACy = M40(rnd(ACx – (uns(Xmem) * uns(Ymem))))[, T3 = Xmem]
MAS::MAC: 并行的乘加和乘减	
MAS[R][40] [uns(]Xmem[)], [uns(]Cmem[)], ACx	ACx = M40(rnd(ACx – (uns(Xmem) * uns(coef(Cmem))))),
:: MAC[R][40] [uns(]Ymem[)], [uns(]Cmem[)], ACy	ACy = M40(rnd(ACy + (uns(Ymem) * uns(coef(Cmem)))))
MAS[R][40] [uns(]Xmem[)], [uns(]Cmem[)], ACx	ACx = M40(rnd(ACx – (uns(Xmem) * uns(coef(Cmem))))),
:: MAC[R][40] [uns(]Ymem[)], [uns(]Cmem[)], ACy >> #16	ACy = M40(rnd((ACy >> #16) + (uns(Ymem) * uns(coef(Cmem)))))
MAS::MAS: 并行的乘减	
MAS[R][40] [uns(]Xmem[)], [uns(]Cmem[)], ACx	ACx = M40(rnd(ACx – (uns(Xmem) * uns(coef(Cmem))))),
:: MAS[R][40] [uns(]Ymem[)], [uns(]Cmem[)], ACy	ACy = M40(rnd(ACy – (uns(Ymem) * uns(coef(Cmem)))))
MAS:: 并行的乘法及乘减	**Multiply and Subtract with Parallel Multiply**
MAS[R][40] [uns(]Xmem[)], [uns(]Cmem[)], ACx	ACx = M40(rnd(ACx – (uns(Xmem) * uns(coef(Cmem))))),
:: MPY[R][40] [uns(]Ymem[)], [uns(]Cmem[)], ACy	ACy = M40(rnd(uns(Ymem) * uns(coef(Cmem))))
MASM::MOV: 并行的将内存数据装载入累加器并做乘法	
MASM[R] [T3 =]Xmem, Tx, ACx	ACx = rnd(ACx – (Tx * Xmem)),
:: MOV Ymem << #16, ACy	ACy = Ymem << #16 [,T3 = Xmem]
MASM::MOV: 并行的将累加器内容存入内存并做乘法	

助记符指令	代数指令
MASM[R] [T3 =]Xmem, Tx, ACy	ACy = rnd(ACy – (Tx * Xmem)),
:: MOV HI(ACx << T2), Ymem	Ymem = HI(ACx << T2) [,T3 = Xmem]
MAX: 比较累加器，辅助或临时寄存器内容最大值	
MASM[R] [T3 =]Xmem, Tx, ACy	ACy = rnd(ACy – (Tx * Xmem)),
:: MOV HI(ACx << T2), Ymem	Ymem = HI(ACx << T2) [,T3 = Xmem]
MAXDIFF: 比较和选择累加器内容最大值	
MAXDIFF ACx, ACy, ACz, ACw	max_diff(ACx, ACy, ACz, ACw)
DMAXDIFF ACx, ACy, ACz, ACw, TRNx	max_diff_dbl(ACx, ACy, ACz, ACw, TRNx)
MIN: 比较累加器，辅助或临时寄存器内容最小值	
MIN [src,] dst	dst = min(src, dst)
MINDIFF: 比较和选择累加器内容最小值	
MINDIFF ACx, ACy, ACz, ACw	min_diff(ACx, ACy, ACz, ACw)
DMINDIFF ACx, ACy, ACz, ACw, TRNx	min_diff_dbl(ACx, ACy, ACz, ACw, TRNx)
mmap: 存储器映射寄存器访问限定符	
mmap	mmap()
MOV: 从内存中装载数据到累加器	
MOV [rnd(]Smem << Tx[)], ACx	ACx = rnd(Smem << Tx)
MOV low_byte(Smem) << #SHIFTW, ACx	ACx = low_byte(Smem) << #SHIFTW
MOV high_byte(Smem) << #SHIFTW, ACx	ACx = high_byte(Smem) << #SHIFTW
MOV Smem << #16, ACx	ACx = Smem << #16
MOV [uns(]Smem[)], ACx	ACx = uns(Smem)
MOV [uns(]Smem[)] << #SHIFTW, ACx	ACx = uns(Smem) << #SHIFTW
MOV[40] dbl(Lmem), ACx	ACx = M40(dbl(Lmem))
MOV Xmem, Ymem, ACx	LO(ACx) = Xmem, HI(ACx) = Ymem
MOV: 从内存中装载数据到累加器对	
MOV dbl(Lmem), pair(HI(ACx))	pair(HI(ACx)) = Lmem
MOV dbl(Lmem), pair(LO(ACx))	pair(LO(ACx)) = Lmem
MOV: 将立即数装载入累加器	
MOV K16 << #16, ACx	ACx = K16 << #16

助记符指令	代数指令
MOV K16 << #SHFT, ACx	ACx = K16 << #SHFT
MOV: 从内存中装载累加、辅助寄存器和临时寄存器	
MOV Smem, dst	dst = Smem
MOV [uns(]high_byte(Smem)[)], dst	dst = uns(high_byte(Smem))
MOV [uns(]low_byte(Smem)[)], dst	dst = uns(low_byte(Smem))
MOV: 将立即数装载累加器、辅助寄存器、临时寄存器	
MOV k4, dst	dst = k4
MOV –k4, dst	dst = –k4
MOV K16, dst	dst = K16
MOV: 从内存中装载数据到辅助寄存器和临时寄存器	
MOV dbl(Lmem), pair(TAx)	pair(TAx) = Lmem
MOV: 从内存中装载数据到 CPU 寄存器	
MOV Smem, BK03	BK03 = Smem
MOV Smem, BK47	BK47 = Smem
MOV Smem, BKC	BKC = Smem
MOV Smem, BSA01	BSA01 = Smem
MOV Smem, BSA23	BSA23 = Smem
MOV Smem, BSA45	BSA45 = Smem
MOV Smem, BSA67	BSA67 = Smem
MOV Smem, BSAC	BSAC = Smem
MOV Smem, BRC0	BRC0 = Smem
MOV Smem, BRC1	BRC1 = Smem
MOV Smem, CDP	CDP = Smem
MOV Smem, CSR	CSR = Smem
MOV Smem, DP	DP = Smem
MOV Smem, DPH	DPH = Smem
MOV Smem, PDP	PDP = Smem
MOV Smem, SP	SP = Smem
MOV Smem, SSP	SSP = Smem
MOV Smem, TRN0	TRN0 = Smem
MOV Smem, TRN1	TRN1 = Smem
MOV dbl(Lmem), RETA	RETA = dbl(Lmem)
MOV: 将立即数存入 CPU 寄存器	

助记符指令	代数指令
MOV k12, BK03	BK03 = k12
MOV k12, BK47	BK47 = k12
MOV k12, BKC	BKC = k12
MOV k12, BRC0	BRC0 = k12
MOV k12, BRC1	BRC0 = k12
MOV k12, CSR	CSR = k12
MOV k7, DPH	DPH = k7
MOV k9, PDP	PDP = k9
MOV k16, BSA01	BSA01 = k16
MOV k16, BSA23	BSA23 = k16
MOV k16, BSA45	BSA45 = k16
MOV k16, BSA67	BSA67 = k16
MOV k16, BSAC	BSAC = k16
MOV k16, CDP	CDP = k16
MOV k16, DP	DP = k16
MOV k16, SP	SP = k16
MOV k16, SSP	SSP = k16
MOV: 从内存中装在数据到扩展辅助寄存器	
MOV dbl(Lmem), XAdst	XAdst = dbl(Lmem)
MOV: 将立即数装载到内存	
MOV K8, Smem	Smem = K8
MOV K16, Smem	Smem = K16
MOV: 将累加器内容移动到辅助或临时寄存器	
MOV HI(ACx), TAx	TAx = HI(ACx)
MOV: 动累加器，辅助或临时寄存器内容	
MOV src, dst	dst = src
MOV: 将辅助寄存器、临时寄存器内容移动至累加器	
MOV TAx, HI(ACx)	HI(ACx) = TAx
MOV: 将辅助寄存器和临时寄存器内容移动至 CPU 寄存器	
MOV TAx, BRC0	BRC0 = TAx
MOV TAx, BRC1	BRC1 = TAx
MOV TAx, CDP	CDP = TAx

助记符指令	代数指令
MOV TAx, CSR	CSR = TAx
MOV TAx, SP	SP = TAx
MOV TAx, SSP	SSP = TAx
MOV: 将 CPU 寄存器内容移动至辅助寄存器或临时寄存器	
MOV BRC0, TAx	TAx = BRC0
MOV BRC1, TAx	TAx = BRC1
MOV CDP, TAx	TAx = CDP
MOV RPTC, TAx	TAx = RPTC
MOV SP, TAx	TAx = SP
MOV SSP, TAx	TAx = SSP
MOV: 移动扩展辅助寄存器内容	
MOV xsrc, xdst	xdst = xsrc
MOV: 移动数据从内存到内存	
MOV Cmem, Smem	Smem = coef(Cmem)
MOV Smem, Cmem	coef(Cmem) = Smem
MOV Cmem, dbl(Lmem)	Lmem = dbl(coef(Cmem))
MOV dbl(Lmem), Cmem	dbl(coef(Cmem)) = Lmem
MOV dbl(Xmem), dbl(Ymem)	dbl(Ymem) = dbl(Xmem)
MOV Xmem, Ymem	Ymem = Xmem
MOV: 将累加器内容存至内存	
MOV HI(ACx), Smem	Smem = HI(ACx)
MOV [rnd(]HI(ACx)[)], Smem	Smem = HI(rnd(ACx))
MOV ACx << Tx, Smem	Smem = LO(ACx << Tx)
MOV [rnd(]HI(ACx << Tx)[)], Smem	Smem = HI(rnd(ACx << Tx))
MOV ACx << #SHIFTW, Smem	Smem = LO(ACx << #SHIFTW)
MOV HI(ACx << #SHIFTW), Smem	Smem = HI(ACx << #SHIFTW)
MOV [rnd(]HI(ACx << #SHIFTW)[)], Smem	Smem = HI(rnd(ACx << #SHIFTW))
MOV [uns(] [rnd(]HI[(saturate](ACx)[)))], Smem	Smem = HI(saturate(uns(rnd(ACx))))
MOV [uns(] [rnd(]HI[(saturate](ACx << Tx)[)))], Smem	Smem = HI(saturate(uns(rnd(ACx << Tx))))
MOV [uns(] [rnd(]HI[(saturate](ACx << #SHIFTW)[)))], Smem	Smem = HI(saturate(uns(rnd(ACx << #SHIFTW))))
MOV ACx, dbl(Lmem)	dbl(Lmem) = ACx
MOV [uns(]saturate(ACx)[)], dbl(Lmem)	dbl(Lmem) = saturate(uns(ACx))
MOV ACx >> #1, dual(Lmem)	HI(Lmem) = HI(ACx) >> #1, LO(Lmem) = LO(ACx) >> #1

助记符指令	代数指令
MOV ACx, Xmem, Ymem	Xmem = LO(ACx), Ymem = HI(ACx)
MOV: 将累加器对内容存入内存	
MOV pair(HI(ACx)), dbl(Lmem)	Lmem = pair(HI(ACx))
MOV pair(LO(ACx)), dbl(Lmem)	Lmem = pair(LO(ACx))
MOV: 将累加器、辅助、临时寄存器内容存入内存	
MOV src, Smem	Smem = src
MOV src, high_byte(Smem)	high_byte(Smem) = src
MOV src, low_byte(Smem)	low_byte(Smem) = src
MOV: 将辅助、临时寄存器对内容存入内存	
MOV pair(TAx), dbl(Lmem)	Lmem = pair(TAx)
MOV: 将 CPU 寄存器内容存入内存	
MOV BK03, Smem	Smem = BK03
MOV BK47, Smem	Smem = BK47
MOV BKC, Smem	Smem = BKC
MOV BSA01, Smem	Smem = BSA01
MOV BSA23, Smem	Smem = BSA23
MOV BSA45, Smem	Smem = BSA45
MOV BSA67, Smem	Smem = BSA67
MOV BSAC, Smem	Smem = BSAC
MOV BRC0, Smem	Smem = BRC0
MOV BRC1, Smem	Smem = BRC1
MOV CDP, Smem	Smem = CDP
MOV CSR, Smem	Smem = CSR
MOV DP, Smem	Smem = DP
MOV DPH, Smem	Smem = DPH
MOV PDP, Smem	Smem = PDP
MOV SP, Smem	Smem = SP
MOV SSP, Smem	Smem = SSP
MOV TRN0, Smem	Smem = TRN0
MOV TRN1, Smem	Smem = TRN1
MOV RETA, dbl(Lmem)	dbl(Lmem) = RETA
MOV: 将扩展辅助寄存器内容存至内存	

助记符指令	代数指令
MOV XAsrc, dbl(Lmem)	dbl(Lmem) = XAsrc
MOV::MOV: 将累加器从内存装载同时将累加器内容存入内存	Load Accumulator from Memory with Parallel Store Accumulator Content to Memory
MOV Xmem << #16, ACy	ACy = Xmem << #16,
:: MOV HI(ACx << T2), Ymem	Ymem = HI(ACx << T2)
MPY: 乘法	
MPY[R] [ACx,] ACy	ACy = rnd(ACy * ACx)
MPY[R] Tx, [ACx,] ACy	ACy = rnd(ACx * Tx)
MPYK[R] K8, [ACx,] ACy	ACy = rnd(ACx * K8)
MPYK[R] K16, [ACx,] ACy	ACy = rnd(ACx * K16)
MPYM[R] [T3 =]Smem, Cmem, ACx	ACx = rnd(Smem * coef(Cmem))[, T3 = Smem]
MPYM[R] [T3 =]Smem, [ACx,] ACy	ACy = rnd(Smem * ACx)[, T3 = Smem]
MPYMK[R] [T3 =]Smem, K8, ACx	ACx = rnd(Smem * K8)[, T3 = Smem]
MPYM[R][40] [T3 =][uns(]Xmem[)], [uns(]Ymem[)], ACx	ACx = M40(rnd(uns(Xmem) * uns(Ymem)))[, T3 = Xmem]
MPYM[R][U] [T3 =]Smem, Tx, ACx	ACx = rnd(uns(Tx * Smem))[, T3 = Smem]
MPY::MAC: 乘法同时进行乘加	
MPY[R][40] [uns(]Xmem[)], [uns(]Cmem[)], ACx	ACx = M40(rnd(uns(Xmem) * uns(coef(Cmem)))),
:: MAC[R][40] [uns(]Ymem[)], [uns(]Cmem[)], ACy >> #16	ACy = M40(rnd((ACy >> #16) + (uns(Ymem) * uns(coef(Cmem)))))
MPY::MPY: 并行乘法	
MPY[R][40] [uns(]Xmem[)], [uns(]Cmem[)], ACx	ACx = M40(rnd(uns(Xmem) * uns(coef(Cmem)))),
:: MPY[R][40] [uns(]Ymem[)], [uns(]Cmem[)], ACy	ACy = M40(rnd(uns(Ymem) * uns(coef(Cmem))))
MPYM::MOV: 乘法同时存储累加器内容至内存	
MPYM[R] [T3 =]Xmem, Tx, ACy	ACy = rnd(Tx * Xmem),
:: MOV HI(ACx << T2), Ymem	Ymem = HI(ACx << T2) [,T3 = Xmem]
NEG: 取消累加器，辅助或临时寄存器内容	
NEG [src,] dst	dst = –src
NOP: 无操作	无操作
NOP	nop
NOP_16	nop_16
NOT: 补充累加器，辅助或临时寄存器内容	

助记符指令	代数指令
NOT [src,] dst	dst = ～src
OR: 比特或	
OR src, dst	dst = dst | src
OR k8, src, dst	dst = src | k8
OR k16, src, dst	dst = src | k16
OR Smem, src, dst	dst = src | Smem
OR ACx << #SHIFTW[, ACy]	ACy = ACy | (ACx <<< #SHIFTW)
OR k16 << #16, [ACx,] ACy	ACy = ACx | (k16 <<< #16)
OR k16 << #SHFT, [ACx,] ACy	ACy = ACx | (k16 <<< #SHFT)
OR k16, Smem	Smem = Smem | k16
POP: 弹出栈顶元素	
POP dst1, dst2	dst1, dst2 = pop()
POP dst	dst = pop()
POP dst, Smem	dst, Smem = pop()
POP ACx	ACx = dbl(pop())
POP Smem	Smem = pop()
POP dbl(Lmem)	dbl(Lmem) = pop()
POPBOTH: 从栈指针弹出至累加器或者扩展辅助寄存器内容	
POPBOTH xdst	xdst = popboth()
port: 外设端口寄存器访问限定符	
port(Smem)	readport()
port(Smem)	writeport()
PSH: 将数据压入堆栈	
PSH src1, src2	push(src1, src2)
PSH src	push(src)
PSH src, Smem	push(src, Smem)
PSH ACx	dbl(push(ACx))
PSH Smem	push(Smem)
PSH dbl(Lmem)	push(dbl(Lmem))
PSHBOTH: 将累加器或扩展辅助寄存器内容压入堆栈指针	
PSHBOTH xsrc	pshboth(xsrc)

助记符指令	代数指令
RESET: 软件复位	
RESET	reset
RET: 无条件返回	
RET	return
RETCC: 有条件返回	
RETCC cond	if (cond) return
RETI: 从中断返回	
RETI	return_int
ROL: 按位左旋转累加器，辅助或临时寄存器内容	
ROL BitOut, src, BitIn, dst	dst = BitOut \\ src \\ BitIn
ROR: 按位右旋转累加器，辅助或临时寄存器内容	
ROR BitIn, src, BitOut, dst	dst = BitIn // src // BitOut
ROUND: 四舍五入累加器内容	
ROUND [ACx,] ACy	ACy = rnd(ACx)
RPT: 无条件重复单指令	
RPT k8	repeat(k8)
RPT k16	repeat(k16)
RPT CSR	repeat(CSR)
RPTB: 无条件重复指令块	
RPTBLOCAL pmad	localrepeat{}
RPTB pmad	blockrepeat{}
RPTCC: 有条件地重复单个指令	
RPTCC k8, cond	while (cond && (RPTC < k8)) repeat
RPTADD: 无条件重复单条指令并将 CSR 加一	
RPTADD CSR, TAx	repeat(CSR), CSR += TAx
RPTADD CSR, k4	repeat(CSR), CSR += k4
RPTSUB: 无条件重复单条指令并将 CSR 减一	

助记符指令	代数指令
RPTSUB CSR, k4	repeat(CSR), CSR –= k4
SFTCC: 有条件的累加器移位	
SFTCC ACx, TCx	ACx = sftc(ACx, TCx)
SFTL: 累加器的逻辑移位	
SFTL ACx, Tx[, ACy]	ACy = ACx <<< Tx
SFTL ACx, #SHIFTW[, ACy]	ACy = ACx <<< #SHIFTW
SFTL: 累加器，辅助或临时寄存器内容的逻辑移位	
SFTL dst, #1	dst = dst <<< #1
SFTL dst, #–1	dst = dst >>> #1
SFTS: 累加器的移位	
SFTS ACx, Tx[, ACy]	ACy = ACx << Tx
SFTS ACx, #SHIFTW[, ACy]	ACy = ACx << #SHIFTW
SFTSC ACx, Tx[, ACy]	ACy = ACx <<C Tx
SFTSC ACx, #SHIFTW[, ACy]	ACy = ACx <<C #SHIFTW
SFTS: 累加器、辅助和临时寄存器内容的移位	
SFTS dst, #–1	dst = dst >> #1
SFTS dst, #1	dst = dst << #1
SQA: 平方并累加	
SQA[R] [ACx,] ACy	ACy = rnd(ACy + (ACx * ACx))
SQAM[R] [T3 =]Smem, [ACx,] ACy	ACy = rnd(ACx + (Smem * Smem))[, T3 = Smem]
SQDST: 平方距离	
SQDST Xmem, Ymem, ACx, ACy	sqdst(Xmem, Ymem, ACx, ACy)
SQR: 平方	
SQR[R] [ACx,] ACy	ACy = rnd(ACx * ACx)
SQRM[R] [T3 =]Smem, ACx	ACx = rnd(Smem * Smem)[, T3 = Smem]
SQS: 平方及减法	
SQS[R] [ACx,] ACy	ACy = rnd(ACy – (ACx * ACx))
SQSM[R] [T3 =]Smem, [ACx,] ACy	ACy = rnd(ACx – (Smem * Smem))[, T3 = Smem]

助记符指令	代数指令
SUB: 双 16-bits 减法	
SUB dual(Lmem), [ACx,] ACy	HI(ACy) = HI(ACx) – HI(Lmem),
	LO(ACy) = LO(ACx) – LO(Lmem)
SUB ACx, dual(Lmem), ACy	HI(ACy) = HI(Lmem) – HI(ACx),
	LO(ACy) = LO(Lmem) – LO(ACx)
SUB dual(Lmem), Tx, ACx	HI(ACx) = Tx – HI(Lmem),
	LO(ACx) = Tx – LO(Lmem)
SUB Tx, dual(Lmem), ACx	HI(ACx) = HI(Lmem) – Tx,
	LO(ACx) = LO(Lmem) – Tx
SUB: 减法	
SUB [src,] dst	dst = dst – src
SUB k4, dst	dst = dst – k4
SUB K16, [src,] dst	dst = src – K16
SUB Smem, [src,] dst	dst = src – Smem
SUB src, Smem, dst	dst = Smem – src
SUB ACx << Tx, ACy	ACy = ACy – (ACx << Tx)
SUB ACx << #SHIFTW, ACy	ACy = ACy – (ACx << #SHIFTW)
SUB K16 << #16, [ACx,] ACy	ACy = ACx – (K16 << #16)
SUB K16 << #SHFT, [ACx,] ACy	ACy = ACx – (K16 << #SHFT)
SUB Smem << Tx, [ACx,] ACy	ACy = ACx – (Smem << Tx)
SUB Smem << #16, [ACx,] ACy	ACy = ACx – (Smem << #16)
SUB ACx, Smem << #16, ACy	ACy = (Smem << #16) – ACx
SUB [uns(]Smem[)], BORROW, [ACx,] ACy	ACy = ACx – uns(Smem) – BORROW
SUB [uns(]Smem[)], [ACx,] ACy	ACy = ACx – uns(Smem)
SUB [uns(]Smem[)] << #SHIFTW, [ACx,] ACy	ACy = ACx – (uns(Smem) << #SHIFTW)
SUB dbl(Lmem), [ACx,] ACy	ACy = ACx – dbl(Lmem)
SUB ACx, dbl(Lmem), ACy	ACy = dbl(Lmem) – ACx
SUB Xmem, Ymem, ACx	ACx = (Xmem << #16) – (Ymem << #16)
SUB::MOV: 减法同时将累加器内容存入内存	
SUB Xmem << #16, ACx, ACy	ACy = (Xmem << #16) – ACx,
:: MOV HI(ACy << T2), Ymem	Ymem = HI(ACy << T2)
SUBADD: 双 16-bits 加减法	
SUBADD Tx, Smem, ACx	HI(ACx) = Smem – Tx,
	LO(ACx) = Smem + Tx
SUBADD Tx, dual(Lmem), ACx	HI(ACx) = HI(Lmem) – Tx,

助记符指令	代数指令
	LO(ACx) = LO(Lmem) + Tx
SUBC: 有条件减法	
SUBC Smem, [ACx,] ACy	subc(Smem, ACx, ACy)
SWAP: 交换累加器内容	
SWAP ACx, ACy	swap(ACx, ACy)
SWAP: 交换临时寄存器内容	
SWAP ARx, ARy	swap(ARx, ARy)
SWAP: 交换辅助寄存器和临时寄存器内容	
SWAP ARx, Tx	swap(ARx, Tx)
SWAP: 交换临时寄存器内容	
SWAP Tx, Ty	swap(Tx, Ty)
SWAPP: 交换累加器对内容	
SWAPP AC0, AC2	swap(pair(AC0), pair(AC2))
SWAPP: 交换辅助寄存器对内容	
SWAPP AC0, AC2	swap(pair(AC0), pair(AC2))
SWAPP: 交换辅助寄存器对内容	
SWAPP AR0, AR2	swap(pair(AR0), pair(AR2))
SWAPP: 交换辅助寄存器和临时寄存器对内容	
SWAPP ARx, Tx	swap(pair(ARx), pair(Tx))
SWAPP: 交换临时寄存器对内容	
SWAPP T0, T2	swap(pair(T0), pair(T2))
SWAP4: 交换辅助寄存器和临时寄存器内容	
SWAP4 AR4, T0	swap(block(AR4), block(T0))
TRAP: 执行中断服务程序	
TRAP k5	trap(k5)

助记符指令	代数指令
XCC: 有条件执行	
XCC [label,]cond	if (cond) execute(AD_Unit)
XCCPART [label,]cond	if (cond) execute(D_Unit)
XOR: 按位异或(XOR)	
XOR src, dst	dst = dst ^ src
XOR k8, src, dst	dst = src ^ k8
XOR k16, src, dst	dst = src ^ k16
XOR Smem, src, dst	dst = src ^ Smem
XOR ACx << #SHIFTW[, ACy]	ACy = ACy ^ (ACx <<< #SHIFTW)
XOR k16 << #16, [ACx,] ACy	ACy = ACx ^ (k16 <<< #16)
XOR k16 << #SHFT, [ACx,] ACy	ACy = ACx ^ (k16 <<< #SHFT)
XOR k16, Smem	Smem = Smem ^ k16

附录C　代 码 示 例

```
/*--------------------------------------------------------------------------
/* DESCRIPTION:
/* This is an example for IN-OUT
/*--------------------------------------------------------------------------

#include <csl.h>
#include <csl_i2c.h>
#include <stdio.h>
#include <csl_pll.h>
#include <csl_mcbsp.h>
#include <CODEC.h>
#define CODEC_ADDR 0x1A

/*锁相环的设置*/
PLL_Config  myConfig       = {
  0,      //IAI: the PLL locks using the same process that was underway
                //before the idle mode was entered
  1,      //IOB: If the PLL indicates a break in the phase lock,
                //it switches to its bypass mode and restarts the PLL phase-locking
                //sequence
  12,      //PLL multiply value; multiply 24 times
  1             //Divide by 2 PLL divide value; it can be either PLL divide value
                //(when PLL is enabled), or Bypass-mode divide value
                //(PLL in bypass mode, if PLL multiply value is set to 1)
};

MCBSP_Config Mcbsptest;

/*McBSP set,we use mcbsp1 to send and recieve the data between DSP and AIC23*/
MCBSP_Config Mcbsp1Config = {
  MCBSP_SPCR1_RMK(
    MCBSP_SPCR1_DLB_OFF,                    /* DLB    = 0,禁止自闭环方式 */
    MCBSP_SPCR1_RJUST_LZF,                  /* RJUST  = 2 */
    MCBSP_SPCR1_CLKSTP_DISABLE,             /* CLKSTP = 0 */
    MCBSP_SPCR1_DXENA_ON,                   /* DXENA  = 1 */
    0,                                      /* ABIS   = 0 */
    MCBSP_SPCR1_RINTM_RRDY,                 /* RINTM  = 0 */
    0,                                      /* RSYNCER = 0 */
    MCBSP_SPCR1_RRST_DISABLE                /* RRST   = 0 */
```

```
  ),
   MCBSP_SPCR2_RMK(
   MCBSP_SPCR2_FREE_NO,                    /* FREE     = 0 */
   MCBSP_SPCR2_SOFT_NO,                    /* SOFT     = 0 */
   MCBSP_SPCR2_FRST_FSG,                   /* FRST     = 0 */
   MCBSP_SPCR2_GRST_CLKG,                  /* GRST     = 0 */
   MCBSP_SPCR2_XINTM_XRDY,                 /* XINTM    = 0 */
   0,                                      /* XSYNCER = N/A */
   MCBSP_SPCR2_XRST_DISABLE                /* XRST     = 0 */
  ),
  /*单数据相，接收数据长度为 16 位，每相 2 个数据*/
 MCBSP_RCR1_RMK(
    MCBSP_RCR1_RFRLEN1_OF(1),              /* RFRLEN1 = 1 */
    MCBSP_RCR1_RWDLEN1_16BIT               /* RWDLEN1 = 2 */
 ),
 MCBSP_RCR2_RMK(
    MCBSP_RCR2_RPHASE_SINGLE,              /* RPHASE   = 0 */
    MCBSP_RCR2_RFRLEN2_OF(0),              /* RFRLEN2 = 0 */
    MCBSP_RCR2_RWDLEN2_8BIT,               /* RWDLEN2 = 0 */
    MCBSP_RCR2_RCOMPAND_MSB,               /* RCOMPAND = 0 */
    MCBSP_RCR2_RFIG_YES,                   /* RFIG      = 0 */
    MCBSP_RCR2_RDATDLY_1BIT                /* RDATDLY = 1 */
    ),
  MCBSP_XCR1_RMK(
    MCBSP_XCR1_XFRLEN1_OF(1),              /* XFRLEN1 = 1 */
    MCBSP_XCR1_XWDLEN1_16BIT               /* XWDLEN1 = 2 */

),
MCBSP_XCR2_RMK(
    MCBSP_XCR2_XPHASE_SINGLE,              /* XPHASE   = 0 */
    MCBSP_XCR2_XFRLEN2_OF(0),              /* XFRLEN2 = 0 */
    MCBSP_XCR2_XWDLEN2_8BIT,               /* XWDLEN2 = 0 */
    MCBSP_XCR2_XCOMPAND_MSB,               /* XCOMPAND = 0 */
    MCBSP_XCR2_XFIG_YES,                   /* XFIG      = 0 */
    MCBSP_XCR2_XDATDLY_1BIT                /* XDATDLY = 1 */
 ),
 MCBSP_SRGR1_DEFAULT,
 MCBSP_SRGR2_DEFAULT,
 MCBSP_MCR1_DEFAULT,
 MCBSP_MCR2_DEFAULT,
 MCBSP_PCR_RMK(
   MCBSP_PCR_IDLEEN_RESET,                 /* IDLEEN      = 0      */
   MCBSP_PCR_XIOEN_SP,                     /* XIOEN       = 0      */
```

```
    MCBSP_PCR_RIOEN_SP,                    /* RIOEN    =0    */
    MCBSP_PCR_FSXM_EXTERNAL,               /* FSXM     =0    */
    MCBSP_PCR_FSRM_EXTERNAL,               /* FSRM     =0    */
    0,                                     /* DXSTAT = N/A   */
    MCBSP_PCR_CLKXM_INPUT,                 /* CLKXM    =0    */
    MCBSP_PCR_CLKRM_INPUT,                 /* CLKRM    =0    */
    MCBSP_PCR_SCLKME_NO,                   /* SCLKME   =0    */
    MCBSP_PCR_FSXP_ACTIVEHIGH,             /* FSXP     =0    */
    MCBSP_PCR_FSRP_ACTIVEHIGH,             /* FSRP     =1    */
    MCBSP_PCR_CLKXP_FALLING,               /* CLKXP    =1    */
    MCBSP_PCR_CLKRP_RISING                 /* CLKRP    =1    */
  ),
  MCBSP_RCERA_DEFAULT,
  MCBSP_RCERB_DEFAULT,
  MCBSP_RCERC_DEFAULT,
  MCBSP_RCERD_DEFAULT,
  MCBSP_RCERE_DEFAULT,
  MCBSP_RCERF_DEFAULT,
  MCBSP_RCERG_DEFAULT,
  MCBSP_RCERH_DEFAULT,
  MCBSP_XCERA_DEFAULT,
  MCBSP_XCERB_DEFAULT,
  MCBSP_XCERC_DEFAULT,
  MCBSP_XCERD_DEFAULT,
  MCBSP_XCERE_DEFAULT,
  MCBSP_XCERF_DEFAULT,
  MCBSP_XCERG_DEFAULT,
  MCBSP_XCERH_DEFAULT
};
/* This next struct shows how to use the I2C API */
/* Create and initialize an I2C initialization structure */
I2C_Setup I2Cinit = {
        0,                  /* 7 bit address mode */
        0,                  /* own address - don't care if master */
        84,                 /* clkout value (Mhz)  */
        50,                 /* a number between 10 and 400*/
        0,                  /* number of bits/byte to be received or transmitted (8)*/
        0,                  /* DLB mode on*/
        1                   /* FREE mode of operation on*/
};

I2C_Config testI2C;
```

```
// 数字音频接口格式设置
// AIC23 为主模式,数据为 DSP 模式,数据长度 16 位
Uint16 Digital_Audio_Inteface_Format[2]={
    Codec_DAIF_REV,
    DAIF_MS(1)+DAIF_LRSWAP(0)+DAIF_LRP(1)+DAIF_IWL(0)+DAIF_FOR(3)};

// AIC23 的波特率设置,采样率为 48k,CLKIN=CLKOUT=MCLK
// 时钟模式设为普通模式,基过采样率为 250Fs
Uint16 Sample_Rate_Control[2] = {
    Codec_SRC_REV,
    SRC_CLKIN(0)+SRC_CLKOUT(0)+SRC_SR(6)+SRC_BOSR(0)+SRC_USB(0)};

// AIC23 寄存器复位
Uint16 Reset[2] ={
    Codec_RST_REV,
    RST_RES};

// AIC23 节电方式设置，所有部分均处于工作状态
Uint16 Power_Down_Control[2] ={
    Codec_PDC_REV,
    PDC_DEFAULT};

// AIC23 模拟音频的控制:关掉侧音
// DAC 使能,ADC 输入选择为音频输入
Uint16 Analog_Audio_Path_Control[2] = {
    Codec_AAPC_STA2(0),
    AAPC_STA10(0)+AAPC_STE(0)+AAPC_DAC(1)+AAPC_BYP(0)+AAPC_INSEL(1)+AAPC_MICM
(0)+AAPC_MICB(0)};

// AIC23 数字音频通路的控制
// 使能 ADC 高通滤波
Uint16 Digital_Audio_Path_Control[2] ={
    Codec_DAPC_REV,
    DAPC_DACM(0)+DAPC_DEEMP(0)+DAPC_ADCHP(1)};

// AIC23 数字接口的使能
Uint16 Digital_Interface_Activation[2] ={
    Codec_DIA_REV,
    DIA_ACT(1)};

// AIC23 左通路音频调节
Uint16 Left_Line_Input_Volume_Control[2] ={
```

```
        Codec_LLIVC_LPS(1),
        LLIVC_LIM(0)+LLIVC_LIV(23)};

// AIC23 右通路音频调节
Uint16 Right_Line_Input_Volume_Control[2] = {
        Codec_RLIVC_RLS(1),
        RLIVC_RIM(0)+RLIVC_RIV(23)};

// AIC23 耳机左通路音频调节
Uint16 Left_Headphone_Volume_Control[2] = {
        Codec_LHPVC_LRS(1),
        LHPVC_LZC(1)+LHPVC_LHV(127)};

// AIC23 耳机右通路音频调节
Uint16 Right_Headphone_Volume_Control[2] = {
        Codec_RHPVC_RLS(1),
        LHPVC_RZC(1)+LHPVC_RHV(127)};
/*定义 McBSP 的句柄*/
MCBSP_Handle hMcbsp;

Uint16 i2c_status;
Uint16 i,temp;

void delay(Uint32 k)
{
    while(k--);
}

void main(void)
{
    Uint16   DataTempLeft = 0;         // 暂存采样数据
    Uint16   DataTempRight = 0;
    Uint16 aic23data = 0;
     i2c_status = 1;
    /* Initialize CSL library - This is REQUIRED !!! */
    /*初始化 CSL 库*/
    CSL_init();

     /*设置系统的运行速度为 140MHz*/
    PLL_config(&myConfig);

    /* Initialize I2C, using parameters in init structure */
    /*初始化 I2C 的格式*/
```

```
/*I2C is undet reset*/
I2C_RSET(I2CMDR,0);
/*设置预分频寄存器,I2C 的 mode clock is 10MHz*/
delay(100);
I2C_RSET(I2CSAR,0x001A);
I2C_RSET(I2CMDR,0x0620);

I2C_setup(&I2Cinit);
/*设置 I 2 C 的 Mater clock*/
I2C_RSET(I2CCLKL,100);
I2C_RSET(I2CCLKH,100);

I2C_getConfig(&testI2C);

/*初始化 McBSP0*/
hMcbsp = MCBSP_open(MCBSP_PORT1,MCBSP_OPEN_RESET);
/*设置 McBSP0*/
MCBSP_config(hMcbsp,&Mcbsp1Config);
/*启动 McBSP0*/
MCBSP_start(hMcbsp,
            MCBSP_RCV_START | MCBSP_XMIT_START,
            0);

MCBSP_getConfig(hMcbsp,&Mcbsptest);

I2C_write( Power_Down_Control,//pointer to data array
        2,                    //length of data to be transmitted
        1,                    //master or slaver
        CODEC_ADDR,           //slave address to transmit to
        1,                    //transfer mode of operation
        30000                 //time out for bus busy
        );

    /*设置 AIC23 的数字接口*/
I2C_write( Digital_Audio_Inteface_Format,//pointer to data array
        2,                    //length of data to be transmitted
        1,                    //master or slaver
        CODEC_ADDR,           //slave address to transmit to
        1,                    //transfer mode of operation
        30000                 //time out for bus busy
        );

    /*设置 AIC23 模拟通路*/
```

```
I2C_write( Analog_Aduio_Path_Control,//pointer to data array
          2,                         //length of data to be transmitted
          1,                         //master or slaver
          CODEC_ADDR,                //slave address to transmit to
          1,                         //transfer mode of operation
          30000                      //time out for bus busy
          );

      /*设置数字通路*/
I2C_write( Digital_Audio_Path_Control,//pointer to data array
          2,                         //length of data to be transmitted
          1,                         //master or slaver
          CODEC_ADDR,                //slave address to transmit to
          1,                         //transfer mode of operation
          30000                      //time out for bus busy
          );

      /*设置 AIC23 的采样率*/
I2C_write( Sample_Rate_Control, //pointer to data array
          2,                         //length of data to be transmitted
          1,                         //master or slaver
          CODEC_ADDR,                //slave address to transmit to
          1,                         //transfer mode of operation
          30000                      //time out for bus busy
          );

      /*设置耳机音量*/
I2C_write( Left_Headphone_Volume_Control,//pointer to data array
          2,                         //length of data to be transmitted
          1,                         //master or slaver
          CODEC_ADDR,                //slave address to transmit to
          1,                         //transfer mode of operation
          30000                      //time out for bus busy
          );

      /*设置 Line 输入的音量*/
I2C_write( Left_Line_Input_Volume_Control,//pointer to data array
          2,                         //length of data to be transmitted
          1,                         //master or slaver
          CODEC_ADDR,                //slave address to transmit to
          1,                         //transfer mode of operation
          30000                      //time out for bus busy
          );
```

```
        /*启动 AIC23*/
    I2C_write( Digital_Interface_Activation,//pointer to data array
            2,                       //length of data to be transmitted
            1,                       //master or slaver
            CODEC_ADDR,              //slave address to transmit to
            1,                       //transfer mode of operation
            30000                    //time out for bus busy
            );

    /*回放音频*/
    while(TRUE)
    {
        /* 左通路数据 */
            while(!MCBSP_rrdy(hMcbsp)){};
            DataTempLeft = MCBSP_read16(hMcbsp);

            /* 右通路数据 */
            while(!MCBSP_rrdy(hMcbsp)){};
            DataTempRight = MCBSP_read16(hMcbsp);

            /* 左声道耳机输出 */
            while(!MCBSP_xrdy(hMcbsp)) {};
            MCBSP_write16(hMcbsp,DataTempLeft);

            /* 右声道耳机输出 */
            while(!MCBSP_xrdy(hMcbsp)) {};
            MCBSP_write16(hMcbsp,DataTempRight);
    };
}

/******************************************************************************\
* End
\******************************************************************************/
/*--------------------------------------------------------------------------*/
/* DESCRIPTION:
/* This is an example for FIR
/*--------------------------------------------------------------------------*/

#include <csl.h>
#include <csl_i2c.h>
#include <stdio.h>
#include <csl_pll.h>
```

```
#include <csl_mcbsp.h>
#include <CODEC.h>
#define CODEC_ADDR 0x1A

#define N 51
#define LEN 200
float yn;
const int BL = 51;
const float B[101] = {
    -0.07188511781566, 0.006701727827654, 0.006493685404398, 0.006354458902897,
    0.006281511038649, 0.006268661407401, 0.006316266518603, 0.006409170025472,
    0.006548748206936, 0.006732604776481,   0.00695219506591, 0.007205949781043,
    0.007494164823365, 0.007820088058846, 0.008168137773927, 0.008535471819549,
    0.008909953260501, 0.009320065810818, 0.009759532134772,   0.01017584517085,
     0.01063220694161,   0.01108175939677,   0.01154693881527,   0.01201381288199,
     0.01247615895009,    0.0129544732856,    0.0134212246003,   0.01388164154954,
     0.01433876141827,   0.01479586479971,   0.01524262739471,   0.01567658825845,
     0.01609379084593,   0.01650537389505,   0.01690137619959,   0.01728332185946,
     0.01763790332266,   0.01799315294225,   0.01830068668449,   0.01862259433823,
     0.01886177989734,   0.01913801238526,   0.01942422366743,   0.01953428754949,
     0.01972780583815,   0.01987181993795,   0.02002864037511,   0.02011817753383,
     0.02019956395767,   0.02022812564787,   0.02025446935996,   0.02022812564787,
     0.02019956395767,   0.02011817753383,   0.02002864037511,   0.01987181993795,
     0.01972780583815,   0.01953428754949,   0.01942422366743,   0.01913801238526,
     0.01886177989734,   0.01862259433823,   0.01830068668449,   0.01799315294225,
     0.01763790332266,   0.01728332185946,   0.01690137619959,   0.01650537389505,
     0.01609379084593,   0.01567658825845,   0.01524262739471,   0.01479586479971,
     0.01433876141827,   0.01388164154954,    0.0134212246003,    0.0129544732856,
     0.01247615895009,   0.01201381288199,   0.01154693881527,   0.01108175939677,
     0.01063220694161,   0.01017584517085, 0.009759532134772, 0.009320065810818,
    0.008909953260501, 0.008535471819549, 0.008168137773927, 0.007820088058846,
    0.007494164823365, 0.007205949781043,   0.00695219506591, 0.006732604776481,
    0.006548748206936, 0.006409170025472, 0.006316266518603, 0.006268661407401,
    0.006281511038649, 0.006354458902897, 0.006493685404398, 0.006701727827654,
    -0.07188511781566
};
int input[2200]=0;
float output[2000];
/*锁相环的设置*/
PLL_Config  myConfig      = {
  0,      //IAI: the PLL locks using the same process that was underway
                //before the idle mode was entered
  1,      //IOB: If the PLL indicates a break in the phase lock,
```

```
                //it switches to its bypass mode and restarts the PLL phase-locking
                //sequence
    12,     //PLL multiply value; multiply 24 times
    1               //Divide by 2 PLL divide value; it can be either PLL divide value
                //(when PLL is enabled), or Bypass-mode divide value
                //(PLL in bypass mode, if PLL multiply value is set to 1)
};

MCBSP_Config Mcbsptest;

/*McBSP set,we use mcbsp1 to send and recieve the data between DSP and AIC23*/
MCBSP_Config Mcbsp1Config = {
  MCBSP_SPCR1_RMK(
    MCBSP_SPCR1_DLB_OFF,                    /* DLB      = 0,禁止自闭环方式 */
    MCBSP_SPCR1_RJUST_LZF,                  /* RJUST    = 2 */
    MCBSP_SPCR1_CLKSTP_DISABLE,             /* CLKSTP = 0 */
    MCBSP_SPCR1_DXENA_ON,                   /* DXENA    = 1 */
    0,                                      /* ABIS     = 0 */
    MCBSP_SPCR1_RINTM_RRDY,                 /* RINTM    = 0 */
    0,                                      /* RSYNCER = 0 */
    MCBSP_SPCR1_RRST_DISABLE                /* RRST     = 0 */
  ),
    MCBSP_SPCR2_RMK(
    MCBSP_SPCR2_FREE_NO,                    /* FREE     = 0 */
    MCBSP_SPCR2_SOFT_NO,                    /* SOFT     = 0 */
    MCBSP_SPCR2_FRST_FSG,                   /* FRST     = 0 */
    MCBSP_SPCR2_GRST_CLKG,                  /* GRST     = 0 */
    MCBSP_SPCR2_XINTM_XRDY,                 /* XINTM    = 0 */
    0,                                      /* XSYNCER = N/A */
    MCBSP_SPCR2_XRST_DISABLE                /* XRST     = 0 */
  ),
  /*单数据相，接收数据长度为 16 位，每相 2 个数据*/
  MCBSP_RCR1_RMK(
     MCBSP_RCR1_RFRLEN1_OF(1),              /* RFRLEN1 = 1 */
     MCBSP_RCR1_RWDLEN1_16BIT               /* RWDLEN1 = 2 */
  ),
  MCBSP_RCR2_RMK(
    MCBSP_RCR2_RPHASE_SINGLE,               /* RPHASE   = 0 */
    MCBSP_RCR2_RFRLEN2_OF(0),               /* RFRLEN2 = 0 */
    MCBSP_RCR2_RWDLEN2_8BIT,                /* RWDLEN2 = 0 */
    MCBSP_RCR2_RCOMPAND_MSB,                /* RCOMPAND = 0 */
    MCBSP_RCR2_RFIG_YES,                    /* RFIG     = 0 */
    MCBSP_RCR2_RDATDLY_1BIT                 /* RDATDLY = 1 */
```

```
    ),
    MCBSP_XCR1_RMK(
     MCBSP_XCR1_XFRLEN1_OF(1),              /* XFRLEN1 = 1 */
     MCBSP_XCR1_XWDLEN1_16BIT               /* XWDLEN1 = 2 */

  ),
  MCBSP_XCR2_RMK(
     MCBSP_XCR2_XPHASE_SINGLE,              /* XPHASE   = 0 */
     MCBSP_XCR2_XFRLEN2_OF(0),              /* XFRLEN2 = 0 */
     MCBSP_XCR2_XWDLEN2_8BIT,               /* XWDLEN2 = 0 */
     MCBSP_XCR2_XCOMPAND_MSB,               /* XCOMPAND = 0 */
     MCBSP_XCR2_XFIG_YES,                   /* XFIG     = 0 */
     MCBSP_XCR2_XDATDLY_1BIT                /* XDATDLY = 1 */
   ),
  MCBSP_SRGR1_DEFAULT,
  MCBSP_SRGR2_DEFAULT,
  MCBSP_MCR1_DEFAULT,
  MCBSP_MCR2_DEFAULT,
  MCBSP_PCR_RMK(
    MCBSP_PCR_IDLEEN_RESET,                 /* IDLEEN   = 0    */
    MCBSP_PCR_XIOEN_SP,                     /* XIOEN    = 0    */
    MCBSP_PCR_RIOEN_SP,                     /* RIOEN    = 0    */
    MCBSP_PCR_FSXM_EXTERNAL,                /* FSXM     = 0    */
    MCBSP_PCR_FSRM_EXTERNAL,                /* FSRM     = 0    */
    0,                                      /* DXSTAT = N/A    */
    MCBSP_PCR_CLKXM_INPUT,                  /* CLKXM    = 0    */
    MCBSP_PCR_CLKRM_INPUT,                  /* CLKRM    = 0    */
    MCBSP_PCR_SCLKME_NO,                    /* SCLKME   = 0    */
    MCBSP_PCR_FSXP_ACTIVEHIGH,              /* FSXP     = 0    */
    MCBSP_PCR_FSRP_ACTIVEHIGH,              /* FSRP     = 1    */
    MCBSP_PCR_CLKXP_FALLING,                /* CLKXP    = 1    */
    MCBSP_PCR_CLKRP_RISING                  /* CLKRP    = 1    */
  ),
  MCBSP_RCERA_DEFAULT,
  MCBSP_RCERB_DEFAULT,
  MCBSP_RCERC_DEFAULT,
  MCBSP_RCERD_DEFAULT,
  MCBSP_RCERE_DEFAULT,
  MCBSP_RCERF_DEFAULT,
  MCBSP_RCERG_DEFAULT,
  MCBSP_RCERH_DEFAULT,
  MCBSP_XCERA_DEFAULT,
  MCBSP_XCERB_DEFAULT,
```

```
 MCBSP_XCERC_DEFAULT,
 MCBSP_XCERD_DEFAULT,
 MCBSP_XCERE_DEFAULT,
 MCBSP_XCERF_DEFAULT,
 MCBSP_XCERG_DEFAULT,
 MCBSP_XCERH_DEFAULT
};
/* This next struct shows how to use the I2C API */
/* Create and initialize an I2C initialization structure */
I2C_Setup I2Cinit = {
        0,                  /* 7 bit address mode */
        0,                  /* own address - don't care if master */
        84,                 /* clkout value (Mhz)   */
        50,                 /* a number between 10 and 400*/
        0,                  /* number of bits/byte to be received or transmitted (8)*/
        0,                  /* DLB mode on*/
        1                   /* FREE mode of operation on*/
};

I2C_Config testI2C;


// 数字音频接口格式设置
// AIC23 为主模式,数据为 DSP 模式,数据长度 16 位
Uint16 Digital_Audio_Inteface_Format[2]={
    Codec_DAIF_REV,
    DAIF_MS(1)+DAIF_LRSWAP(0)+DAIF_LRP(1)+DAIF_IWL(0)+DAIF_FOR(3)};

// AIC23 的波特率设置,采样率为 48k,CLKIN=CLKOUT=MCLK
// 时钟模式设为普通模式,基过采样率为 250Fs
Uint16 Sample_Rate_Control[2] = {
    Codec_SRC_REV,
    SRC_CLKIN(0)+SRC_CLKOUT(0)+SRC_SR(0)+SRC_BOSR(0)+SRC_USB(0)};

// AIC23 寄存器复位
Uint16 Reset[2] ={
    Codec_RST_REV,
    RST_RES};

// AIC23 节电方式设置，所有部分均处于工作状态
Uint16 Power_Down_Control[2] ={
    Codec_PDC_REV,
    PDC_DEFAULT};
```

```
// AIC23 模拟音频的控制:关掉侧音
// DAC 使能，ADC 输入选择为音频输入
Uint16 Analog_Audio_Path_Control[2] = {
        Codec_AAPC_STA2(0),
        AAPC_STA10(0)+AAPC_STE(0)+AAPC_DAC(1)+AAPC_BYP(0)+AAPC_INSEL(1)+AAPC_MICM
(0)+AAPC_MICB(0)};

// AIC23 数字音频通路的控制
// 使能 ADC 高通滤波
Uint16 Digital_Audio_Path_Control[2] ={
        Codec_DAPC_REV,
        DAPC_DACM(0)+DAPC_DEEMP(0)+DAPC_ADCHP(1)};

// AIC23 数字接口的使能
Uint16 Digital_Interface_Activation[2] ={
        Codec_DIA_REV,
        DIA_ACT(1)};

// AIC23 左通路音频调节
Uint16 Left_Line_Input_Volume_Control[2] ={
        Codec_LLIVC_LPS(1),
        LLIVC_LIM(0)+LLIVC_LIV(23)};

// AIC23 右通路音频调节
Uint16 Right_Line_Input_Volume_Control[2] = {
        Codec_RLIVC_RLS(1),
        RLIVC_RIM(0)+RLIVC_RIV(23)};

// AIC23 耳机左通路音频调节
Uint16 Left_Headphone_Volume_Control[2] = {
        Codec_LHPVC_LRS(1),
        LHPVC_LZC(1)+LHPVC_LHV(127)};

// AIC23 耳机右通路音频调节
Uint16 Right_Headphone_Volume_Control[2] = {
        Codec_RHPVC_RLS(1),
        LHPVC_RZC(1)+LHPVC_RHV(127)};
/*定义 McBSP 的句柄*/
MCBSP_Handle hMcbsp;

Uint16 i2c_status;
Uint16 i,temp;
```

```
void delay(Uint32 k)
{
    while(k--);
}

void main(void)
{
    Uint16   DataTempLeft = 0;         // 暂存采样数据

    i2c_status = 1;
    int j;

    /* Initialize CSL library - This is REQUIRED !!! */
    /*初始化 CSL 库*/
    CSL_init();

    /*设置系统的运行速度为 140MHz*/
    PLL_config(&myConfig);

    /* Initialize I2C, using parameters in init structure */
    /*初始化 I2C 的格式*/

    /*I2C is undet reset*/
    I2C_RSET(I2CMDR,0);
    /*设置预分频寄存器,I2C 的 mode clock is 10MHz*/
    delay(100);
    I2C_RSET(I2CSAR,0x001A);
    I2C_RSET(I2CMDR,0x0620);

    I2C_setup(&I2Cinit);
    /*设置Ｉ２Ｃ的 Mater clock*/
    I2C_RSET(I2CCLKL,100);
    I2C_RSET(I2CCLKH,100);

    I2C_getConfig(&testI2C);

    /*初始化 McBSP0*/
    hMcbsp = MCBSP_open(MCBSP_PORT1,MCBSP_OPEN_RESET);
    /*设置 McBSP0*/
    MCBSP_config(hMcbsp,&Mcbsp1Config);
    /*启动 McBSP0*/
    MCBSP_start(hMcbsp,
```

```
            MCBSP_RCV_START | MCBSP_XMIT_START,
            0);

MCBSP_getConfig(hMcbsp,&Mcbsptest);

I2C_write( Power_Down_Control,//pointer to data array
            2,                  //length of data to be transmitted
        1,                      //master or slaver
        CODEC_ADDR,             //slave address to transmit to
        1,                      //transfer mode of operation
        30000                   //time out for bus busy
        );

    /*设置 AIC23 的数字接口*/
I2C_write( Digital_Audio_Interface_Format,//pointer to data array
        2,                      //length of data to be transmitted
        1,                      //master or slaver
        CODEC_ADDR,             //slave address to transmit to
        1,                      //transfer mode of operation
        30000                   //time out for bus busy
        );

    /*设置 AIC23 模拟通路*/
I2C_write( Analog_Audio_Path_Control,//pointer to data array
        2,                      //length of data to be transmitted
        1,                      //master or slaver
        CODEC_ADDR,             //slave address to transmit to
        1,                      //transfer mode of operation
        30000                   //time out for bus busy
        );

    /*设置数字通路*/
I2C_write( Digital_Audio_Path_Control,//pointer to data array
        2,                      //length of data to be transmitted
        1,                      //master or slaver
        CODEC_ADDR,             //slave address to transmit to
        1,                      //transfer mode of operation
        30000                   //time out for bus busy
        );

    /*设置 AIC23 的采样率*/
I2C_write( Sample_Rate_Control,//pointer to data array
        2,                      //length of data to be transmitted
```

```
            1,                          //master or slaver
            CODEC_ADDR,                 //slave address to transmit to
            1,                          //transfer mode of operation
            30000                       //time out for bus busy
            );

        /*设置耳机音量*/
    I2C_write( Left_Headphone_Volume_Control,//pointer to data array
            2,                          //length of data to be transmitted
            1,                          //master or slaver
            CODEC_ADDR,                 //slave address to transmit to
            1,                          //transfer mode of operation
            30000                       //time out for bus busy
            );

        /*设置 Line 输入的音量*/
    I2C_write( Left_Line_Input_Volume_Control,//pointer to data array
            2,                          //length of data to be transmitted
            1,                          //master or slaver
            CODEC_ADDR,                 //slave address to transmit to
            1,                          //transfer mode of operation
            30000                       //time out for bus busy
            );

        /*启动 AIC23*/
    I2C_write( Digital_Interface_Activation,//pointer to data array
            2,                          //length of data to be transmitted
            1,                          //master or slaver
            CODEC_ADDR,                 //slave address to transmit to
            1,                          //transfer mode of operation
            30000                       //time out for bus busy
            );

    /*回放音频*/


    i=0;
    while(i<2000)
    {
            /* 左通路数据 */
              while(!MCBSP_rrdy(hMcbsp)){};
              DataTempLeft = MCBSP_read16(hMcbsp);
              i++;
              input[i+100]=DataTempLeft;
```

```
    }

    for (j = 0;j<2000;j++)
    {
        yn = 0;
        for(i = 0;i<N;i++)
        {
            yn += B[i]*(float)input[j+i];//强制类型转换，否则会产生溢出错误
        }
        output[j] = yn;
    }
}
/******************************************************************************\
* End
\******************************************************************************/
/*--------------------------------------------------------------------------*/
/* DESCRIPTION:
/* This is an example for FFT
/*--------------------------------------------------------------------------*/
#include <csl.h>
#include <csl_i2c.h>
#include <stdio.h>
#include <csl_pll.h>
#include <csl_mcbsp.h>
#include <CODEC.h>
#include <dsplib.h>
#include <tms320.h>
#define CODEC_ADDR 0x1A

#define N 51
#define LEN 200
float yn;
short input[2000];
//long output[2000];
short input_s[1000];
short output_s[1000];
/*锁相环的设置*/
PLL_Config  myConfig      = {
  0,    //IAI: the PLL locks using the same process that was underway
              //before the idle mode was entered
  1,    //IOB: If the PLL indicates a break in the phase lock,
              //it switches to its bypass mode and restarts the PLL phase-locking
              //sequence
```

```
    12,     //PLL multiply value; multiply 24 times
    1               //Divide by 2 PLL divide value; it can be either PLL divide value
                    //(when PLL is enabled), or Bypass-mode divide value
                    //(PLL in bypass mode, if PLL multiply value is set to 1)
};


MCBSP_Config Mcbsptest;

/*McBSP set,we use mcbsp1 to send and recieve the data between DSP and AIC23*/
MCBSP_Config Mcbsp1Config = {
  MCBSP_SPCR1_RMK(
    MCBSP_SPCR1_DLB_OFF,                    /* DLB      = 0,禁止自闭环方式 */
    MCBSP_SPCR1_RJUST_LZF,                  /* RJUST    = 2 */
    MCBSP_SPCR1_CLKSTP_DISABLE,             /* CLKSTP = 0 */
    MCBSP_SPCR1_DXENA_ON,                   /* DXENA    = 1 */
    0,                                      /* ABIS     = 0 */
    MCBSP_SPCR1_RINTM_RRDY,                 /* RINTM    = 0 */
    0,                                      /* RSYNCER = 0 */
    MCBSP_SPCR1_RRST_DISABLE                /* RRST     = 0 */
  ),
    MCBSP_SPCR2_RMK(
    MCBSP_SPCR2_FREE_NO,                    /* FREE     = 0 */
    MCBSP_SPCR2_SOFT_NO,                    /* SOFT     = 0 */
    MCBSP_SPCR2_FRST_FSG,                   /* FRST     = 0 */
    MCBSP_SPCR2_GRST_CLKG,                  /* GRST     = 0 */
    MCBSP_SPCR2_XINTM_XRDY,                 /* XINTM    = 0 */
    0,                                      /* XSYNCER = N/A */
    MCBSP_SPCR2_XRST_DISABLE                /* XRST     = 0 */
  ),
  /*单数据相，接收数据长度为 16 位，每相 2 个数据*/
  MCBSP_RCR1_RMK(
    MCBSP_RCR1_RFRLEN1_OF(1),               /* RFRLEN1 = 1 */
    MCBSP_RCR1_RWDLEN1_16BIT                /* RWDLEN1 = 2 */
  ),
  MCBSP_RCR2_RMK(
    MCBSP_RCR2_RPHASE_SINGLE,               /* RPHASE   = 0 */
    MCBSP_RCR2_RFRLEN2_OF(0),               /* RFRLEN2 = 0 */
    MCBSP_RCR2_RWDLEN2_8BIT,                /* RWDLEN2 = 0 */
    MCBSP_RCR2_RCOMPAND_MSB,                /* RCOMPAND = 0 */
    MCBSP_RCR2_RFIG_YES,                    /* RFIG     = 0 */
    MCBSP_RCR2_RDATDLY_1BIT                 /* RDATDLY = 1 */
    ),
```

```
    MCBSP_XCR1_RMK(
      MCBSP_XCR1_XFRLEN1_OF(1),                  /* XFRLEN1 = 1 */
      MCBSP_XCR1_XWDLEN1_16BIT                   /* XWDLEN1 = 2 */

  ),
  MCBSP_XCR2_RMK(
      MCBSP_XCR2_XPHASE_SINGLE,                  /* XPHASE   = 0 */
      MCBSP_XCR2_XFRLEN2_OF(0),                  /* XFRLEN2 = 0 */
      MCBSP_XCR2_XWDLEN2_8BIT,                   /* XWDLEN2 = 0 */
      MCBSP_XCR2_XCOMPAND_MSB,                   /* XCOMPAND = 0 */
      MCBSP_XCR2_XFIG_YES,                       /* XFIG      = 0 */
      MCBSP_XCR2_XDATDLY_1BIT                    /* XDATDLY = 1 */
   ),
  MCBSP_SRGR1_DEFAULT,
  MCBSP_SRGR2_DEFAULT,
  MCBSP_MCR1_DEFAULT,
  MCBSP_MCR2_DEFAULT,
  MCBSP_PCR_RMK(
    MCBSP_PCR_IDLEEN_RESET,                      /* IDLEEN    = 0    */
    MCBSP_PCR_XIOEN_SP,                          /* XIOEN     = 0    */
    MCBSP_PCR_RIOEN_SP,                          /* RIOEN     = 0    */
    MCBSP_PCR_FSXM_EXTERNAL,                     /* FSXM      = 0    */
    MCBSP_PCR_FSRM_EXTERNAL,                     /* FSRM      = 0    */
    0,                                           /* DXSTAT = N/A     */
    MCBSP_PCR_CLKXM_INPUT,                       /* CLKXM     = 0    */
    MCBSP_PCR_CLKRM_INPUT,                       /* CLKRM     = 0    */
    MCBSP_PCR_SCLKME_NO,                         /* SCLKME    = 0    */
    MCBSP_PCR_FSXP_ACTIVEHIGH,                   /* FSXP      = 0    */
    MCBSP_PCR_FSRP_ACTIVEHIGH,                   /* FSRP      = 1    */
    MCBSP_PCR_CLKXP_FALLING,                     /* CLKXP     = 1    */
    MCBSP_PCR_CLKRP_RISING                       /* CLKRP     = 1    */
  ),
  MCBSP_RCERA_DEFAULT,
  MCBSP_RCERB_DEFAULT,
  MCBSP_RCERC_DEFAULT,
  MCBSP_RCERD_DEFAULT,
  MCBSP_RCERE_DEFAULT,
  MCBSP_RCERF_DEFAULT,
  MCBSP_RCERG_DEFAULT,
  MCBSP_RCERH_DEFAULT,
  MCBSP_XCERA_DEFAULT,
  MCBSP_XCERB_DEFAULT,
  MCBSP_XCERC_DEFAULT,
```

```
 MCBSP_XCERD_DEFAULT,
 MCBSP_XCERE_DEFAULT,
 MCBSP_XCERF_DEFAULT,
 MCBSP_XCERG_DEFAULT,
 MCBSP_XCERH_DEFAULT
};
/* This next struct shows how to use the I2C API */
/* Create and initialize an I2C initialization structure */
I2C_Setup I2Cinit = {
        0,                  /* 7 bit address mode */
        0,                  /* own address - don't care if master */
        84,                 /* clkout value (Mhz)    */
        50,                 /* a number between 10 and 400*/
        0,                  /* number of bits/byte to be received or transmitted (8)*/
        0,                  /* DLB mode on*/
        1                   /* FREE mode of operation on*/
};

I2C_Config testI2C;

// 数字音频接口格式设置
// AIC23 为主模式，数据为 DSP 模式，数据长度 16 位
Uint16 Digital_Audio_Interface_Format[2]={
    Codec_DAIF_REV,
    DAIF_MS(1)+DAIF_LRSWAP(0)+DAIF_LRP(1)+DAIF_IWL(0)+DAIF_FOR(3)};

// AIC23 的波特率设置，采样率为 48k，CLKIN=CLKOUT=MCLK
// 时钟模式设为普通模式，基过采样率为 250Fs
Uint16 Sample_Rate_Control[2] = {
    Codec_SRC_REV,
    SRC_CLKIN(0)+SRC_CLKOUT(0)+SRC_SR(0)+SRC_BOSR(0)+SRC_USB(0)};

// AIC23 寄存器复位
Uint16 Reset[2] ={
    Codec_RST_REV,
    RST_RES};

// AIC23 节电方式设置，所有部分均处于工作状态
Uint16 Power_Down_Control[2] ={
    Codec_PDC_REV,
    PDC_DEFAULT};

// AIC23 模拟音频的控制：关掉侧音
```

```
// DAC 使能,ADC 输入选择为音频输入
Uint16 Analog_Audio_Path_Control[2] = {
    Codec_AAPC_STA2(0),
    AAPC_STA10(0)+AAPC_STE(0)+AAPC_DAC(1)+AAPC_BYP(0)+AAPC_INSEL(1)+AAPC_MICM
(0)+AAPC_MICB(0)};

// AIC23 数字音频通路的控制
//  使能 ADC 高通滤波
Uint16 Digital_Audio_Path_Control[2] ={
    Codec_DAPC_REV,
    DAPC_DACM(0)+DAPC_DEEMP(0)+DAPC_ADCHP(1)};

// AIC23 数字接口的使能
Uint16 Digital_Interface_Activation[2] ={
    Codec_DIA_REV,
    DIA_ACT(1)};

// AIC23 左通路音频调节
Uint16 Left_Line_Input_Volume_Control[2] ={
    Codec_LLIVC_LPS(1),
    LLIVC_LIM(0)+LLIVC_LIV(23)};

// AIC23 右通路音频调节
Uint16 Right_Line_Input_Volume_Control[2] = {
    Codec_RLIVC_RLS(1),
    RLIVC_RIM(0)+RLIVC_RIV(23)};

// AIC23 耳机左通路音频调节
Uint16 Left_Headphone_Volume_Control[2] = {
    Codec_LHPVC_LRS(1),
    LHPVC_LZC(1)+LHPVC_LHV(127)};

// AIC23 耳机右通路音频调节
Uint16 Right_Headphone_Volume_Control[2] = {
    Codec_RHPVC_RLS(1),
    LHPVC_RZC(1)+LHPVC_RHV(127)};
/*定义 McBSP 的句柄*/
MCBSP_Handle hMcbsp;

Uint16 i2c_status;
Uint16 i,temp;

void delay(Uint32 k)
```

```
{
    while(k--);
}

void main(void)
{
    Uint16   DataTempLeft = 0;                  // 暂存采样数据

    i2c_status = 1;
    int j;
    DATA *P;

    /* Initialize CSL library - This is REQUIRED !!! */
    /*初始化 CSL 库*/
    CSL_init();

    /*设置系统的运行速度为 140MHz*/
    PLL_config(&myConfig);

    /* Initialize I2C, using parameters in init structure */
    /*初始化 I2C 的格式*/

    /*I2C is undet reset*/
    I2C_RSET(I2CMDR,0);
    /*设置预分频寄存器,I2C 的 mode clock is 10MHz*/
    delay(100);
    I2C_RSET(I2CSAR,0x001A);
    I2C_RSET(I2CMDR,0x0620);

    I2C_setup(&I2Cinit);
    /*设置 I2C 的 Mater clock*/
    I2C_RSET(I2CCLKL,100);
    I2C_RSET(I2CCLKH,100);

    I2C_getConfig(&testI2C);

    /*初始化 McBSP0*/
    hMcbsp = MCBSP_open(MCBSP_PORT1,MCBSP_OPEN_RESET);
    /*设置 McBSP0*/
    MCBSP_config(hMcbsp,&Mcbsp1Config);
    /*启动 McBSP0*/
    MCBSP_start(hMcbsp,
                MCBSP_RCV_START | MCBSP_XMIT_START,
```

```
                0);

    MCBSP_getConfig(hMcbsp,&Mcbsptest);

    I2C_write( Power_Down_Control,//pointer to data array
                2,                  //length of data to be transmitted
            1,                      //master or slaver
            CODEC_ADDR,             //slave address to transmit to
            1,                      //transfer mode of operation
            30000                   //time out for bus busy
            );

        /*设置 AIC23 的数字接口*/
    I2C_write( Digital_Audio_Interface_Format,//pointer to data array
            2,                      //length of data to be transmitted
            1,                      //master or slaver
            CODEC_ADDR,             //slave address to transmit to
            1,                      //transfer mode of operation
            30000                   //time out for bus busy
            );

        /*设置 AIC23 模拟通路*/
    I2C_write( Analog_Audio_Path_Control,//pointer to data array
            2,                      //length of data to be transmitted
            1,                      //master or slaver
            CODEC_ADDR,             //slave address to transmit to
            1,                      //transfer mode of operation
            30000                   //time out for bus busy
            );

        /*设置数字通路*/
    I2C_write( Digital_Audio_Path_Control,//pointer to data array
            2,                      //length of data to be transmitted
            1,                      //master or slaver
            CODEC_ADDR,             //slave address to transmit to
            1,                      //transfer mode of operation
            30000                   //time out for bus busy
            );

        /*设置 AIC23 的采样率*/
    I2C_write( Sample_Rate_Control,//pointer to data array
            2,                      //length of data to be transmitted
            1,                      //master or slaver
```

```
            CODEC_ADDR,          //slave address to transmit to
            1,                   //transfer mode of operation
            30000                //time out for bus busy
            );

        /*设置耳机音量*/
    I2C_write( Left_Headphone_Volume_Control,//pointer to data array
            2,                   //length of data to be transmitted
            1,                   //master or slaver
            CODEC_ADDR,          //slave address to transmit to
            1,                   //transfer mode of operation
            30000                //time out for bus busy
            );

        /*设置 Line 输入的音量*/
    I2C_write( Left_Line_Input_Volume_Control,//pointer to data array
            2,                   //length of data to be transmitted
            1,                   //master or slaver
            CODEC_ADDR,          //slave address to transmit to
            1,                   //transfer mode of operation
            30000                //time out for bus busy
            );
xian
        /*启动 AIC23*/
    I2C_write( Digital_Interface_Activation,//pointer to data array
            2,                   //length of data to be transmitted
            1,                   //master or slaver
            CODEC_ADDR,          //slave address to transmit to
            1,                   //transfer mode of operation
            30000                //time out for bus busy
            );
    /*回放音频*/
    i=0;
    while(i<1000)
    {
        /* 左通路数据 */
            while(!MCBSP_rrdy(hMcbsp)){};
            DataTempLeft = MCBSP_read16(hMcbsp);

            input[2*i]=(short)DataTempLeft;
            input[2*i+1]=0;
            i++;
    }
```

```
    for(i=0;i<1000;i++)
    {
        input_s[i]=input[2*i];
    }
    cfft_SCALE(input,512);
    cbrev(input,input,512);
    for(i=20;i<980;i++)
    {
        input[i]=0;
    }

  cifft_NOSCALE(input,512);
  cbrev(input,input,512);
    for(i=0;i<1000;i++)
    {
        output_s[i]=input[2*i];
    }
}
/*****************************************************************************\
* End
\*****************************************************************************/
```

参 考 文 献

[1] 王俊，张玉玺，杨彬. DSP/FPGA 嵌入式实时处理技术及应用. 北京：电子工业出版社，2015.

[2] A. V. 奥本海姆. 数字信号处理[M]. 北京：科学出版社，1981.

[3] 张雄伟，曹铁勇. DSP 芯片的原理与开发应用（第 2 版）. 北京：电子工业出版社，2000.

[4] 陈泰红，任胜杰，魏宇. 手把手教你学 DSP：基于 TMS320C55x. 北京：北京航空航天大学出版社，2011.

[5] http://www.ti.com

[6] TMS320C55x Assembly Language Tools User's Guide (Rev. G).Texas Instruments.

[7] TMS320C55x Chip Support Library API Reference Guide (Rev. G).Texas Instruments.

[8] TMS320C55x CSL USB Programmer's Reference Guide. Texas Instruments.

[9] TMS320C55x DSP Algebraic Instruction Set Reference Guide (Rev. G). Texas Instruments.

[10] TMS320C55x DSP CPU Programmer's Reference Supplement (Rev. C). Texas Instruments.

[11] TMS320C55x DSP CPU Reference Guide (Rev. F). Texas Instruments.

[12] TMS320C55x DSP IIC Module Reference Guide (Rev. B). Texas Instruments.

[13] TMS320C55x DSP Library Programmer's Reference (Rev. F). Texas Instruments.

[14] TMS320C55x DSP Peripherals Overview Reference Guide (Rev. G). Texas Instruments.

[15] TMS320C55x DSP Programmer's Guide (Rev. A). Texas Instruments.

[16] TMS320C55x Optimizing C / C++ Compiler User's Guide (Rev. E). Texas Instruments.

[17] TMS320C5509 / C5509A USB Bootloader (Rev. A). Texas Instruments.

[18] Using theTMS320C5509_C5509A USB Bootloader (Rev. A). Texas Instruments.

[19] TMS320VC5509A Power Consumption Summary (Rev. A). Texas Instruments.

[20] TMS320VC5509A DSP Hardware Designer's Resource Guide. Texas Instruments.

[21] TMS320VC5503/5507/5509/5510 DSP Timers Reference Guide. Texas Instruments.

[22] Programming the TMS320VC5503/C5506/C5507/C5509/C5509A I2C Peripheral. Texas Instruments.

[23] Board and System Design Considerations for the TMS320VC5503/5506/5507/5509A DSPs

[24] High-Speed Interface Layout Guidelines. Texas Instruments.

[25] TMS320VC5503/C5506/C5507/C5509A Power Consumption Summary. Texas Instruments.

[26] TMS320VC5509 to TMS320VC5509A Migration. Texas Instruments.

[27] TMS320VC5501/5502/5503/5507/5509/5510 DSP Multichannel Buffered Serial Port (McBSP) Reference Guide. Texas Instruments.

[28] TMS320VC5503/5507/5509 DSP External Memory Interface (EMIF) Reference Guide. Texas

Instruments.
[29] TMS320VC5503/5507/5509/5510 DSP Direct Memory Access (DMA) Controller Reference Guide. Texas Instruments.
[30] TMS320VC5501/5502/5503/5507/5509 DSP Inter-Integrated Circuit (I2C) Module Reference Guide. Texas Instruments.

反侵权盗版声明

举报电话：（010）88254396；（010）88258888
传　　真：（010）88254397
E-mail：　dbqq@phei.com.cn
通信地址：北京市海淀区万寿路 173 信箱
　　　　　电子工业出版社总编办公室
邮　　编：100036